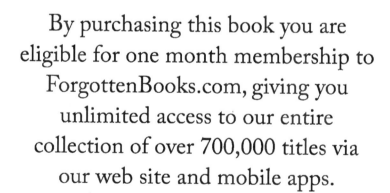

ISBN 978-0-332-55559-1
PIBN 10659949

MÉMOIRES

DE

L'ACADÉMIE NATIONALE DE METZ.

XXXIᵉ ANNÉE.

METZ. — IMPRIMERIE LAMORT, RUE DU PALAIS.

MÉMOIRES

DE

L'ACADÉMIE ~~NATIONALE~~

DE METZ.

—

LETTRES, SCIENCES, ARTS, AGRICULTURE.

XXXIe ANNÉE. — 1849–1850.

METZ.

AU BUREAU DE L'ACADÉMIE, RUE DE LA BIBLIOTHÈQUE,
ET CHEZ LES PRINCIPAUX LIBRAIRES.

PARIS.

CHEZ DÉRACHE, LIBRAIRE, RUE DU BOULOY, 7.

1850.

SÉANCE PUBLIQUE

DE L'ACADÉMIE NATIONALE DE METZ,

DU 19 MAI 1850.

DISCOURS

DE M. ALFRED MALHERBE, PRÉSIDENT.

MESSIEURS,

Dans cette réunion annuelle, de l'Académie, la musique, cette muse aimable et gracieuse, tantôt vive et enjouée, tantôt sévère et majestueuse, est toujours venue nous prêter son concours harmonieux et rehausser l'éclat de cette solennité.

J'ai donc cru acquitter une dette en vous entretenant aujourd'hui de l'art d'Euterpe cultivé avec succès dans notre cité, notamment par plusieurs membres de notre compagnie.

Vous savez d'ailleurs, Messieurs, que c'est aux efforts soutenus et intelligents de l'un de nos collègues et de ses collaborateurs, ainsi qu'à la généreuse sollicitude de la ville, que nous devons notre école de musique qui a mérité depuis

1

d'être classée par le gouvernement comme l'une des six succursales du Conservatoire de Paris *; que cette école, qui ne comptait en 1836 que 150 élèves, en possède maintenant plus de 400 et forme chaque jour d'excellents musiciens ; que les élèves y trouvent un grand nombre de cours pour l'étude du solfége, du chant, des divers instruments à cordes ainsi que de l'harmonie.

Ceux qui ont pu, comme nous, Messieurs, entendre fréquemment, à l'école de musique, ou chez l'honorable directeur de cette école **, quelques-unes de ses principales élèves, se rappellent volontiers avec quel charme et avec quel éclat elles savent reproduire soit les accens de Rosine, de

---

* L'école municipale de musique fondée à Metz, par arrêté du 31 décembre 1835, a fait des progrès tellement sensibles et a pris un développement tel, qu'après une inspection qui eut lieu en 1841, et le rapport qui en fut la suite, le gouvernement, par ordonnance royale du 16 août 1841, l'érigea en succursale du Conservatoire de Paris, et sollicita deux années de suite des chambres, des fonds destinés à encourager cette école.

L'on sait que les seules écoles de ce genre sont d'abord celle de Lille, largement rétribuée par une munificence impériale que les assemblées législatives ont successivement respectée, puis celles de Marseille, de Toulouse, de Dijon et de Nantes.

L'école de Metz comprend : 1° l'enseignement simultané ou du premier degré, pour les deux sexes ;

2° Sept classes de solfége, dont deux pour les jeunes filles ;

3° Deux classes de vocalise et une de chant.

Et quant à la musique instrumentale :

Trois classes de violon ;

Une de violoncelle ;

Une de contre-basse ;

Deux de piano, dont une pour les dames.

Il existe, de plus, une classe d'harmonie pour les hommes et une pour les dames.

Les élèves des diverses classes sont réunis le jeudi et le dimanche à l'école de musique, pour exécuter des morceaux d'ensemble de musique vocale ou instrumentale.

** M. Desvignes.

Norma, d'Elvire ou de Ninette, soit ceux d'Adalgise, de Pippo ou du beau page Isolier *.

Quant à la musique instrumentale, elle compte aussi à notre conservatoire des interprètes distingués **, ainsi que l'a prouvé encore récemment la belle exécution des magnifiques symphonies de Beethoven en présence d'une artiste célèbre ***.

Ne sommes-nous donc pas fondés à penser que notre faible voix, en vous parlant de la musique, trouvera quelque écho bienveillant ?

Messieurs, l'Académie, dans laquelle les beaux-arts ont des représentants si dignes, a déjà témoigné de ses sympathies pour l'art du Dessin en organisant la belle exposition de peinture et de sculpture qui fait en ce moment l'admiration de nombreux visiteurs. Pour compléter notre hommage aux beaux-arts, j'avais désiré nous associer aussi la musique vocale en lui donnant dans cette séance la place qu'elle

---

* De tous les sons, celui qui va le plus directement à notre cœur, c'est, sans contredit, la voix humaine; et tous les instruments qui en approchent le plus, sont aussi d'une expression plus touchante, et d'un son plus parfait. Ceux de la voix d'un homme, quand ils sont bien nourris, bien ménagés, ont un moelleux, une variété, une énergie au-dessus de tout instrument; et une belle voix de femme, modulée par la sensibilité, est, sans aucun objet de comparaison, le son le plus suave et le plus touchant que l'art ou la nature puisse produire.

** On a toutefois fait une observation aussi exacte que le résultat en est déplorable; c'est que depuis une vingtaine d'années, les jeunes gens de notre cité, qui avaient le plus de loisir, n'ont pas cultivé la musique. Cela tient-il à ce que les études classiques ont absorbé tous leurs moments? mais ce motif n'est point fondé, selon mói, et je n'en veux pour preuve, que le talent musical qui se rencontrait fréquemment autrefois chez un grand nombre d'hommes d'étude, et qui se rencontre encore aujourd'hui chez beaucoup d'élèves, surtout des écoles spéciales.

*** Madame Pleyel.

occupe dans la séance publique des cinq classes de l'Institut de France. Diverses circonstances fortuites ont seules empêché, cette année, la réalisation de ce vœu.

En effet, Messieurs, la musique est tout à la fois un art et une science; sous le premier rapport, elle doit être considérée comme l'un des arts les plus anciens qui existent, puisqu'il se trouve mêlé aux plus antiques monuments du genre humain et l'objet des fables historiques des anciens peuples.

La mythologie qui, selon Bacon, est la sagesse de l'antiquité et qui sous le voile d'une ingénieuse allégorie n'a souvent été que l'histoire d'hommes célèbres, ne nous annonce-t-elle pas qu'aux accents de la lyre d'Amphyon, une ville entière vint à éclore; que les syrènes, qui ne seraient autres que d'attrayantes femmes de l'Ausonie, faisaient courir de grands dangers aux voyageurs trop sensibles peut-être au pouvoir réuni de la mélodie et de la beauté. Ainsi, que l'on entende un chœur de jolies femmes chanter à l'ombre des beaux ormeaux de Pausilippe ou sur les rivages de Sorrente, un air de Cimarosa, de Rossini, de Bellini ou de Donizetti, et l'on verra de nos jours encore se changer en réalité la fable des sirènes. La mythologie ne nous apprend-elle pas que le chantre de la Thrace, qu'Orphée, osa quitter les régions de la lumière, et à la lueur du flambeau de l'amour conjugal, sut percer les profonds déserts du chaos et attendrir les dieux du Tartare par ses chants harmonieux et les accords de sa lyre? Orphée, vous le savez, Messieurs, mit jusqu'à des lois en musique, et il fallait, comme le disent des historiens, que sa musique eût une vertu bien surnaturelle, car je doute que, même de nos jours, on pût réjouir beaucoup son auditoire en lui chantant un chapitre de nos codes.

Un poète a prétendu que l'aimable compagne du premier mortel fut l'inventeur des premiers sons mesurés; que dès qu'elle eut entendu les gracieux accents des oiseaux, devenue leur rivale, elle essaya son gosier; que bientôt elle y trouva une flexibilité qu'elle ignorait, et des grâces plus touchantes que celles des oiseaux même; qu'enfin s'appliquant chaque jour à chercher dans sa voix des mouvements plus légers et des cadences plus tendres, bientôt elle se fit un art du chant, présent des cieux, par lequel après sa disgrâce, elle sut souvent adoucir et charmer les peines de son époux exilé du divin Elysée.

Quoi qu'il en soit, il est évident que la musique compte autant de siècles de durée que l'univers même. Elle était en honneur chez les Juifs du temps de Jacob, et l'histoire nous apprend que Salomon était musicien et chanteur; que les lévites musiciens étaient au nombre de vingt quatre mille *, et qu'on en employait jusqu'à dix mille à la fois dans les grandes fêtes, ce qui, vous le voyez, Messieurs, surpasserait de beaucoup le plus grand festival qu'ait pu organiser M. Berlioz de nos jours.

Si nous avançons de siècle en siècle, nous verrons à chaque pas la musique marcher de beautés en beautés, de nations en nations et étendre son empire.

Née dans l'Orient, la première patrie de l'imagination et du génie, la musique fut accueillie successivement par le peuple Hébreu, l'heureuse Assyrie, la savante Egypte et la sage Grèce, qui en ont fait une de leurs lois fondamentales et la dépositaire des monuments de la patrie.

Aussi, Messieurs, dans ces premiers temps où l'on ignorait encore l'art d'écrire et de peindre la voix, les peuples ne conservaient leurs chroniques que dans des vers qu'on chantait fréquemment pour en perpétuer le souvenir.

C'est ainsi qu'ils rappelaient leur origine, leurs dieux, leur morale, leur mythologie, leur religion; c'est ainsi

---

* Je dois avouer que je crois qu'il y a erreur, quant au chiffre, dans la traduction des divers auteurs, notamment de Rollin.

que les bardes * et les ménestrels firent entendre leurs voix les uns dans les cérémonies du culte des Druides, les autres dans les castels des seigneurs et des princes.

Messieurs, la musique chez les Grecs, faisait une partie très-essentielle de l'éducation; ils la regardaient comme morale. D'après les renseignements fournis par les différents auteurs, cet art comprenait non-seulement la mélopée, ou si l'on veut la théorie des sons, les régles de la mélodie, mais encore la poésie, l'éloquence, la déclamation, la danse, qu'ils divisaient en mimique et en saltation, enfin la notation de la parole en général; art fort cultivé dans ces temps antiques, mais qui nous est totalement inconnu.

Au dire d'Alypius, savant né à Alexandrie, en Egypte, et qui vivait vers l'an 360 avant J.-C., les caractéres grecs qui servaient à figurer leur musique étaient au nombre de 1620. On comprend sans peine que cette musique, prise isolément, était bien autrement compliquée que la nôtre, exception faite toutefois de l'harmonie ** et de la composition, et plus longue, plus difficile, à apprendre. Il n'est pas surprenant alors que cette étude exigeât plusieurs années pour que l'on pût en acquérir la connaissance. Les philosophes, les législateurs recommandaient à la jeunesse de cultiver cette science, de lui donner au moins deux ans, afin d'en avoir les plus indispensables éléments; preuve évidente de la haute estime publique dont elle jouissait.

En voulez-vous d'autres preuves, Messieurs? Le plus

---

* Bardus, cinquième roi des Celtes, fonda des écoles de musique dont les maîtres étaient appelés Bardes, du nom de leur instituteur. Ces maîtres s'établirent d'abord à Montbard. Outre la harpe dont ils jouaient, ils se servaient du psaltérion, et d'un autre instrument appelé viole, différent de l'alto, et probablement de la viole dont Jean Rousseau a publié un traité en 1687.

** C'est aux siècles modernes (à partir du neuvième) que sont dus les systèmes de l'harmonie, du contre-point, de la fugue, de l'imitation et des canons.

sage et le moins voluptueux des législateurs anciens, Lycurgue, n'a-t-il pas donné de grands encouragements à la musique ? un auteur judicieux, Polybe*, n'attribue-t-il pas la douceur des Arcadiens à l'influence de cet art, et la cruauté de leurs voisins les Cynéthiens, au mépris qu'ils en faisaient ? Montesquieu **, l'un des premiers philosophes modernes, ne donne-t-il pas la préférence à la musique, sur tous les autres plaisirs, comme à celui qui corrompt moins l'âme ? Quintilien *** ne tarit point sur les louanges de la musique : il la vante comme un aiguillon de la valeur, un instrument d'ordre moral et intellectuel, un secours pour la science, un objet d'attention pour les hommes les plus sages, une distraction et un soutien dans tous les travaux, pour les hommes des classes inférieures. Platon ne craint pas de dire que l'on ne peut faire de changement dans la musique qui n'en soit un dans la constitution de l'Etat. Ce sage ajoute que les préfectures de la musique et de la gymnastique sont les plus importants emplois de la cité. Aristote, qui semble n'avoir fait sa *Politique,* que pour opposer ses sentiments à ceux de Platon, est pourtant d'accord avec lui touchant la puissance de la musique sur les mœurs. Théophraste, Plutarque ****, Strabon *****, tous les anciens ont pensé de même.

Aussi les héros de l'ancienne Grèce étaient-ils jaloux d'exceller en musique ; et l'on cite comme un fait extraordinaire, l'ignorance de Thémistocle à cet égard. Socrate semble avoir eu quelques remords de conscience d'avoir négligé de s'instruire de cet art ; car dans sa vieillesse, il apprit

---

* Hist., lib. 4.
** Esprit des lois, liv. 4, chap. 8.
*** Instit. orat., liv. 1, chap. 8.
**** Vie de Pélopidas.
***** Livre I.

à toucher le luth et il dit à Cébès, un peu avant de boire
la coupe de la mort, qu'il avait été tourmenté toute sa
vie, par un songe dans lequel on lui disait : Socrate,
apprends la musique et compose.

Par soumission pour cet avertissement, il s'amusait,
dans ses derniers instants, à mettre en vers quelques
fables d'Esope, et à composer un hymne en l'honneur
d'Apollon, seul genre de composition harmonieuse qui fût
à sa portée *.

Les peuples les plus sensibles (car, ainsi que les individus, il en est qui sont doués de sensibilité à un degré
plus éminent que les autres) rendirent une sorte de culte
à la musique. Les Egyptiens déclarèrent qu'ils l'avaient
reçue du ciel ** ; les Hébreux la consacrèrent à la divinité ***, et les Grecs, comme je vous l'ai dit, Messieurs, ne
l'honorant pas moins, la mirent au nombre de leurs législateurs ; ils l'introduisirent partout, dans leurs jeux, leurs
cérémonies et leurs fêtes ; ils l'appelèrent à leur naissance,
à leur hymen, à leurs funérailles ; enfin ils lui durent des
héros, des sages et de bons citoyens. .

Les Romains ****, imitateurs de leurs voisins dans les arts,
empruntèrent, sous les rois, la musique aux Étrusques *****,

* Platon, Phédon, sect. 4.
** Diodore de Sicile, Hist. liv. I, §§ 8 et 9. ·
*** Paralip. chap. xv, v. 27.
**** Depuis les premiers temps de la République jusqu'au règne
d'Auguste, les Romains ne firent presque aucun cas des arts ni
des artistes, qu'ils appelaient *artifices,* et qu'ils confondaient
bien plus positivement encore que les Grecs, avec les artisans.
Toutefois, malgré leur fierté dédaigneuse pour les arts, ils eurent
des musiciens et des théâtres avant d'avoir des boulangers, qui
ne commencèrent à être établis dans la ville que sous le règne de
Trajan, l'an 580 de la fondation de Rome : avant cette époque
chaque famille faisait son pain, et c'était, ainsi qu'en Grèce,
comme cela est présumable, l'ouvrage des femmes.
***** Un monument impérissable de l'existence de l'harmonie chez

et pendant la république aux Grecs, lorsqu'ils envoyèrent leur demander la loi des douze Tables.

Sous les empereurs, la musique joua un rôle plus important : Valère-Maxime nous révèle l'existence d'un collège ou école de musique fondée dans la métropole du monde. Caligula, qui avait une fort belle voix, combla les musiciens de présents et de privilèges ; Claude protégea aussi la musique et les artistes et décerna à ceux-ci jusqu'à des couronnes d'or. Quant à Néron, il cultiva la musique en homme de l'art ; ainsi lorsqu'il fut revêtu de la pourpre, il consacra une grande partie de son temps, dit Suétone, à l'exercice de son art favori : s'enfermant tous les jours avec Terpnum, le joueur de lyre et de cithare le plus renommé qu'il y eût alors, il prenait des leçons de chant qui se prolongeaient jusque dans la nuit. Dès la troisième année de son règne, il ne balança point à chanter en public sur le théâtre ; il débuta sur celui de Naples et y acquit un succès d'empereur, succès tel, que des musiciens accoururent de toutes les contrées pour l'entendre. Il est vrai qu'il avait créé un corps de claqueurs bien supérieur, à tous égards, à ce que nous voyons aujourd'hui dans nos théâtres de Pasir. Néron retint cinq mille musiciens à son service, leur donna un costume uniforme et leur apprit de quelle manière il entendait être applaudi. Vous savez encore, Messieurs, que le peuple le pria un jour de chanter dans une des rues de Rome, où il passait, et que l'empereur ne refusa point de faire entendre sa voix divine, aux grands applaudissements de la foule.

Après un injuste exil de Rome, la musique, comme si elle avait pu être complice des extravagances et de la

les Étrusques existe dans ce vers du huitième livre de l'Énéide de Virgile, qui apprend à la postérité la plus reculée, qu'ils furent les inventeurs de la trompette :

« Tyrrhenusque tubæ mugire per æquora clangor. »

2

férocité des Caligula et des Néron, la musique, s'épurant comme les belles âmes dans le malheur, fut appelée à jouir de la plus noble gloire et présida aux premières réunions, aux rites et au culte de l'église chrétienne ; elle chanta les bienfaits de Dieu, remplit les zélateurs du nouveau culte d'un saint courage qui leur fit affronter leurs persécuteurs, et souffrir intrépidement le martyre. Elle ne cessa, dans les premiers siècles de l'Eglise, d'être la consolatrice des proscrits jusqu'à ce que saint Ambroise, puis saint Grégoire, la rendirent aux arts en lui donnant une constitution fixe. Au huitième siècle, le père de Charlemagne introduit les orgues en France, et la musique instrumentale renait pour s'unir à sa fidèle compagne la musique vocale ; enfin, Guy d'Arezzo parut et fixa les lois de la musique en en établissant la base didactique*.

* On sait que tout le système musical des Grecs, n'était composé à sa naissance que de trois sons, *mi, fa, sol;* de quatre ensuite, *mi, fa, sol, la,* qui formaient un premier *tétracorde,* ou intervalle de quarte; plus tard, de huit, *ut, ré, mi, fa, sol, la, si, ut,* d'où ressortait l'accord de leur lyre ou cithare, divisé en deux tétracordes, *ut, fa, sol, ut,* avec un ton de disjonction au milieu; ensuite de dix, *la, si, ut, ré, mi, fa, sol, la, si, ut.* Ce système primitif du tétracorde fut promptement étendu et la cithare, au lieu de quatre cordes, finit par en avoir douze, selon Plutarque. Aussi le système des sons chez les Grecs, s'étendit peu à peu, s'éleva par degrés du nombre trois à celui de seize et subsista ainsi jusqu'au temps de saint Ambroise. Guy d'Arezzo l'étendit au grave en ajoutant la note *sol* au-dessous du *la* grave des Grecs; il fut l'inventeur du B mol, de même que du B dur ou B quarre, et depuis cette époque l'échelle des sons s'est accrue de telle sorte (pour les instruments) que le nombre s'en élève maintenant à quarante-six, pouvant donner soixante-dix-huit demi-tons appréciables, de l'*ut* extrême grave au *fa* extrême aigu du piano.

Il paraît que les anciens Celtes ne connaissaient ni de nom ni d'intonation, la note *si*, qui ne fut inventée que vers la fin du seizième siècle. On remarquera, sans doute, comme une chose

Messieurs, dirons-nous, avec quelques critiques, que la musique des anciens était sans goût, que leurs airs étaient sans mouvement, leurs instruments sans âme*, leur harmonie sans expression et ne formant que du bruit sans accords? Non, non; sans être de l'avis de Dom Calmet, qui place la musique ancienne au-dessus de la musique moderne, je pense que celle-là n'était pas sans mérites, et qu'elle était riche en mélodies. Alors, dans son printemps, telle qu'une jeune nymphe belle sans fard, vive sans affectation, elle marchait à la suite de l'aimable nature. Mais quoique les anciens eussent autant de passion que chez nous, que chez eux la musique produisît des effets surprenants, il faut convenir qu'ils n'avaient aucune idée de notre harmonie et du contre-point; autrement on ne concevrait pas que saint Ambroise et saint Grégoire n'en aient rien su ni rien transmis. D'ailleurs nous savons que les tierces étaient pour les Grecs des dissonnances et les quartes des consonnances; tout prouve donc qu'ils n'ont jamais connu l'harmonie, ainsi que le pensent J.-J. Rousseau et Rollin.

Quoi qu'il en soit, beaucoup de termes et d'éléments de la musique des Grecs se sont conservés jusqu'à nous, et il n'est pas jusqu'à la cachucha, cette danse espagnole ré--

fort étrange, que le hasard ait voulu que l'hymne de saint Jean, auquel Guy d'Arezzo emprunta les noms de notes qu'il nous a léguées, commençât, dans sa première partie, d'une manière ostensible et régulière, par ces six syllabes celtes *ut, ré, mi, fa, sol, la;* celui qui écrivit cet hymne connaissait-il ces noms antiques, et s'est-il fait un jeu de les appliquer systématiquement aux vers latins dans sa première strophe?

* Si la nature de ce discours ne me faisait déjà craindre d'avoir été trop prolixe, j'aurais donné quelques détails intéressants sur les instruments des anciens. Je dirai donc seulement qu'ils possédaient diverses espèces de flûtes, telles que la nibèle, le plagiolos, l'hyppophorbe, l'éléphantine, la parthénienne, la lyre, le luth,

cemment mise en vogue sur nos théâtres, qui ne soit la *cordax* des Grecs, l'une des trois danses bachiques des anciens*, et les castagnettes, dont nos danseuses savent marier le bruit à leurs gracieux mouvements, ne sont autres que les *crembala* des Grecs, comme leurs *crotales* sont nos cymbales.

Je vous ai rappelé, Messieurs, que la musique introduite par David dans les tabernacles du Seigneur, y entra suivie des filles de Sion, pour soutenir la majesté du lieu saint, pour augmenter la pompe des sacrifices, pour relever le spectacle de la religion. David, lui-même, précède en dansant, l'arche auguste; il règle ses pas légers sur les sons de sa harpe ravissante; dans tous ses cantiques, il demande que ses accords soient mille fois répétés sur la cithare, sur la cymbale, sur l'orgue, sur la trompette. Aussi les soins de ce prince religieux avaient-ils rendu les lévites les premiers musiciens de l'univers. Enfin, Messieurs, parcourez toutes les pages de la loi antique, partout vous rencontrerez, ou des concerts de louanges, ou des cantiques de victoire, ou des chants de funérailles. Il semble qu'au-

---

la cithare, sortes de lyre, le psaltérion, les timballes, le tambour, des trompettes, le lituus, le buccin, etc. Les Juifs possédaient aussi le magrapha et la sambuca qui, selon Daniel, serait le magadis dont parle Anacréon.

Je ne parle que pour mémoire du violon ou rebec dont l'origine se perd dans la nuit des temps. Ce n'est que sous le règne de Charles IX que le violon actuel fut introduit en France, et l'on sait quelle puissance a depuis acquis cet instrument sous les doigts et sous l'archet de Corelli, de Tartini, de Pugnani, et en dernier lieu sous ceux de Viotti, de Baillot et de Paganini.

* Nous devons dire, toutefois, à l'avantage des anciens, que nul n'aurait osé se permettre cette danse bachique, laquelle consistait, comme de nos jours, en une saltation assez vive avec des mouvements très-significatifs des reins, s'il n'avait été préalablement échauffé par les fumées du vin.

cune voix mortelle n'est digne de l'oreille du **Seigneur**, si elle n'est portée sur les ailes de la musique.

La loi nouvelle, Messieurs, a conservé à la musique sa place dans les sanctuaires, et, à cette occasion, l'évêque d'Hippone, saint Augustin, s'écrie : « Je ne puis trop » approuver les chants dont retentissent nos temples ; par » ces augustes accords je me sens vivement ému, pénétré » de cette sainte ivresse et de ce respect qu'inspire la » demeure de Dieu. »

Ainsi, Messieurs, la musique peut échauffer la dévotion, comme le courage, la bienveillance, la pitié ; elle peut rendre la paix à l'âme, lui communiquer une douce mélancolie qui affecte le cœur sans le peiner, ou le frapper d'une horreur sublime qui étonne, transporte et exalte en même temps l'imagination.

Milton* était si persuadé des bons effets de l'expression musicale, qu'il lui attribue le pouvoir d'exciter des mouvements louables dans les diables eux-mêmes.

Au reste, Messieurs, je ne hasarde point un sentiment isolé, quand je soutiens que le mérite de la musique ne se borne point au gracieux, et qu'il s'étend jusqu'à l'utile ; je ne fais que me ranger au sentiment reçu chez la sage antiquité. En effet, la musique peut épurer, polir les mœurs, adoucir, rectifier les passions, unir, associer les esprits des citoyens ; elle enrichit et embellit les arts savants ; et si l'importance de la musique n'avait été reconnue, les législateurs de l'Egypte, de la Perse, d'Athènes, les maîtres des nations, auraient-ils fait une loi de cet art ? S'ils n'avaient jugé sa durée nécessaire aux destins heureux des empires, l'auraient-ils fait marcher de front avec la religion ? Lycurgue, voulant former une république de héros, aurait-il inscrit la musique dans le livre austère de Lacédémone ? Platon,

---

* Paradis perdu, liv. I, vers 549.

Aristote, Montesquieu et tant d'autres philosophes anciens
et modernes, en auraient-ils recommandé l'usage comme
d'une science également née pour le bien des mœurs, pour
le progrès des vertus, pour l'embellissement des arts, pour
l'union et la consolation des humains*? aurait-on lu enfin
sur la façade de l'école de Pythagore, cette inscription qui
semblerait plutôt destinée à notre conservatoire de musique :
« Loin d'ici, profanes ! que personne ne porte ici ses pas,
» s'il ignore la musique ; profanes, loin d'ici. »

---

* Quand la musique ne devrait être considérée que comme une
science propre à stimuler nos plaisirs et à nous consoler dans nos
peines, ne devrait-elle pas posséder toutes nos sympathies ? Beaucoup de gens s'étonnent que l'on puisse faire de la musique
lorsqu'on a quelque chagrin ; tandis que selon moi, rien ne sym-
pathise mieux avec des sentiments de tristesse qu'une douce mélodie ou qu'une rêverie harmonieuse.

COMPTE-RENDU

DES TRAVAUX DE L'ANNÉE 1849-1850,

PAR M. FAIVRE, SECRÉTAIRE.

———

MESSIEURS,

C'est pour la trentième fois depuis sa fondation, que l'Académie nationale de Metz vient rendre compte publiquement de ses travaux. Ces trente années d'études et de méditations ont-elles été remplies dans la mesure des besoins intellectuels de l'époque, et de la population au sein de laquelle l'Académie a pris naissance? Ce n'est pas à la compagnie qu'il appartient de se rendre ce témoignage. Puisse-t-elle toujours demeurer fidèle à sa devise: *l'Utile*; s'abstenir des recherches et des discussions oiseuses; s'inspirer de plus en plus des nécessités présentes; concourir, selon ses forces, à la solution des grands problèmes qui s'agitent aujourd'hui dans la sphère des intelligences! Les générations qui vont nous suivre dans cette seconde moitié du XIXᵉ siècle et qui recueilleront l'héritage de nos hardies et tumultueuses révolutions, diront si l'Académie a failli à sa mission, ou si, toujours calme et ferme au milieu de ces agitations incessantes, elle a poursuivi la réalisation des progrès et des améliorations possibles.

L'esquisse de ses travaux pendant ces dernières années pourra sembler froide et pâle. L'Académie s'est sagement interdit toute discussion qui, de loin ou de près, touchât à la religion ou à la politique. Or, s'il y a deux questions vives aujourd'hui, c'est la politique et la religion. Les intérêts immenses qui se rattachent de nos jours à ces deux grands ordres de faits, absorbent exclusivement les esprits et les laissent indifférents ou distraits à l'égard de tout le reste.

Cependant, la politique, qui embrasse la vie matérielle des peuples, a pour éléments indispensables l'agriculture, l'industrie, le commerce, les arts; la religion, qui résume et qui élève à sa plus haute expression la vie morale de l'homme, bénit et sanctifie le travail, sous quelque forme qu'il se traduise. Les sociétés savantes qui s'efforcent d'éclairer du flambeau de la science le développement des arts, les progrès de l'industrie et de l'agriculture, ne sont donc pas un rouage superflu dans la grande machine sociale; et, à quelque point de vue qu'on se place, on ne saurait dédaigner ces travaux obscurs, cette influence lente et cachée, dont l'effet est d'autant plus assuré qu'elle s'exerce plus loin du conflit des intérêts et des passions. Si la société s'améliore, c'est moins à la faveur des débats animés qui s'agitent à sa surface, que par le travail sourd et inaperçu qui se poursuit incessamment dans ses profondeurs.

Agriculture. — Économie sociale. — Industrie.

L'Académie nationale de Metz, dont ces dernières considérations résument l'esprit et les tendances, s'attache surtout à seconder les efforts de nos agriculteurs dans la voie progressive où ils sont entrés.

C'est ainsi que l'Académie, voulant répondre aux vues sages du gouvernement dans la distribution des -primes et des récompenses affectées à l'agriculture, après avoir recueilli l'opinion du Comice et tous les renseignements qui pouvaient éclairer sa religion, a profité de la fête agricole d'Antilly pour répartir entre les divers agriculteurs de l'arrondissement de Metz, les honorables distinctions auxquelles leur donnait droit leur mérite spécial. Habile exploitation, travaux de défrichement et d'assainissement, disposition favorable et construction des étables et des écuries, emploi d'amendements calcaires ou d'engrais rarement utilisés, irrigations, perfectionnement quelconque dans un art ou une industrie agricole, tous ces titres à la reconnaissance du pays ont été honorés de distinctions et de récompenses, qui, dans un avenir prochain, tourneront, n'en-doutons pas, à l'avancement de notre agriculture locale.

Toutefois, les opérations délicates de cette espèce de concours ayant révélé à l'Académie la difficulté d'apprécier avec justesse la situation des exploitations agricoles, M. André s'est appliqué à rechercher sur quelle base on pourrait en établir la prospérité relative, et ses méditations l'ont conduit à ce résultat, peu éloigné de celui qu'on a obtenu en Angleterre, qu'une exploitation, pour être en pleine valeur, doit avoir 40 p. % de terres en prairies.

Appliquant, en outre, son zèle infatigable à l'étude de la maladie du froment, dite *blé vibrioné*, dont il entretient l'Académie pour la troisième fois et au sujet de laquelle il a excité le plus vif intérêt parmi les membres de la Société centrale d'agriculture de Paris, le même M. André pense que le changement de semence serait peut-être un moyen de combattre cette maladie, qui, par l'importance des pertes qu'elle a causées dans quelques localités, pourrait devenir un véritable fléau.

Puis, continuant ses recherches sur le poids moyen des

3

animaux livrés à la boucherie et sur la consommation de la viande à Metz, il offre aux méditations des économistes et des agronomes, des résultats statistiques du plus haut intérêt, parmi lesquels nous ne lisons pas sans une certaine émotion, que notre population, qúi passe pour être moins bien nourrie que la population parisienne, a consommé, en 1848, 58 kil. 25 de viande par individu, tandis que celle de Paris n'en a consommé que 58, et celle de Lille que 44 k. 72.

La maladie qui depuis trois ou quatre ans affecte la pomme de terre, et qui a tant ému nos campagnes, dont ce précieux tubercule forme une des principales ressources, devait à la fois préoccuper l'ami de la science et l'ami de l'humanité. L'Académie a reçu encore cette année, sur ce sujet, d'intéressantes communications de M. Kleinholt, chef de culture de MM. Simon frères, et de M. Chevreux, cultivateur au Sablon, qui, tous deux, ont tenté d'éclairer de leur expérience les données de la théorie.

Sur les conclusions de la commission chargée de suivre les expériences de M. Kleinholt et d'en constater les résultats, l'Académie, appréciant l'importance des travaux de eet habile et consciencieux observateur, lui a voté des remerciments.

Un autre objet qui, dans ces dernières années a fixé l'attention des hommes pratiques, c'est le nouveau mode de culture et d'échalassement de la vigne. L'Académie, qui avait déjà suivi avec-infiniment d'intérêt les travaux viticoles de M. Collignon, d'Ancy, et qui a encore entendu cette année un mémoire justificatif de cet agronome distingué, inventeur de l'échalassement en fil de fer, a reçu en outre de M. Lasolgne, vigneron à Ars—sur—Moselle, invitation de venir examiner un nouveau mode de culture de la vigne dont il est l'auteur, et déjà soumis par lui à l'examen de MM. les Membres du Comice ; procédé différant à la fois et de l'ancien système, et de celui que l'art du vigneron doit au génie persévérant de M. Collignon, sur la valeur duquel l'expérience seule et le temps pourront un jour prononcer.

Un petit modèle de houe à cheval, soumis à l'examen de l'Académie par M. Hérard, fabricant d'instruments aratoires, n'a pas paru différer assez de celui qui avait été présenté à la dernière exposition pour mériter un rapport spécial : il a été renvoyé à la commission de l'exposition.

Enfin, M. André, qu'il faut citer encore, et toujours, quand il s'agit d'études agricoles ou économiques, a proposé à l'Académie d'intervenir auprès de l'autorité municipale pour l'engager à provoquer une souscription, en vue d'acheter et de mettre en réserve une certaine quantité de blé, dans l'éventualité d'une augmentation à-peu-près inévitable du prix du froment. Cette proposition n'ayant pas réuni tous les suffrages, n'a pas eu de suite ; mais elle n'en est pas moins honorable pour son auteur, dont la louable sollicitude sera peut-être un jour justifiée par l'évènement.

Le même genre de préoccupations, celles qui ont pour objet le soulagement et l'amélioration du sort de la classe ouvrière, a porté l'Académie, sur la proposition qui lui en a été faite par un de ses membres, à nommer dans son sein une commission pour constater les causes et le degré d'insalubrité des habitations de notre ville et de nos campagnes, et pour rechercher les moyens d'y remédier. Le rapport consciencieux de cette commission, confié à M. le docteur Laveran, a paru de nature à mériter une prompte publication, et l'Académie en a immédiatement ordonné l'impression.

M. de Saint-Vincent, appelé à des fonctions plus élevées dans le département des Ardennes, et devenu membre correspondant de l'Académie après en avoir été l'un des membres titulaires les plus éclairés et les plus laborieux, lui a envoyé un mémoire sur la Société de prévoyance et de secours mutuels récemment fondée à Charleville par les soins mêmes de l'auteur, mémoire dans lequel sont signalées diverses innovations d'un grand intérêt, en regard de l'avenir qui est sans doute réservé à ces utiles institutions.

Le Secrétaire lui-même, chargé par M. le Président de rendre compte d'un ouvrage de M. Robert-Guyard, qui a pour objet *l'extinction du paupérisme,* a dû jeter un coup-d'œil rapide sur ces immenses questions qui semblent résumer toutes les difficultés de notre époque, et en être le caractère exclusif, mais qui ont été et qui seront dans tous les temps un insoluble problème en dehors du grand principe de la charité.

Dans un mémoire plein de faits intéressants, M. Worms a été amené par une étude comparative du département du Haut-Rhin et de celui de la Moselle, à exprimer le vœu que l'industrie prît dans celui-ci d'importants accroissements, seul moyen, selon M. Worms, d'arrêter une émigration incessante, signe évident de souffrance et de malaise.

L'Académie, qui a dès longtemps prévenu ce vœu en instituant et en réalisant les expositions de notre industrie départementale, saisit avec empressement toutes les occasions qui se présentent de seconder le progrès des arts manufacturiers. C'est dans cet esprit qu'elle a fait faire cette année des expériences sur l'emploi du blanc de zinc dans la peinture; et conformément au rapport favorable qui lui en a été fait par M. Langlois, organe de la commission, elle a voté des félicitations à M. Leclaire, auteur du procédé, ainsi qu'à la société anonyme qui l'exploite à Paris.

Le même M. Langlois a soumis à l'Académie, l'analyse de quelques minerais de fer du pays, en annonçant que ce mémoire ne devait être considéré que comme la première page d'un travail plus complet, qu'il avait l'intention d'entreprendre, avec M. l'ingénieur Jacquot, sur tous les minerais de fer du département de la Moselle.

Enfin, M. Vincenot, au sujet d'une réclamation que le rapport sur la dernière exposition de l'industrie, avait fait naître, a donné, avec la précision qui caractérise son langage, une théorie du double foyer, optique et chimique, appliquée aux instruments de photographie, qui a démontré une fois de plus quels éminents services la science rend journellement aux arts.

Sciences.

Dans les premières années de son existence, l'Académie de Metz, donnait une large part dans ses travaux aux sciences proprement dites. Peu à peu cette part s'est restreinte, à mesure que les transformations de la société ont tourné les esprits vers l'application des théories. Parmi les plus ingénieuses de celles qui ont marqué ces dernières années, il faut placer le télégraphe électrique, invention merveilleuse qui a soumis enfin au génie de l'homme cet agent mystérieux dont les derniers efforts du dix-huitième siècle étaient parvenus seulement à paralyser les effets redoutables. MM. Schiavetti et Belliéni ayant construit, avec le simple secours de la description qui en a été publiée, un petit appareil de télégraphie électrique qui fonctionnait parfaitement, M. de Saulcy, chargé de rendre compte à l'Académie des expériences qui ont été faites à l'aide de cet instrument, a saisi cette occasion pour en faire connaître la théorie et le mécanisme, et a complété l'intérêt de son rapport en faisant connaître par quel étonnant procédé on est parvenu à calculer la vitesse de l'électricité.

La géologie, qui avait autrefois de nombreux et laborieux représentants à l'Académie a failli être oubliée cette année. Toutefois, l'analyse confiée par M. Robert à M. Langlois, de l'eau d'une source qui coule dans les galeries du fort Belle-Croix, a donné lieu à une discussion intéressante. Cette eau s'est trouvée fortement saturée de chlorure de sodium, ce qui porte à penser, ou qu'elle passe sur un banc de sel gemme, ou qu'elle est en communication avec les eaux de la Seille, qui contient la même substance, mais en moindre quantité. Le voisinage de la source salée, dite du pont de Saint-Julien, appuie la première hypothèse, malgré la différence de niveau, différence, qui peut être produite par un simple redressement des couches.

M. Ibrelisle, dans son rapport sur l'ouvrage de M. le docteur Lecouppey relatif à *la curabilité de la phtisie*, exprime, du fond de son cœur humain et bon, le regret de ne pouvoir partager toutes les espérances de l'auteur sur l'infaillibilité de sa découverte.

M. Schuster a envoyé les précieuses observations météorologiques dont le soin lui est confié à l'école d'application de l'artillerie et du génie, et il y a joint le résumé de ces mêmes observations qui, continuées déjà depuis un certain nombre d'années, ne sont pas un des moindres ornements de nos mémoires.

M. Durutte a également adressé à l'Académie, au nom de M. Wronski, les œuvres de ce savant mathématicien, que l'illustre Lagrange plaçait si haut dans son estime.

Histoire et Archéologie.

J'ai nommé la science favorite de l'époque; elle ne pouvait manquer d'avoir des amis sur un sol si riche en souvenirs.

M. Robert, qui sait allier de laborieux loisirs avec de

graves et nombreuses occupations, a envoyé à l'Académie un catalogue des monnaies de Posthume, et a rendu compte des études numismatiques de M. le colonel Uhrich, adressées à l'Académie sous le titre de : *Renseignements sur quelques monnaies anciennes récemment trouvées près de la Petite-Pierre (Bas-Rhin).*

C'est également par les soins de M. Robert qu'est parvenu à l'Académie un mémoire historique sur les hôpitaux de Verdun, dont l'auteur est M. l'abbé Clouet; tandis que M. Schmidt, de Tréves, correspondant studieux et zélé, envoyait une collection de dessins représentant les tombeaux des princes de Nassau et quelques autres monuments funèbres.

M. Victor Simon, dans un travail étendu sur l'industrie verrière depuis les temps les plus anciens jusqu'à nos jours, a réuni une foule de faits curieux relatifs à l'origine et à l'histoire du verre, à celle des gentilshommes verriers, à l'usage des fenêtres et des vitres au moyen-âge, à la peinture sur verre, aux glaces, aux émaux, aux mosaïques. De telles études ne peuvent manquer d'intéresser beaucoup à une époque où les diverses industries qui se rattachent à la fabrication du verre ont fait tant de progrès, et où la physique et la chimie, qui les ont si merveilleusement secondées, leur doivent à leur tour de si précieuses découvertes.

Enfin, M. Chabert, bon et studieux jeune homme, qui, à peine au sortir du collége, a les goûts sérieux d'un savant, a fait déposer, dans les collections de l'Académie, quelques pièces d'anciennes armures trouvées au Sablon, et y a joint peu après, une courte dissertation sur le sceau d'or apposé par François de Guise au bas d'un brevet que ce grand capitaine accorda à l'abbaye de Saint-Arnould.

Lettres. — Beaux-arts.

M. l'abbé Maréchal, dont la simplicité et la modestie égalent à peine le vaste et profond savoir, a doté cette année l'Académie d'un beau travail sur le bonheur et le séjour des élus, et il a joint à cette savante dissertation des notes fort curieuses sur le *Cantique des Cantiques*. Les travaux de M. l'abbé Maréchal intéressent tour à tour l'érudit, le linguiste, le théologien, sans être dépourvus de ce parfum de bonne et saine littérature qui décèle l'homme de goût ; et l'Académie est heureuse de voir chaque année ses mémoires s'enrichir d'études si pleines de science et de conscience.

Elle a reçu avec reconnaissance l'hommage que lui a fait M. de Gérando, procureur-général près la cour d'appel de Metz, du *Cours normal des instituteurs primaires*, dont son illustre père est l'auteur. Il y a des noms qui donnent du prix à toutes choses : l'Académie, qui s'honorait de compter M. de Gérando parmi ses membres associés-libres, a déposé cet ouvrage, avec respect, sur les rayons de sa bibliothèque, il y sera consulté par les esprits élevés que préoccupe la grande question de l'enseignement élémentaire.

M. le professeur Munier, dans une dissertation approfondie, s'est attaché à combattre l'opinion du grammairien Chapsal ; que *toute interjection est une proposition elliptique ;* et telles sont, il faut l'avouer, les raisons dont M. Munier appuie sa thèse, qu'on est bien tenté d'être de son avis. Mais il est, comme on sait, peu de terrains sur lesquels on soit moins d'accord que celui sur lequel se place notre bon collègue (*grammatici certant*). Nous attendrons, pour nous prononcer, que M. Chapsal ait pris la peine de lui répondre, et que la lumière ait jailli du choc des opinions.

Quant aux muses, elles ont à-peu-près fait défaut cette année. Ce n'est pas que les doctes filles soient complétement inconnues sur les bords gracieux de notre Moselle; mais en aucun temps elles n'ont beaucoup hanté l'Académie. Comment pourraient-elles se jouer parmi les graves méditations du chimiste et du géomètre? Ces fronts calmes et froids les intimident. D'ailleurs, pour les encourager, il faudrait leur sourire, non les piquer. Elles sont sensibles et fières; elles boudent. Espérons que leur caprice ne tiendra pas contre le doux besoin de plaire, si cher à leur sexe, et qu'elles ne nous ont pas dit leur dernier mot. Nous en avons pour gages quelques fables, deux satires et un conte touchant de M. Macherez, avec une épître de M. Munier à M. Brosset, compositions légères qui ont fait trève quelques instants aux sévères élucubrations de la science.

D'ailleurs, à défaut de produire, l'Académie, fidèle à ses traditions, s'est efforcée d'encourager, d'inspirer et d'instruire. Répondant au vœu qui lui en a été exprimé par l'administration municipale, toujours préoccupée des besoins moraux et intellectuels de la cité, l'Académie a continué ses *lectures du soir* qui, pendant quatre mois de cet hiver, ont réuni, trois fois la semaine, un auditoire aussi calme et honnête, qu'intelligent et sympathique. Auditeurs et lecteurs, également bienveillants, ont toujours paru se comprendre, et si ces lectures n'ont pas exercé une grande influence morale, elles ont du moins témoigné du désir qu'avaient la ville et l'Académie d'être gracieuses à la population : la tenue constante de l'auditoire ne permet pas de douter que le but n'ait été atteint.

Moins heureuse dans son appel aux savants, aux économistes, aux penseurs, l'Académie n'a reçu, cette année, aucun mémoire en réponse aux diverses questions qu'elle a proposées et mises au concours. La gravité de la situation politique en est peut-être la cause. Espérons, car il faut toujours

4

espérer, que l'année académique dans laquelle nous entrons, moins agitée et moins stérile, verra se rouvrir ces joûtes pacifiques qui témoignent du repos et de la félicité des peuples.

Les beaux-arts ont été moins sourds à son invitation. Regrettant de voir se perdre l'heureuse institution de nos expositions biennales, l'Académie a réuni les éléments dispersés de l'ancienne Société des amis des arts, et a provoqué, pour cette année, une exposition nouvelle, dont le retour de deux ans en deux ans, entrant désormais dans ses attributions réglementaires, comme les expositions quinquennales de l'industrie, sera moins exposé à tomber dans l'oubli, et à laisser languir, dans l'obscurité des ateliers, le talent et le génie de nos nombreux artistes. Le succès de cette exposition a d'ailleurs hautement justifié la pensée de l'Académie. Sans nous ériger en juges dans une matière aussi délicate, nous croyons être l'expression de l'opinion publique en affirmant qu'à aucune époque nos arts n'ont jeté plus d'éclat, ni donné plus d'espérance ; et nous ne craignons pas de leur prédire un prochain et brillant avenir, si, de plus en plus fidèles à l'étude naïve de la bonne nature, ils s'efforcent, en outre, de pénétrer dans le mystérieux et ravissant domaine de la poésie. Là est le grand secret de plaire, là aussi est la grande mission de l'art : heureux celui qui brûle du feu sacré, et qui puise, dans une belle âme, les inspirations de son génie !

Personnel de l'Académie.

Les sociétés ne meurent pas comme les particuliers, mais elles se modifient sans cesse dans les membres dont elles se composent, parce que l'homme, de sa nature, est variable et changeant. L'Académie de Metz, grâce au ciel, n'a point fait cette année de ces pertes douloureuses et irréparables dont la mort vient trop souvent l'affliger. Cependant elle a eu le regret de voir s'éloigner, pour un temps indéfini, M. le docteur Dieu, dont la facilité laborieuse enrichissait ses séances de fréquentes communications ; et elle ne se console de son absence que par l'espoir de ne pas être oubliée sur le sol d'Afrique par ce studieux correspondant, qui va sans doute recevoir de nouvelles inspirations de la nature énergique et riche dont il est environné.

Privés par leurs occupations d'assister aussi régulièrement qu'ils le désireraient aux séances de l'Académie, M. le colonel Mengin, M. Dufresne et M. Scoutetten ont passé de la classe des membres titulaires dans celle des membres associés-libres. Mais l'Académie espère bien que, dans cette nouvelle position, MM. Mengin, Dufresne, Scoutetten ne la priveront pas plus que par le passé du concours de leurs lumières et de la communication de leurs travaux.

Les vides que ces déplacements avaient laissés dans la liste de ses membres titulaires, n'ont pas tardé à être comblés. Elle s'est empressée d'y inscrire M. de Salis, ancien élève de l'école polytechnique, mathématicien et archéologue distingué, aujourd'hui représentant de la Moselle à l'Assemblée nationale, et dont les recherches savantes intéressent à un haut degré l'histoire de nos antiquités messines. Elle a également accueilli M. de Saulcy, ancien officier de marine, sorti, comme M. de Salis, de l'école polytechnique, membre de la Société d'histoire naturelle, et frère de M. Caignard de Saulcy, dont les intéressants travaux numismatiques ont enrichi plusieurs années de nos mémoires.

M. Worms, directeur du comptoir d'escompte et auteur d'un abrégé de l'histoire de Metz couronné par l'Académie, a pris place à son tour, avec le titre de membre titulaire, parmi les juges de son ouvrage, dont il partagera désormais les travaux.

Enfin, M. Boileau, capitaine d'artillerie, professeur à l'école d'application, a repris la place qu'il occupait il y a quelques années à l'Académie, et lui promet un utile concours, principalement dans l'ordre des études physico-mathématiques auxquelles il s'est appliqué.

MM. Schiavetti et Belliéni, opticiens, et M. Samson, artiste vérérinaire, ont été admis comme membres agrégés.

MM. Quiquandon, capitaine du génie, Uhrich, colonel en retraite à Phalsbourg, et Achmet-D'Héricourt, secrétaire de l'Académie d'Arras, font désormais partie de l'Académie de Metz en qualité de membres correspondants.

Ici, Messieurs, se termine la tâche de votre secrétaire. Il se hâte de déposer des fonctions qu'il n'avait acceptées que par obéissance, avec une juste défiance de ses forces, et comme un appoint de l'honneur qu'il a eu autrefois de vous présider. Le mérite, le dévouement, l'urbanité du savant zélé qui va les exercer désormais, vous dédommageront amplement de tout ce qui manquait à son prédécesseur. Comme l'Académie, dont il sera sans éclat un des principaux rouages, il s'appliquera à vivifier et à régler l'action bienfaisante de la science.

Humble société de province, l'Académie de Metz ne saurait, sans injustice, se faire illusion sur la valeur absolue de ses travaux. Si le recueil lui en est demandé jusqu'à Saint-Pétersbourg et aux États-Unis, elle n'ignore pas qu'elle est redevable de cet honneur aux spécialités hors ligne qu'elle a de temps à autre la gloire de compter dans son sein. Mais, quelque faible opinion qu'elle doive prendre d'elle-même, l'Académie n'en demeure pas moins dévouée à la tâche qu'elle s'est imposée. L'objet que se proposent les hommes sérieux, est de bien faire ce qu'ils se croient appelés à faire, non d'attirer sur eux l'attention, ni de s'offrir à l'admiration et à la reconnaissance publiques. On est trop heureux, soit qu'on travaille isolément, soit qu'on mette en commun ses études et ses veilles, de pouvoir se rendre ce témoignage qu'on a fait un peu de bien. L'Académie n'attend pas d'autre prix de ses efforts. *Être utile,* encore une fois, telle est sa devise et son ambition. Il n'en est pas de plus noble, il n'en est pas non plus qui lui soit plus chère : elle espère bien n'y faillir jamais.

LETTRES.

SUR LA FIN DE LA VIE,

PAR M. MACHEREZ.

Quel étrange moment que la fin de la vie !
De son cours une fois que la source est tarie,
Oh! comme tout alors s'éloigne et s'obscurcit,
Et comme l'horizon soudain se rétrécit !
La nature, en jetant sur tout un voile sombre,
Semble nous préparer à descendre dans l'ombre.
Ainsi que l'âge mûr la jeunesse nous fuit,
En tout lieu le dégoût, la tristesse nous suit ;
Tout passe devant nous plus rapide que l'onde,
Comme si nous n'étions déjà plus de ce monde.
Du passé nous n'avons qu'un obscur souvenir ;
Comme un gouffre sans fond nous voyons l'avenir.
Cependant arrivés au bout de la carrière,
Nous jetons en tremblant un regard en arrière.
Que voyons-nous qui soit digne de nos regrets ?
Un siècle de malheurs pour un jour de succès,
Un théâtre d'horreurs, de crimes, de misères ;
Un déluge de sang, des discordes, des guerres.

Mais le moment approche ; à l'aspect de la mort,
Nous faisons pour la fuir, un inutile effort ;
Là, sous son bras de fer, tout au bord de l'abîme,
Que le recueillement est triste, mais sublime !
Tandis que le méchant, dévoré de remords,
Demande en vain le temps de réparer ses torts,
Qu'il est doux pour le juste, en mourant de se dire :
J'ai bien rempli ma tâche, en paix je me retire !

FABLES,

PAR M. MACHEREZ.

Le Singe et le Chameau.

Un chameau parcourait les villes, les hameaux,
    Portant un singe sur son dos,
    Et souffrant avec complaisance
    Ses gambades, sans dire mot.
    A la fin pourtant le magot
    Mettant à bout sa patience :
    — « Ça, mon cher, lui dit le chameau,
» Sais-tu bien que tu m'es un pénible fardeau ?
» Pourquoi ne vas-tu pas de la même manière,
» Sur le dos du lion, ou bien de la panthère,
    » Ils sont, j'espère, assez puissants ?
— » Hé ! mon cher, j'y serais déjà depuis longtemps,
    Répondit le compère,
    » S'ils n'avaient de si longues dents ! »
    Le bon chameau se mit à rire,
    Continuant son chemin sans rien dire.

    Soyez trop bons, trop indulgents,
    Et vous serez dupes des impudents.

L'Écureuil et la Belette.

Dans un cylindre de grillage,
Tournant sur le pivot que portait une cage,
Maint écureuil captif, ventre à terre, courait ;
 Car bonnement il espérait
 Retrouver au bout du voyage
 Ses pénates, son ermitage,
Où naguère il vivait exempt de tout chagrin.
Ah ! qu'un si doux espoir inspire de courage !
 Un jour la belette à l'œil fin,
Revenant de chasser les souris du jardin, ·
 En passant le vit à l'ouvrage.
  « Oh ! dit-elle, comment !
» Vous vous épuisez là bien inutilement :
 » Quand vous croyez, mon cher confrère,
 » Avoir fait deux pas en avant,
  « De deux pas en arrière,
 » Vous retombez au même instant. »
De son illusion l'écureuil revenant,
 Et ne voyant plus que misère,
Ne put survivre à cette émotion.

  Hélas ! notre déception
  N'est-elle pas la même ?
 Nous montons et redescendons,
Sans faire un pas de plus vers le bonheur suprême
 Auquel en vain nous aspirons.

———

Le Léopard et les Animaux.

« Il faut en convenir, disait le léopard
 Devant mesdames les panthères,
  Et ses autres confrères ;
 » Ce coquin de renard

» Est doué d'une adresse extrême.
  » Pour nous tirer d'un piège dangereux.
    » Faut-il trouver un stratagême,
» Tromper un ennemi, lui fasciner les yeux,
    » C'est dans sa cervelle féconde,
    » Dans son génie et sa faconde
    » Que nous trouvons notre salut.
» Avec quel art il sait arriver à son but!
» Sa sagesse, ma foi, vaut bien notre vaillance. »
    Mais tandis qu'il parlait,
Tout l'auditoire autour de lui ronflait;
Tant l'on écoute avec insouciance
L'éloge le plus beau dont on n'est pas l'objet.
Un ours les réveilla; car plein de représaille,
Avec assez d'esprit retournant la médaille,
    Il fit un si vilain portrait
    Du renard qu'on louait,
    Que d'un éclat de rire
L'auditoire partant, fit trembler la forêt.

Pour exciter le plus vif intérêt,
    Parlez-moi de l'art de médire
    Ou de griffonner un pamphlet.

Le Pêcheur et le Saumon.

    Du haut d'un pont,
  Sur un courant assez profond,
  Maint pêcheur, la ligne tendue,
 Suivait de l'œil, sans détourner la vue,
Le liège conducteur d'un perfide hameçon.
Comme si son destin dépendait d'un poisson!
    Tantôt la plume vacillante
    Le trompait par son mouvement;
    Tantôt sous une herbe flottante
    Elle plongeait subitement.

Et le pêcheur de tirer brusquement,
  Comptant sur une belle proie,
  Hélas! c'était le plus souvent
Un brin de paille accroché dans la soie,
  Mais de poisson pas un fretin.
  De rage il pestait, quand soudain
Le liège obliquement vers la vase s'enfonce.
  Oh! oh! dit-il, heureuse annonce;
  Je tiens quelque chose de bon!
  En effet c'était un saumon.
  Tout tremblant de manquer l'aubaine,
Il veut tirer; mais le monstre l'entraîne,
  Et le secouant par un bond,
  Voilà notre pêcheur au fond.
  De quel côté se trouvait l'imbécille?
  L'énigme n'est pas difficile.

O vous donc qui pêchez dans l'eau trouble aujourd'hui,
Redoutez le saumon, défiez-vous de lui;
  Tel se croit sûr de son manège,
Qui se trouve souvent pris dans son propre piège.

———

Le Renard serviteur du Lion.

  Un renard encore novice,
    D'un lion grand seigneur,
    Était le pourvoyeur
  Chargé de garnir son office,
  Et de préparer ses festins.
  Le sire faisait bonne chère,
Et ne mangeait que les mets les plus fins.
  Le renard un jour, pour lui plaire,
  Vint lui servir un ortolan.
— « C'est, dit-il, mon seigneur, le mets le plus friand. »
    — « Un ortolan, répond le sire!
  » Tu prends pour tel un chat-huant?

» Le tour est bon, et je t'admire.

» Ce mets est digne d'un manant,

» Vas, vas ; tu peux en faire ton caprice.

» Mais si tu veux rester à mon service,

» Il te faut, désormais, être un peu plus galant. »

Le renard faisait triste mine.

— « Bah ! bah ! lui dit le loup, vieux servant de cuisine,

» Reporte lui ce mets demain ;

» Aujourd'hui trop matin

» Il s'est levé, je m'imagine. »

Le renard l'écouta,

Et le lendemain présenta

Le même oiseau sous une autre tournure.

— « Ah ! s'écria tout joyeux le lion ;

» A la bonne heure, mon garçon ;

» De l'ortolan voilà bien la figure.

» Qu'il est beau ! qu'il est gras !

» Mon cher, tu m'avoueras

» Que ton oiseau d'hier n'avait pas cette allure. »

— « Hélas ! seigneur,

» Répond le serviteur,

» C'est pourtant, je vous jure,

» Absolument le même oiseau ;

» Je n'ai rien trouvé de plus beau. »

A ces mots le lion, rugissant de colère,

De son antre aussitôt chassa le téméraire.

— « Malheureux, lui souffla le loup,

» Pour un renard tu ne t'y connais guère ;

» Il ne fallait pas répondre du tout ;

» Le sire avait avalé la pilule. »

Du puissant, mon ami, tel est le ridicule :

Il ne pardonne pas même au plus innocent

De l'avoir surpris ignorant.

ÉPITRE

A MONSIEUR LE COLONEL B******,

PAR M. F. MUNIER.

Aimable Colonel, vous en qui l'on admire
 Le goût, l'esprit et la gaîté ;
Vous qui, sur tous les tons, faites vibrer la lyre
 Dont Apollon vous a doté ;
Vous êtes de ce dieu, permettez de le dire,
 Le véritable enfant gâté.

Boileau mordait ses doigts et se grattait l'oreille
Pour trouver une rime ou cadencer un vers ;
Mais à peine a paru votre œuvre de la veille
Qu'une autre œuvre la suit, sur des sujets divers.

 Votre plume élégante et pure
Trouve, sans la chercher, la rime ou la césure,
 Et vos tableaux sont pleins de vérité.
 Cette heureuse facilité,
 Dont vous a doué la nature,
Ecarte loin de vous toute rivalité.

 Mais dans ce siècle mercantile
Peu savent des beaux vers apprécier le style ;
En vain l'on s'évertue à polir ses écrits.
Le poète, aujourd'hui, fût-il même un Virgile,
De quelque rare adepte est à peine compris.

Vous avez, Colonel, assez fait pour la gloire ;
Votre place est marquée au temple de mémoire.
Déjà l'heureux messin vous nomme avec orgueil,
De vos vers, l'amateur garde l'épais recueil,
Et de notre cité le bibliothécaire
Le dérobe aux regards du profane vulgaire.
Des siècles à venir votre livre vainqueur
Charmera le poète et le froid chroniqueur ;
Ils verront de nos mœurs les peintures parlantes,
De nos jardins publics les images riantes,
Et la description de ces salons brillants
Où l'orchestre conduit des pantins sémillants.

Alors, comme aujourd'hui, je vous le prophétise,
Des œuvres du génie on fera marchandise :
Un jour à nos neveux quelque nouveau forban
Au prix de l'or vendra votre livre à l'encan.

Le fruit de vos loisirs nous plaît et nous amuse ;
Cependant, Colonel, ménagez votre muse,
Goûtez quelque repos dans le sacré vallon
A l'ombre des lauriers de Mars et d'Apollon.

1er novembre 1849.

QUESTION GRAMMATICALE.

Monsieur, permettez-moi de vous demander votre avis sur la question suivante :

L'interjection peut-elle raisonnablement se traduire par une proposition dont tous les termes soient formellement exprimés, ainsi que le fait M. Chapsal dans ce modéle d'analyse :

Ah! vous m'avez trompé. Cette phrase, dit-il, renferme deux propositions : *Ah!* proposition principale absolue, équivalant à *je suis étonné. Je,* sujet, simple et incomplexe, parce que, etc... —*Suis,* verbe. —*Étonné,* attribut simple et incomplexe, parce que, etc. — *Vous m'avez trompé;* principale relative, etc...

Je m'abstiens, monsieur, d'émettre aucune idée personnelle sur ce systéme d'analyse de M. Chapsal, désirant connaître à cet égard votre opinion pleine et entiére.

J'ai l'honneur d'être, etc.

RÉPONSE

PAR M. F. MUNIER.

Cette question paraît être, au premier aspect, quelque peu oiseuse ; c'est ainsi que nous l'avions jugée de prime-abord. Cependant, après un examen plus attentif, nous avons reconnu qu'elle n'est pas sans importance, et qu'elle mérite d'être traitée sérieusement et avec quelque étendue. Mais avant d'entrer en matière, il convient de poser quelques principes élémentaires, qui seront la base de notre raisonnement. Voyons d'abord ce que l'on entend par proposition.

On appelle *proposition* l'expression d'un jugement de l'esprit à l'égard d'un sujet duquel on affirme ou on nie une qualité quelconque.

Toute proposition est essentiellement composée de trois mots, dont deux (le sujet et l'attribut) sont les signes des idées que l'on compare, et le troisième (le verbe) exprime l'opération de l'esprit, qui juge du rapport de ces deux idées. Le verbe et l'attribut sont souvent exprimés en un seul mot; c'est ce qui a lieu quand le verbe est attributif.

Quant aux interjections, il importe aussi, pour nous suivre dans le développement que nous allons entreprendre, de les distinguer en *essentielles* et en *accidentelles*.

Les interjections essentielles sont les premiers cris de la nature, que l'art n'a pu imaginer; ce sont les accents vifs, spontanés des passions communes à tous les peuples. Cette sorte d'interjection est donc moins l'expression réfléchie d'une idée que la manifestation d'un mouvement subit de l'âme.

Mais on emploie accidentellement comme interjections des mots qui expriment des pensées, des idées; tels sont *silence ! courage ! miséricorde ! bien ! bon ! paix ! gare !* et quelques autres. Dans ce cas, ce sont de véritables propositions elliptiques, des mots qu'on peut développer ainsi : Faites silence, faites-nous miséricorde, prenez courage, voilà qui va bien, c'est bon. Quant au mot *gare,* c'est tout simplement l'impératif du verbe *garer,* dont on se sert pour avertir de se ranger, de se détourner, de prendre garde à soi.

Chut ! qu'on ne peut développer sans changer ce mot, peut se traduire par *taisez-vous.* C'est une proposition implicite; tandis que l'exclamation équivalente, *silence !* pré—sente une proposition elliptique.

Au rang des interjections essentielles figure le *ah !* de M. Chapsal.

Suivant les grammairiens, *ah !* marque l'admiration, la crainte, la joie, la douleur, l'affliction, la surprise, le repentir, l'attendrissement, le désespoir, l'indignation; enfin tout ce qu'on veut :

> Ah ! que l'on porte ailleurs les honneurs qu'on m'envoie !
> Ah ! que les malheureux éprouvent de tourments !
> Ah ! que je suis heureux de revoir un ami !
> Ah ! que la renommée est injuste et trompeuse !
> Ah ! s'il est un heureux, c'est sans doute un enfant.
> Ah ! ne me parlez pas d'un vieux célibataire.
> Ah ! le voici : sortons ; il le faut éviter.
> .... Ah ! voici Rabat—Joie !
> Avec ses vérités, il s'en va tout gâter.

Un mot qui a l'étonnante propriété de marquer tant de choses, même les sentiments les plus opposés, pourrait bien ne signifier rien de tout cela. Le fait est que ce sont les mots qui précèdent ou qui suivent, ou bien le ton, l'inflexion de la voix, quelquefois le geste, qui déterminent toujours le sentiment exprimé par *ah !*

Cependant il y a quelques interjections qui sont principalement adaptées à certains sentiments ; mais nous n'avons pas à nous occuper de celles-ci.

Après ce préambule, qui était indispensable pour l'intelligence de ce qui va suivre, passons à l'examen de la phrase analysée logiquement par M. Chapsal : *Ah ! vous m'avez trompé.*

Quand il s'agit de la découverte de la vérité, il faut se prémunir contre l'influence des autorités les plus respectables, quelque confiance qu'elles méritent. L'erreur de M. Chapsal tient essentiellement à ce qu'il a pris, du moins nous le

pensons, une idée peu exacte de la nature de l'interjection.

Selon ce grammairien, *ah!* est une proposition principale absolue, équivalant à *je suis étonné*. *Vous m'avez
trompé* est une principale relative.

Que certaine interjection supplée quelquefois une proposition; soit. Ce n'est alors qu'une proposition produite relativement à celui qui écoute. Mais y a-t-il proposition
conçue par celui qui énonce le jugement? C'est ce que nous
nions.

En admettant que *ah!* soit une proposition, ce ne serait
certes pas la proposition absolue, comme le dit M. Chapsal.
La véritable proposition principale absolue est précisément
celle qu'il considère comme la relative. Elle est absolue parce
qu'elle a par elle-même un sens complet, indépendant; parce
que, seule, elle exprime tout ce qu'on veut dire, savoir :
Vous m'avez trompé. A moins d'avoir l'intelligence renversée, il est impossible de voir les choses autrement.

Nous ne savons de quelle manière M. Chapsal eût analysé
sa phrase, si l'interjection se fût trouvée à la fin : *Vous
m'avez trompé, ah!* — Mais il est évident que cette construction ne changerait rien à l'expression principale, et que
l'accessoire serait toujours *ah!*

Allons plus loin. Chacun sait qu'au moyen des points
exclamatifs, on donne à une simple proposition la force
d'une expression interjective. Nos romanciers et nos dra-
maturges en fournissent de nombreux exemples. Il serait
curieux de voir comment M. Chapsal analyserait sa phrase
si elle était écrite ainsi : *Vous m'avez trompé !* — On voit
que l'interjection est ici représentée par un simple signe
graphique, qu'un lecteur intelligent doit traduire par un
accent de voix qui exprime le reproche.

Enfin M. Chapsal veut que *ah!* signifie *je suis étonné*.
Cette interjection ne signifie pas plus *je suis étonné* que

hélas! ne signifie *je souffre;* car on pourrait dire : *ah!* combien *je suis étonné; hélas!* que *je souffre.* Et si la phrase était négative : *Ah! vous ne m'avez pas trompé;* n'est-il pas évident que l'interjection aurait alors un sens tout différent?

L'erreur de M. Chapsal vient de ce qu'il est parti d'un principe faux; il a vu dans l'interjection ce qui n'y est point.

Il ne faut donc pas attacher à l'interjection essentielle une valeur, une propriété qu'elle n'a point. Un sentiment n'est pas un tout composé de plusieurs parties, comme une pensée est composée de plusieurs idées.

La véritable interjection, ce mot *non-parole,* se retrouve, à quelques différences près, chez des peuples différents. Ainsi, dans une langue quelconque, un Géronte de comédie, recevant la bastonnade, ferait entendre les mêmes inter-jections que renferment les vers suivants :

Aïe! aïe! à l'aide, au meurtre, au secours, on m'assomme!
Ah! ah! ah! ah! ah! ah! ô traître, ô bourreau d'homme!

Les paroles seulement pourraient être traduites.

De toutes les personnes de la poitrine desquelles se sont élancés des *ah!* depuis le père Adam jusqu'à nous, on peut affirmer qu'il n'y en a aucune qui ait eu l'intention d'exprimer par ce mot, ou plutôt par ce cri, la liaison de deux idées; et encore moins de les formuler en proposition, suivant les règles de la syntaxe. A M. Chapsal était réservée la gloire de cette merveilleuse découverte.

A l'instant où nous écrivons ceci, nous entendons un moineau franc qui jette le cri d'appel; un autre témoigne de douces émotions, un troisième exprime énergiquement sa colère. Ces accents de voix si vifs, si expressifs, sont de véritables interjections, qu'on peut facilement interpréter; mais non pas traduire en sujets, verbes et attributs, comme le ferait sans doute M. Chapsal; à moins qu'on n'accordât à ces petits êtres la faculté de juger et de penser en forme, suivant notre manière.

Nous pensons donc que le mot *ah!* n'est l'équivalent ni d'une proposition implicite, ni d'une pensée; il n'est pas même le signe d'une idée. Il suffit, pour s'en convaincre, de remarquer ce qui se passe en nous quand ce cri nous est subitement arraché par une émotion profonde, et dans un moment où l'âme n'est pas maîtresse d'elle-même. L'interjection essentielle est un mot indécomposable, qui ne fait pas même partie de la proposition, et que l'on place sans liaison dans le discours.

Nous avons vu que la proposition est, au contraire, l'expression réfléchie de deux idées que l'esprit a volontairement pesées, comparées, pour juger s'il y avait entr'elles rapport de convenance ou de disconvenance. En un mot, la proposition est la manifestation d'un acte, d'une opération de l'esprit : l'interjection est l'expression spontanée d'un sentiment de l'âme ou du cœur, qui agit avant que les règles du langage soient écoutées.

Nous terminerons cette dissertation en faisant remarquer que c'est à tort que les grammairiens classent parmi les interjections les mots *crac; toc-toc, pouf, ouf,* et quelques autres. Il est évident que ce sont de simples imitations d'un son produit, du bruit que fait quelqu'un qui suffoque ou une chose qui tombe, et non les signes d'une émotion du cœur. Ce n'est sans doute que l'embarras où l'on a été de classer ces mots, qui les a fait ranger parmi les interjections.

Le *ah!* répété, que fait entendre d'une voix languissante et plaintive une personne qui souffre; celui que lance le bûcheron en abattant sa hache, après avoir aspiré fortement, n'est pas non plus une interjection. Dans le premier cas, c'est un cri naturel, expansif, qui est arraché au malade malgré lui, et qui paraît soulager sa douleur ; dans le second, c'est un cri involontaire et machinal, produit par une compression violente exercée sur la poitrine.

DISSERTATION

SUR

LE BONHEUR DES ÉLUS

ET

NOTES SUR LE CANTIQUE DES CANTIQUES,

PAR M. L'ABBÉ MARÉCHAL.

C'est le jour d'une vie
Qui d'un soir ténébreux ne sera point suivie,
. . . .
O jour! où transporté d'une céleste ivresse,
L'homme ressaisira l'éternelle jeunesse,
Et, des cieux reconquis impérissable roi,
Il pourra s'écrier : « Tous ces biens sont à moi. »
O qu'alors il verra de natures nouvelles
Dérouler devant lui leurs beautés éternelles!
(Chênedollé.)

MESSIEURS,

Les doctrines relatives à l'origine et à la fin de l'homme,
ce que la science et la révélation nous enseignent touchant
l'immortalité de l'âme et nos destinées futures, sont de ces
questions qui, dans tous les temps et dans tous les lieux,
ont intéressé le genre humain. La puissance que l'âme exerce
sur ses propres actions, le désir que nous éprouvons pour
l'immortalité, le charme que nous goûtons lorsque nous avons
fait une bonne action, l'espérance qui nous soutient au milieu des plus rudes adversités; les remords, au contraire, qui
déchirent le cœur de l'homme pervers au milieu même de

ses plaisirs, la pensée de la mort, la crainte de la justice divine qui viennent troubler ses fausses joies, nous démontrent que l'âme ne peut périr. Que faut-il conclure de ces réflexions ? Le voici : La félicité de la vie future est la fin la plus digne vers laquelle puisse tendre l'être intelligent et aimant.

Messieurs, pour traiter convenablement cette importante matière, nous exposerons : 1° le sens qu'il faut attacher aux différents noms donnés au séjour des bienheureux ; 2° les textes de l'Ecriture sainte qui en parlent ; 3° les diverses opinions émises sur le Paradis ; 4° quel est le dogme catholique sur ce lieu de la suprême félicité ; 5° quelles sont les principales descriptions qu'on en a données ; 6° ce qu'il faut penser de cette question : Où est le Paradis ? 7° enfin quels sont les sentiments que doit nous inspirer la doctrine de l'église sur les récompenses de la vie future.

I.

La béatitude, qu'on appelle aussi le souverain bien ou la fin dernière, est définie par Boëce : « Un état parfait par la réunion de tous les biens ; » et par saint Augustin : « Le comble et la somme de tous les biens, *bonorum omnium summa et cumulus*. » La béatitude consiste dans la vision claire et intuitive de Dieu même, de laquelle découle pareillement un amour ineffable et une joie surnaturelle. Le Dante en parle d'une manière aussi précise qu'elle est poétique : « Nous sommes montés, dit-il, au ciel (empyrée) qui est une pure lumière, lumière intellectuelle pleine d'amour, amour du vrai bien, rempli de joie, joie qui dépasse toute douceur (*Paradis*, chap. 30e). »

La croyance à la béatitude éternelle est l'objet du douzième article du *Symbole des Apôtres*. Les pères du concile de Constantinople l'ont exprimée par ces mots : « πιστεύω... ζωῆντοῦ ἐρχόμενου αἰῶνος (*credo.... vitam venturi sœculi*). »

On l'appelle éternelle pour faire comprendre que ceux qui
sont en possession de la véritable félicité ne peuvent jamais
la perdre, et qu'elle n'est point bornée par le temps. La
béatitude éternelle ou la céleste félicité des saints est désignée
dans la Bible sous les noms qui suivent: royaume de Dieu,
paradis, ciel, nouvelle Jérusalem, maison de Dieu, sainte
cité, terre des vivants, joie du Seigneur, torrent de délices.

Nous allons expliquer le sens qu'il faut attacher à ces différents termes: royaume de Dieu, paradis, ciel, vie future
ou vie éternelle.

Notre Seigneur, après avoir traité du jugement dernier,
ajoute, en parlant de lui-même : « Alors le roi dira à ceux
qui seront à sa droite : « Venez, vous êtes bénis de mon
père: possédez comme votre héritage le royaume qui vous
a été préparé dès le commencement du monde (S. Mat. chap.
25, v. 34). » La vie bienheureuse est évidemment désignée
ici par le royaume de Dieu ou le royaume du ciel. Cependant, ces deux expressions signifient souvent, dans l'Evangile, le royaume du Messie ou le règne de Jésus-Christ sur
son église (Voy. S. Mat. c. 13, v. 11, 19, 24, 31, 33, 44,
45, 47; c. 20, v. 1. S. Marc, c. 4, v. 26, 31. S. Luc,
c. 13, v. 19, 21).

Le mot Paradis est d'origine arménienne : c'est פַּרְדֵּס
(pardès) en chaldéen, (pardaïso) en syriaque. Les Sep-
tante ont rendu ce terme par παράδεισος. Il est pris : 1° pour
une habitation délicieuse (Gen., c. 2, v. 8; c. 13. v. 10,
Eccl., c. 2, v. 5. Cant., c. 4, v. 13. Edras, c. 2,
v. 8). « Paradisus, disent les rabbins, locus præstantior
omni aliâ terrâ. » 2° Pour le séjour des bienheureux
(Ecclésiastique, c. 44, v. 16. S. Luc, c. 23, v. 43, 2 Cor.,
c. 12, v. 4). Le mot paradis a été emprunté par les Grecs
mêmes aux Perses, puisqu'il se trouve employé par Xéno-
phon. Il signifie moins un jardin qu'un verger, qu'un vaste

enclos, où les peuples, brûlés du soleil, réunissent ce qui les charme au plus haut degré : les eaux limpides, les parfums d'une odeur suave, les fruits délicieux, les beaux ombrages.

Nous lisons dans la Genèse (ch. 13, v. 10) que la vallée des bois, dans laquelle étaient situées les villes de Sodome et de Gomorrhe, ressemblait au paradis du Seigneur. Ferdousi, qui a recueilli les anciennes légendes de la Perse, nous montre les rois qui vivaient avant Cyrus, errant au lever du soleil dans des paradis ornés de fleurs, embaumés de roses et ombragés par d'élégants cyprès et de hauts palmiers. Salomon avait aussi un paradis, plein d'arbres magnifiques et embelli de plantes rares : on y trouvait la myrrhe, l'aloès, le nard, le baume mêlés aux cèdres du Liban, aux palmiers de la Judée et aux arbres fruitiers des îles de la Méditerranée. Hérode-le-Grand voulut avoir un paradis dans l'enceinte même de Jérusalem ; il le fit si vaste et le planta d'arbres si élevés, que de loin, dit Josèphe, il présentait l'ensemble d'une forêt. On donnait aussi quelquefois le nom de paradis à de vastes forêts royales ; ainsi Néhémie prie le roi Artarxercès de lui donner des lettres pour Asaph, gardien du paradis des rois afin qu'il puisse couper les bois de construction nécessaires à la réédification du temple. Ce terme de paradis qui revient souvent dans les livres des poètes, signifie toujours un lieu charmant où il est délicieux de vivre. C'est dans le même sens que les musulmans donnent à la ville de Damas le nom de paradis terrestre. « Damas, dit un poète syrien, est comme une étoile ou un diamant qui brille sur le front de l'univers. La joie et le plaisir ont choisi cette cité pour asile. Là sont des palais et des fleurs, des jardins, des nappes d'eau ; là, mûrissent des fruits de toute couleur ; là vous rencontrez des visages de la beauté la plus parfaite. Damas est le plus délicieux des paradis terrestres.... Heureux celui dont les jours s'écoulent dans cette contrée où souffle une brise embaumée ! » Le prophète

Mahomet, dit une légende arabe, lorsqu'il vit Damas du haut des montagnes, frappé de la beauté de ces lieux, s'arrêta tout-à-coup, et ne voulut pas descendre dans la ville. « Il n'y a qu'un seul paradis, destiné à l'homme, s'écria-t-il ; pour ma part, j'ai résolu de ne point prendre le mien dans ce monde. » Comme on ne connaissait point d'habitation plus délicieuse sur la terre qu'un paradis, les théologiens sont convenus de nommer paradis céleste le séjour dans lequel Dieu accorde aux saints une félicité éternelle. Mais de quelques termes que nous puissions nous servir, ils ne nous donneront jamais de ce lieu de délice une idée complète, puisque le bonheur ineffable, réservé aux élus, est au-dessus de toutes nos pensées et de toutes nos conceptions. (Voy. Is., c. 64, v. 4. I cor., c. 2, v. 9). — Le ciel, dans les livres saints et dans le langage de tous les peuples, signifie l'espace immense qui environne la planète que nous habitons, et qui, selon notre manière de voir, est au-dessus de nous. Conséquemment le ciel désigne : 1° l'air ou l'atmosphère ; 2° l'éther ou l'espace éloigné où roulent les astres ; 3° le lieu où la divinité fait éclater sa gloire et rend souverainement heureux les anges et les saints. On sait que S. Bonaventure et plusieurs théologiens du moyen-âge ont divisé les cieux en trois parties : *cœlum crystallinum*, *firmamentum et cœlum empyreum*. Dans la religion égyptienne on distinguait quatre lieux dans l'univers. Les dieux habitaient le ciel le plus élevé, dans l'éther étaient les étoiles et le soleil, dans l'air les génies ou les âmes et sur la terre vivaient les hommes. Dans les légendes hiéroglyphiques, Amoun est souvent qualifié du titre de Seigneur des trois régions célestes. En effet, lorsque la terre eut été considérée comme un élément distinct, l'air, l'eau, le feu furent attribués aux cieux. Ces trois cieux correspondent chez les payens à trois ordres de divinités : les démons ou génies de l'air, les étoiles ou les dieux inférieurs et les dieux supérieurs. A côté de la doctrine des trois cieux est née la croyance des sept cieux qui doit son existence à l'observation des sept planètes à chacune desquelles on attribua un ciel différent. Cette seconde division prit probablement naissance chez les Chaldéens qui, dès l'époque la plus reculée, observèrent les astres et mêlèrent leurs découvertes astronomiques de fictions religieuses. On retrouve déjà la doctrine des sept cieux dans le testament de Lévi, ouvrage apocryphe des premiers siècles du christianisme. C'est dans le septième ciel que ce livre place les trônes et les séraphins qui célèbrent dans des hymnes la gloire de l'Eternel. Les scholastiques qui adoptèrent l'existence des sept cieux furent au reste divisés sur les noms qu'il fallait leur donner. Le vénérable Bède les distingue en air, éther, olympe, espace, firmament, ciel des anges et ciel de la trinité. S. Jean Damascène compte au nombre des sept cieux celui des planètes. Dans les dernières divisions que nous venons de citer, le souvenir des sept planètes, qui avait donné naissance au nombre sept pour les cieux s'était effacé. Les progrès de l'astronomie avaient reculé de plus en plus l'espace céleste, et ces astres se trouvaient rapportés au même ciel. Cependant dans les écrits de quelques S. Docteurs qui ont précédé S. Jean Damascène, ainsi que dans le Dante il est fait mention de dix cieux, savoir: sept cieux pour les planètes, et, en outre, le ciel cristallin, le ciel étoilé et le ciel empyrée, d'après S. Thomas, est lumineux et immobile. Il enseigne que le ciel empyrée ou le paradis est le séjour de Dieu et des bienheureux. Le mot empyrée vient du grec ἔμπυρος et signifie plutôt clarté et splendeur que feu ou chaleur. Lorsque S. Paul fait mention de son ravissement au troisième ciel (I cor. c. 2, v. 9), il entend évidemment par ce lieu le ciel empyrée, celui ou réside la divinité, et on voit que, du temps de l'apôtre, l'existence des trois cieux était admise par les chrétiens. On dit encore d'une personne qui est parvenue à un haut degré de contemplation, qu'elle est élevée au troisième ciel. On exhorte les fidèles à soupirer vers le ciel; on leur enseigne que la vertu est le chemin du ciel. Enfin le terme ciel se prend aussi pour Dieu même, pour sa justice, sa providence... On dit le ciel irrité pour Dieu offensé. Grâces au ciel pour grâces à Dieu. La Bible emploie souvent la même métonymie, comme on le voit dans S. Luc (c. 15, v. 21); l'enfant prodigue dit à son père : « J'ai péché contre le ciel et contre vous. » On lit encore dans S. Mathieu (c. 21, v. 25) : « D'où était le baptême de S. Jean? du ciel ou des hommes? » l'antithèse n'exige-t-elle pas qu'on prenne ici le ciel pour Dieu? On sait d'ailleurs que la locution שֵׁם שָׁמַיִם. au nom du ciel pour au nom de Dieu était usitée parmi les juifs. On retrouve aussi dans les poètes grecs les termes οὐρανός (ciel), ὀλύμπιος (olympe) mis pour ξεὺς (Jupiter), Homère a dit : « εἴπερ γάρ κ'ἐθλησιν ὀλύμπιος ἀστεροπητής (Si le veut ce Dieu qui habite l'olympe, qui lance la foudre) » Ilia., ch. 1er et Aristophane « τυφλὸς γάρ ὄντος ἐστι, νῆτον ουρανον (Etes-vous donc aveugle? Oui, par le ciel [par les Dieux]) » Plutus act. 2. x. 3.

Passons au sens qu'il faut attacher à la vie future.

On remarque dans certains phénomènes qui dépendent de l'organisation humaine des caractères distinctifs qui font de l'homme un être à part, et doivent lui assigner une distinction toute spéciale. Non-seulement l'homme a des sensations, il a en outre des idées morales, des perceptions intellectuelles; par l'activité de son intelligence, il s'élève au-dessus des sens pour saisir l'infini, et la liberté qui préside à ses actions le rend capable de mérite et de démérite; non-seulement il veut, mais il veut librement, de sorte qu'il peut s'élever d'abord à la notion du droit, puis passer à celle de son corrélatif, le devoir, sentant bien qu'il dépend de lui de se conformer aux lois ou de s'en écarter. Or, tous les peuples ont compris que l'homme qui transgresse ses devoirs mérite le blâme et un châtiment, comme celui qui les remplit se rend digne de louange et de récompenses ; car il est évident que Dieu ne peut regarder avec indifférence l'accomplissement ou la violation de ses lois, ni traiter de la même manière le juste qui se conforme aux desseins de sa providence et l'impie qui les méprise. Cependant il est de fait que souvent ici-bas le méchant prospère et l'homme de bien reste opprimé ; le vice demeure impuni comme la vertu sans récompense, d'où il résulte qu'il existe un état à venir où le Très-Haut exercera sa justice et où les saints trouveront la paix et le bonheur qu'ils cherchent vainement sur la terre. Cette vérité est développée avec autant d'énergie que d'éloquence dans le Livre de la Sagesse (c. 5, v. 1–14) : « alors les justes se soulèveront avec une grande fermeté contre ceux qui les ont tourmentés, et qui ont méprisé leurs travaux. A cette vue les impies seront troublés, et, dans un grand effroi, ils s'étonneront de ce salut inespéré et soudain disant en eux-mêmes, se repentant et gémissant dans l'angoise de leur esprit ; les voilà ceux que nous avions en mépris et qui étaient l'objet de nos outrages ! nous insensés, nous estimions leur vie une folie, et leur fin un opprobre ; et les voilà comptés parmi les fils de Dieu, et leur partage est entre les saints ! Nous avons donc erré hors de la voie de la vérité, et la lumière de la justice n'a pas lui pour nous, et le soleil de l'intelligence ne s'est pas levé sur nous..... Que nous a servi l'orgueil ? Que nous a apporté l'ostentation des richesses ? Toutes ces choses ont passé comme l'ombre, comme le courrier qui se hâte, comme le vaisseau qui fend la mer agitée, et ne laisse après lui aucune trace..... Nous n'avons donné aucun signe de vertu, et nous avons été consumés dans notre malice, voilà ce que diront en enfer les pécheurs. »

« Quand je n'aurais, dit J.-J. Rousseau, d'autres preuves de l'immortalité de l'âme que le triomphe du méchant et l'oppression du juste en ce monde, cela seul m'empêcherait d'en douter. Une si choquante dissonnance dans l'harmonie universelle me ferait chercher à la résoudre ; je me dirais : tout ne finit pas pour nous avec la vie ; tout rentre dans l'ordre après la mort. » « L'âme est une substance, dit Leibnitz ; or une substance ne peut périr tout-à-fait sans un anéantissement positif qui serait un miracle ; et comme l'âme n'a pas de parties, elle ne peut être divisée.....; donc l'âme est naturellement immortelle..... (de plus). Dieu, par une disposition particulière, pour accomplir les desseins de sa providence (veut). ..... que l'âme, après sa séparation conserve la mémoire et la conscience de tout ce qui s'est passé pendant sa vie précédente, pour qu'elle puisse être susceptible de récompense et de châtiment..... toutes les fois qu'une âme qui se sépare de son corps est en état de péché mortel, et par conséquent en une mauvaise disposition à l'égard de Dieu, elle tombe par son propre poids comme une masse détachée, et qui n'est retenue ni arrêtée par aucune cause étrangère dans le gouffre de la perdition, et se trouvant ainsi éloignée de Dieu, elle s'inflige à elle-même la damnation..... Au contraire, pour ceux qui meurent amis de Dieu, une félicité éternelle leur est préparée qui consiste surtout dans la jouissance de sa beauté divine, comme nous l'apprend l'Ecriture sainte. » La vie de l'homme sur la terre n'est donc qu'une des périodes de son existence, une des phases de sa destinée ; c'est un temps d'épreuves qui suppose le temps de la justice divine, et pendant que l'homme habite cette terre, il décide de lui-même de sa condition future. En un mot, la vie présente ne serait qu'une énigme ou plutôt un désordre moral, si elle finissait avec le corps, et s'il n'y avait pas une autre vie qui dût en donner l'explication et rétablir l'harmonie. Ainsi l'homme a-t-il eu toujours et partout le sentiment de cette vérité. Ainsi chez les nations barbares comme chez les peuples policés, on trouve sous des formes et des noms différents un séjour de félicité pour les bons comme un lieu de supplice pour les méchants ; c'est là une de ces traditions impérissables qui ont leur racine dans la nature de l'homme aussi bien que dans la révélation primitive, et qui sont par là même un témoignage authentique et une preuve invincible de la vérité.

II.

La perspective d'un bonheur éternel après la mort est le puissant motif qui nous fait supporter avec résignation les peines de cette vie, et nous porte à la pratique des vertus héroïques du christianisme. C'est la méditation de la vie future qui soutenait et exaltait les anciens adorateurs du vrai Dieu, de même qu'elle animait le généreux dévouement des premiers disciples du Sauveur ; elle leur faisait mépriser tous les faux biens de ce monde à la vue de cette couronne immortelle que leur réservait le juste juge. Ils savaient que Dieu avait dit au patriarche Abraham : « Je serai votre grande récompense (Gen., c. 15, v. 1). » Job, dans l'excès de ses douleurs, se consolait en pensant à sa destinée future : « Je sais, disait ce saint homme, que mon rédempteur est vivant, et qu'un jour il s'élèvera sur la terre ; et lorsque mon corps aura été consumé, je verrai encore le Seigneur dans ma chair..... cette espérance repose dans mon sein (Job. c. 19, v. 25-27). » Balaam s'écriait du camp des moabites en contemplant le peuple de Dieu : « Que mon âme meure de la mort des justes, et que mes derniers moments ressemblent aux leurs ! (Nomb., c. 23, v. 10). » Le prophète Daniel nous enseigne que « ceux qui dorment dans la poussière de la terre s'éveilleront : les uns pour la vie éternelle et les autres pour l'opprobre (ch. 12, v. 2). » David, parlant des justes, dit au Seigneur : « ils espèrent à l'ombre de vos ailes, ils seront enivrés de l'abondance de votre mai-

son : vous les abreuverez du torrent de vos délices, car
en vous est la source de la vie, c'est dans votre lumière
que nous verrons la lumière (Ps. 35, v. 8–10). » « Pour
moi, dit le pieux roi, revêtu de votre justice, je verrai
votre visage, ô Jéhova, et je serai rassasié quand apparaîtra votre gloire ! (ps. 16, v. 17). » Et ailleurs le psalmiste
s'écrie : « Je ne veux que vous sur la terre, ô mon Dieu !...
vous êtes la force de mon cœur et ma part éternelle (ps.
72, v. 24-25). » L'auteur du Livre de la Sagesse témoigne
que « l'espérance des justes est pleine d'immortalité, leur
affliction, dit-il, est légère, et leur récompense sera grande
parce que Dieu les a éprouvés et les a trouvés dignes de lui.
Ils sont comptés parmi les fils de Dieu, et leur partage
est entre les saints (C. 3, v. 4-5, c. 5, v. 5). » Le second
des sept martyrs dit à l'impie Antiochus : « le roi du monde
nous ressuscitera en la résurrection de la vie éternelle, nous
qui sommes morts pour ses lois (2 Mac., c. 7, v. 9). »
« Cette croyance, dit Bergier, aussi ancienne que le monde,
venait évidemment des leçons que Dieu avait données à nos
premiers parents, et il n'en fallait pas moins pour les consoler de la perte de la félicité dans laquelle ils avaient été créés.
Mais comme c'était à Jésus-Christ de rouvrir aux hommes la
porte du ciel, fermée par le péché d'Adam, c'était aussi à lui
de leur annoncer cette heureuse nouvelle, et de leur révéler
le bonheur éternel plus clairement qu'il n'avait été montré
aux anciens justes. » « Aussi ce divin Sauveur nous a-t-il
représenté la félicité suprême sous les traits les plus capables
d'affermir notre espérance, et sous les couleurs les plus
propres à enflammer nos désirs. « Bienheureux, dit-il,
ceux qui ont le cœur pur, parce qu'ils verront Dieu. (S. Mat.,
c. 5, v. 8). » « C'est la vie éternelle de vous connaître,
vous le seul Dieu véritable et Jésus-Christ que vous avez
envoyé (S. Jean, c. 17, v. 3). » « Mon Père, je désire
que là où je suis, ceux que vous m'avez donnés soient

avec moi, afin qu'ils contemplent ma gloire. (S. Jean, c. 17, v. 14). » « Celui qui sera victorieux, je lui donnerai de s'asseoir avec moi sur mon trône (Apoc., c. 3, v. 21). » « Les justes brilleront comme des soleils dans le royaume de mon Père (S. Mat., c. 13, v. 43). » « Nous savons, dit S. Jean (1re ép., c. 3, v. 2), que quand Dieu viendra dans sa gloire, nous serons semblables à lui, parce que nous le verrons tel qu'il est. » « Nous ne voyons Dieu maintenant, déclare S. Paul, que comme dans un miroir et sous des images obscures, mais alors nous le verrons face à face. Je ne le connais maintenant, qu'imparfaitement, mais alors je le connaîtrai comme je suis connu moi-même de lui (1re cor., c. 13, v. 12). » « Là sera le trône de Dieu et de l'agneau, et ses serviteurs le serviront. Ils verront sa face..... et là il n'y aura point de nuit ; ils n'auront pas besoin de lampe, ni de la lumière du soleil, parce que le Seigneur Dieu les éclairera, et ils régneront dans les siècles des siècles (Ap., c. 22, v. 3 – 5). » « Lorsque le prince des pasteurs paraîtra, dit S. Pierre (1re ép., c. 5, v. 4), vous obtiendrez une couronne de gloire qui ne se flétrira jamais. » Est-il étonnant, après ces promesses solennelles, ces témoignages positifs, que les leçons et les exemples du divin maître aient fait croître, parmi les hommes, de ces vertus héroïques qui avaient été jusqu'alors inconnues au monde, et que le Rédempteur ait trouvé une foule de disciples qui ont sacrifié avec joie leur vie pour la cause sainte de celui qui devait les revêtir de sa propre gloire dans l'éternité! Aussi S. Bernard nous dit-il : « Heureux celui dont la pensée est sans cesse élevée vers le Seigneur! quelle peine pourrait sembler accablante à celui dont le cœur compte pour rien les souffrances de la vie présente en comparaison de la gloire future? quel charme pourrait le séduire dans les plaisirs d'un monde pervers? ses regards ne sont-ils pas toujours fixés sur les biens que lui prépare le Seigneur au séjour des vi-

vants*! » Et S. Augustin s'écrie: « O demeure lumineuse et
ravissante! j'ai choisi ton éclat, et le lieu où habite mon
Seigneur qui t'a formée de ses mains et qui repose en toi :
exilé, mes soupirs montent vers toi... j'ai erré comme une
brebis perdue ; mais j'espère que placé sur les épaules de mon
pasteur je serai ramené dans ton enceinte **. » Ste Thérèse,
au moment de quitter cette vallée de larmes, dit à J.-C. dans
l'effusion de son amour : « O mon seigneur et mon époux, la
voilà donc arrivée cette heure que je désirais si ardemment!...
l'heure est enfin venue où je sortirai de mon exil et où mon
âme trouvera dans votre présence le bonheur après lequel elle
soupire depuis si longtemps. »

III.

Vers le temps de la venue du Sauveur, le plus grand
nombre des juifs pensaient que les âmes des justes rentraient,
après la mort, en possession du paradis terrestre. On y vivait
dans un état d'innocence que le péché ne devait pas altérer :
des troupeaux, de vertes prairies, de limpides ruisseaux,
un printemps continuel, telles étaient les images sous lesquelles on aimait à se représenter le séjour des saints. Quant
à la situation de ce paradis, elle était incertaine. L'ange
qui chassa de l'Eden nos premiers parents, en défend l'entrée aux vivants avec une épée flamboyante. Les champs-
élysées des grecs et des romains diffèrent peu, à certains

---

* Felix cujus meditatio in conspectu Domini est semper : quid
enim grave illi poterit videri, qui semper mente tractat, quòd non
sint condignæ passiones hujus temporis ad futuram gloriam ! quid
concupiscere in hoc seculo nequam cujus oculus semper videt
bona Domini in terrà viventium.

** O domus luminosa et speciosa! dilexi decorem tuum et locum
habitationis gloriæ Domini mei fabricatoris et possessoris tui ; tibi
suspiret pereginatio mea...... erravi sicut ovis perdita; sed in
humeris pastoris mei, *structoris* tui spero me reportari tibi.

égards, du paradis des juifs. On y trouve encore quelque
vestige de la tradition de l'Eden. L'humanité a pris naissance
dans un jardin; c'est dans l'élysée, ce mystérieux jardin, que
l'on allait chercher la paix, promise par les païens à ceux
dont la vertu avait dirigé les actions pendant leur vie. Les
poètes de l'antiquité, Pindare, Homère ont décrit, sous les
traits les plus séduisants, les champs-élysées. Virgile se
complaît, au sixième chant de l'Enéide, dans la peinture de
ces lieux charmants : « c'étaient de frais bocages, des bois
délicieux, de fortunées demeures. Là, un air plus pur est
répandu dans les campagnes et les revêt d'une lumière de
pourpre : ces beaux lieux ont aussi leur soleil.......... Enée
portant ses regards à droite et à gauche, vit d'autres ombres
qui goûtaient sur l'herbe la douceur des festins, et qui chan-
taient en chœur l'hymne joyeux d'Apollon......; là, étaient
ceux qui ont reçu des blessures en combattant pour leur
patrie; les prêtres qui furent chastes tant qu'ils vécurent......;
ceux qui ont embelli la vie en inventant les arts; ceux qui
par leurs bienfaits ont mérité de vivre dans la mémoire des
hommes. » Le monde invisible était pour la mythologie une
vague image, et le monde que nous voyons leur offrait la
réalité.

Le paganisme était impuissant à formuler la récompense du juste; ce qu'il en disait apparaît comme une étincelle qui luit dans l'obscurité, jusqu'au moment où le flambeau du christianisme vint projeter sa vive clarté sur tous
les points du globe. Homère semble mettre les champs-
élysées chez les cimmériens, Virgile les place dans l'Italie et
Plutarque dans le soleil. Les scandinaves, les germains, les
celtes établissaient leur paradis dans la sphère nébuleuse où
se forment les orages. Les guerriers y apportaient leurs
armes, leur coupe, leur orgueil et leur férocité; on s'énivrait,
on se querellait à table, et l'on quittait le festin pour la bataille. Ce qui distinguait ce paradis de la terre, c'est que la

coupe d'hydromel était intarissable; c'est que, la nuit venue et le combat fini, les guerriers mutilés ramassaient leurs membres et remontaient à cheval. Les américains se figurent que le bonheur de l'autre vie consiste à chasser le buffle et le daim, à avoir des flèches sûres, du gibier en quantité et des pieds infatigables. Quant aux vieilles religions de l'Asie, la plupart fondaient sur la métempsycose le système des peines et des récompenses futures. L'âme des méchants devait entrer dans les corps des bêtes immondes ou des vils parias; l'âme des bons animait les oiseaux, les animaux sacrés ou les corps des princes. Mais ce n'étaient là qu'autant de modes d'expiation qui, à la fin, devaient conduire l'âme perfectionnée dans un séjour immuable. Les uns fixaient ce séjour dans une des étoiles du firmament, et les autres dans l'éther. Selon certains auteurs, Mahomet a présenté aux sectateurs du Coran un paradis sans mystères, même ici-bas. Il a tout accordé aux sens, tout matérialisé, et, par conséquent, tout profané. Il admet sept paradis dont il donne une description détaillée. Dans chacun de ces paradis, et surtout dans le dernier, l'homme se livre aux voluptés sensuelles. Voilà la perspective offerte à l'humanité intelligente : voilà la récompense de la pudeur, de la sobriété, de l'héroïsme. Mais s'il est évident qu'un tel paradis doit sourire à des âmes corrompues, com—ment un honnête musulman peut-il entretenir sa fille du ciel, sans craindre de blesser son innocence? Cependant, d'après le baron Guiraud, ce serait une erreur de penser, comme on le fait généralement, que Mahomet ne promet rien à ses élus au-delà des joies sensuelles du septième paradis; des biens d'un ordre plus élevé, des voluptés en quelque sorte mentales, sont promises à ceux d'entre les musulmans que leurs vertus ou leur savoir auront maintenus dans un rang très-éminent.

Cet exposé nous prouve que l'idée du paradis, prise en elle-même, se retrouve en tous lieux et dans tous les siècles. Considérée indépendamment des formes dont on l'a revêtue, elle est évidemment la première et la dernière expression de la moralité humaine. Elle implique de toute nécessité la croyance en Dieu, la notion du bien et du mal, la liberté, l'immortalité de l'âme. En aucun temps, en aucun pays, on n'a pu concevoir la vie de l'homme, si ce n'est comme une vie de passage qui, après la mort physique, se continue dans d'autres conditions. C'est après cette vie d'épreuves qu'il sera récompensé ou puni selon l'usage qu'il aura fait de son intelligence et de ses forces physiques. Jamais nation civilisée ou sauvage ne s'est arrêtée au système impie de l'anéantissement de l'homme après sa mort. S'il n'avait en perspective que le tombeau, de quelles vertus, de quels sacrifices l'homme serait-il capable? Quel serait le motif de son dévouement pour sa patrie? Pour qu'il s'immole lui, être libre et intelligent, au bonheur de ses semblables, il lui faut absolument la croyance à une vie future, laquelle se lie intimement dans le cœur à la notion du juste et de l'injuste; mais l'étroite solidarité de ces idées premières fait que l'une ne peut s'altérer sans que l'autre ne s'en ressente. Que les passions corrompent la justice, l'idée de Dieu s'obscurcit; que l'orgueil ternisse l'idée pure de Dieu, la justice en souffrira. Or, il est incontestable que les idées dont nous parlons ont été corrompues sur la face du globe. Sans cela, on ne concevrait point que l'identité des croyances fondamentales n'eût pas produit une religion unique, une même morale, un seul et même paradis. Comme le disait Pascal, la diversité des cultes démontre la nécessité du culte et, en outre, qu'il y a un culte qui est le vrai. On en peut dire autant des nombreuses notions qu'on se forme du paradis. La religion véritable nous donnera, sans doute, la juste notion du paradis, et réciproquement, il est permis de juger par la seule connaissance que nous offre du paradis une doctrine religieuse, si cette doctrine est vraie ou fausse. En examinant la variété des symboles sous lesquels on représente la vie future, on voit clairement que chacun de ces symboles correspond à l'état moral d'une nation, et qu'il marque, selon qu'il est plus ou moins altéré, le degré de corruption dans lequel cette nation est tombée. Le paradis catholique, au contraire, réunit tout ce qu'il y a d'essentiellement bon, de saint, de juste, de divin sous les images grossières des autres cultes; mais ce que les passions humaines, ce qu'une raison téné—breuse a mêlé d'impur, d'exceptionnel, de contradictoire à la notion du paradis, l'église catholique, divinement inspirée, l'a retranché.

IV.

Touchant la béatitude surnaturelle qui consiste dans la vision intuitive, dans la jouissance et la possession de Dieu même, qui est le principe et la source de toute perfection, de toute félicité, nous allons établir quatre propositions qui sont autant d'articles de foi:

Première proposition: Les bienheureux dans le ciel voient intuitivement l'essence de Dieu d'une manière sur-naturelle.

Notre Seigneur dit expressément dans S. Mathieu, c. 18, v. 10: « Leurs anges dans le ciel voient toujours la face de mon Père qui est dans les cieux. » Il est certain, par ce texte, que les anges des petits enfants voient Dieu dans le ciel; cela est également vrai pour les hommes glorifiés, car Jésus — Christ affirme d'eux « qu'ils seront comme les anges de Dieu dans le ciel (S. Mat., c. 22, v. 30). » Ils verront donc eux-mêmes la face de Dieu. Cela est pareille—ment confirmé par l'apôtre, lorsqu'il dit (1. cor, c. 13, v. 12): « Nous ne voyons Dieu maintenant que comme dans un miroir et sous des images obscures, mais alors nous le ver—rons face à face. » Il est évident que S. Paul parle de la connaissance parfaite, puisqu'il l'oppose à celle qui est donnée comme par des images obscures. S. Jean enseigne aussi évidemment ce dogme (1 ép., c. 3, v. 2) : « Quand Dieu viendra dans sa gloire, nous serons semblables à lui, parce que nous le verrons tel qu'il est. » Or, si dans l'état de gloire, nous ne voyons pas clairement l'essence divine, nous ne verrons pas Dieu tel qu'il est. Cette vérité a été clairement professée par les S. Pères. S. Augustin dit : « L'homme ne peut contempler Dieu ; tandis que les anges les moins glorieux dans l'Eglise voient toujours Dieu : maintenant nous ne le voyons que comme dans un miroir et sous des images obscures, mais nous le verrons face à face, quand dépouillant notre nature mortelle, nous aurons revêtu celle des anges*. » Et S. Cyprien : « C'est une gloire insigne et une joie ineffable que vous soyez admis à contempler Dieu **. » Le Concile de Florence a défini cet article de foi dans la sixième session, et a statué que « les âmes parfaitement pures dans le ciel verront clairement le Dieu un et trois tel qu'il est. » Ce n'est que dans l'autre vie que nous concevrons la félicité suprême, parce que notre âme étant alors dans un autre état éprouvera des mouvements tout autres que ceux dont elle est capable durant cette vie, à cause de la dépendance où elle est des impressions du corps auquel elle est unie. Ainsi elle se portera vers l'objet de son amour avec une extrême ardeur, et en jouira avec une joie ineffable. David en a tracé une image d'une force admirable, lorsque, parlant des bienheureux, il dit (ps. 35, v. 9, 10) : « Ils seront énivrés de l'abondance de votre maison : vous les abreuverez du torrent de vos dé-

---

* Homo Dei faciem videre non potest. Angeli autem etiam minimorum in ecclesiâ semper vident faciem Dei : et nunc in speculo vidimus et in ænigmate, tunc autem facie ad faciem, quando de hominibus in angelos profecerimus.

** Quæ erit gloria..... et quanta lætitia admitti ut Deum videas

lices. » Ce saint roi avait les idées les plus sublimes de cette félicité éternelle des saints. La pensée seule l'en jetait dans de ravissants transports : « Je vois, mon Dieu, que vous avez honoré d'une façon particulière vos amis : leur empire s'est affermi extrêmement (ps. 138, v. 16). » Heureux ceux qui habitent dans votre maison ! Ils vous loueront à jamais (ps. 83, v. 5)! » — Le premier objet de la vision intuitive, c'est l'essence divine, ses attributs, ses relations, mais par un même acte de l'entendement qui ne les voit pas séparés les uns des autres. Le deuxième objet de cette vision intuitive, ce sont les créatures que les élus voient en Dieu, c'est-à-dire dans son essence comme dans un miroir : ces créatures sont celles ou qui les invoquent, ou qui ont eu des rapports à leur état, lorsqu'elles étaient sur la terre. Les bienheureux les voient dans le verbe, disent les théologiens ; car le verbe est le miroir de toutes choses, et c'est dans le verbe que le Père a les idées de toutes les choses, soit les existantes, soit les possibles. Ainsi les élus s'intéressent aux affaires humaines, aux joies et aux peines de leurs parents et de leurs amis. Ils veillent sur eux, les assistent dans leurs épreuves, portent nos prières et nos soupirs aux pieds du Très-Haut. La mort ne rompt que les liens du péché ; elle respecte ceux que la charité a formés. Les sectes protestantes ont enlevé au paradis une de ses joies les plus douces, en détruisant la chaîne qui unit les bienheureux à leurs frères souffrants. Bien plus, leur paradis n'appartient qu'à des êtres nécessairement prédestinés. Dans ce système théologique, toutes nos œuvres sont stériles ; et le sang du Rédempteur a coulé en vain. Leur doctrine est fataliste, sombre et immorale, puisque leur paradis n'a pas été préparé pour tous, tandis que le ciel des catholiques a été ouvert à tous les hommes par les mérites de Jésus-Christ.

Deuxième proposition : Les bienheureux ne comprennent pas et ne peuvent comprendre Dieu surnaturellement.

Jérémie dit à Dieu (c. 32, v. 19) : « Vous êtes grand dans vos conseils et incompréhensible dans vos pensées *. » Saint Paul s'écrie (ép. aux rom., c. 11, v. 33) : « O profondeur des trésors de la sagesse et de la science de Dieu! que ses jugements sont incompréhensibles et ses voies impénétrables! » Saint Irénée dit : « Le cœur ne peut mesurer Dieu et l'esprit ne peut le comprendre **. « Et saint Augustin : « Avoir la moindre intelligence de Dieu, c'est mériter une grande louange ; le comprendre est entièrement impossible. » Et le concile de Latran a donné cette décision de foi : « Nous croyons que Dieu est incompréhensible. » Les élus ne comprennent point l'essence divine, c'est-à-dire que leur entendement ne peut embrasser toute l'étendue de cette essence, parce qu'elle est infinie, tandis que leur entendement ne l'est point.

Troisième proposition : Les bienheureux, selon la diversité de leurs mérites, verront Dieu d'une manière inégale. Notre-Seigneur dit : « Il y a plusieurs demeures dans la maison de mon père (saint Jean, c. 14, v. 2). » Et saint Paul déclare que « le soleil a son éclat, la lune a le sien; et entre les étoiles l'une est plus brillante que l'autre. Il en est de même de la résurrection des morts (1. ép. aux Cor., c. 15, v. 41, 42). » Tertulien réfutant les gnostiques, leur adresse ces paroles : « Comment expliquerez-vous qu'il y a plusieurs demeures auprès du Père, si ce n'est pour la variété des mérites? comment une étoile différera-t-elle d'une autre étoile en gloire, si ce n'est par la diversité des rayons ***? » Le grand apôtre enseigne que « chacun recevra

---

* Immensurabilis in corde Deus et incomprehensibilis in animo.

** Attingere aliquantùm mente Deum magna laudatio est comprehendere omnino impossibile.

*** Quomodò multæ mansiones apud Patrem capias, si non pro varieta meritorum? Quomodò et stella à stellâ distabit in gloriâ nisi prodiversitate radiorum *? »

son salaire, selon son travail (1er cor., c. 3, v. 8). Et saint
Polycarpe disait : « Mes récompenses seront d'autant plus
glorieuses que mes tourments auront été plus cruels *. »
Cet article de foi a été confirmé par deux conciles œcuméniques.

Le concile de Florence a statué que les âmes des saints....
dans le ciel voient clairement Dieu même, l'une plus parfaitement que l'autre, selon la diversité des mérites. Cette
définition se trouve encore approuvée dans la sixième session
du concile de Trente. Cette vérité est encore confirmée par
deux raisons théologiques : « Notre Sauveur, dit S. Ephrem,
nous apprend dans son Evangile qu'il y a plusieurs demeures
dans le royaume de son père. Par ces demeures, il faut
entendre les degrés d'intelligence et de bonheur auxquels
sont appelés les élus. De même qu'ici bas, dit S. Ephrem,
chacun jouit des rayons du soleil en proportion de la bonté
de ses yeux, de même, dans le royaume des cieux, tous
les saints participent, il est vrai, au même bonheur, mais,
toutefois, chacun d'eux reçoit, d'une manière plus ou moins
parfaite, les rayons de ce soleil de l'éternité, et la joie qu'ils
éprouvent est proportionnée au degré de leurs mérites. »

La vie éternelle est proposée comme une récompense et
comme une couronne qui est donnée par justice, selon ces
paroles de l'apôtre : « Il ne me reste qu'à attendre la couronne de justice qui m'est réservée et que le seigneur, comme
un juste juge, me donnera en ce grand jour (2e à Timot.,
ch. 4, v. 8). » Ainsi la récompense sera inégale d'après la
différence des mérites. Ainsi l'inégalité de la rétribution
accomplit la grande œuvre de la justice de Dieu, dont le
propre est de rendre à chacun selon ses œuvres. Par conséquent, elle doit nous exciter à suivre avec ferveur la voie
des vertus ; à supporter, avec résignation, les adversités, et

---

* Quantò graviora pertulero, tantò præmia majora percipiam.

à entreprendre, pour la gloire de Dieu et notre sanctification, des actions grandes et difficiles. Car, nous sommes tellement constitués, que si nous ne sommes stimulés pour atteindre un noble but, nous perdons bientôt courage ou, du moins, nous ralentissons notre ardeur. Leibnitz, en faisant observer qu'il y a pour les saints divers degrés dans la vue de Dieu, ajoute : « C'est ainsi que lorsque plusieurs personnes contemplent un seul et même objet, les unes le voient avec des yeux plus clairvoyans, les autres avec des yeux un peu troubles; les unes le voient de plus près et les autres de plus loin. Toutes aperçoivent la même image, mais la vue de l'une est, quant à la lumière et aux rayons qui pénétrent dans les yeux, distincte de la vue d'une autre.

Quatrième proposition : Les âmes des justes auxquelles il ne reste rien à expier, sans attendre la résurrection des corps ni le jour du jugement dernier, en même temps qu'elles quittent le corps, jouissent de la vision béatifique.

S. Paul dit (2ᵉ Cor., c. 5, v. 6-8) : « Nous savons que pendant que nous habitons dans ce corps, nous cheminons hors du seigneur : car nous ne marchons vers lui que par la foi, et nous ne le voyons pas encore à découvert; dans cette confiance, nous aimons mieux être séparés de ce corps, pour jouir de la vue du Seigneur. » D'où l'on conclut que, séparé du corps, on est admis à la jouissance de sa divine présence. Dans l'épître aux Philippiens (ch. 1. v. 23), l'apôtre dit : » Je me sens pressé des deux côtés : j'ai, d'une part, un ardent désir d'être dégagé des liens du corps et d'être avec Jésus-Christ, ce qui est, sans comparaison, le meilleur; mais de l'autre, il est plus avantageux pour vous que je demeure en cette vie. » S. Paul était donc certain qu'il serait avec le Christ immédiatement après la dissolution de son corps. S. Grégoire de Naziance, dans l'oraison funèbre de Sᵗᵉ Gorgonie, enseigne qu'elle a obtenu la contemplation pure de la gloire de la suprême Trinité. S. Cyprien affirme d'un martyr qu'il est dans le ciel : et *sancta trinitati assistere*. Les grecs, dans les ménologes, déclarent que les saints qui ont quitté la vie sont dans le ciel en présence de la Trinité. Cet article de foi se trouve défini par le concile de Florence dans le décret d'union : « Nous croyons.... que les âmes de ceux qui, après avoir reçu le baptême ne se rendent coupables d'aucune faute; et même que celles qui après avoir contracté la souillure du péché, se sont purifiées, seront promptement reçues au ciel, et verront clairement Dieu un et trois, tel qu'il est *. » Plusieurs, dit Leibnitz, ont regardé comme une question difficile de savoir si les âmes parviennent avant le jour du jugement à la béatitude ou au malheur éternel. Il est reconnu que Jean XXII penchait vers le sentiment contraire...; et, en effet, il semble qu'en admettant l'affirmative, le jugement dont le Christ nous a décrit la forme serait superflu et que ceux qui doivent être condamnés ne pourraient rien alléguer qui leur servît pour ainsi dire d'excuse, si la chose était déjà faite sans espoir de changement. Mais on voit que le Christ exprime sa pensée d'une manière humaine, et que dans ce jour suprême, lorsque les corps se réuniront aux âmes, la conscience de chacun parlera pour l'accusateur, pour le juge et en même temps pour le coupable. J'avoue cependant que pour terminer cette controverse.... il faut ajouter aux passages de l'Ecriture, la tradition de l'Eglise : « Au XVIe siècle, dit Bergier, Luther et Calvin ont soutenu que les saints ne doivent jouir de la gloire éternelle qu'après la résurrection et le jugement dernier; que jusqu'alors leurs âmes sont, à la vérité, dans un état de repos, mais ne peuvent être censées heureuses qu'en espérance. Cette erreur a été condamnée

---

* Credimus illorum animas qui post baptistum susceptum nullam omnino maculam incurrunt, eas etiam animas quæ post contractam peccati maculam.... sunt purgatæ, in cœlum mox recipi.... et intueri clare ipsum Deum trinum et unum sicuti est.

par le deuxième concile général de Lyon de l'an 1274, et par celui de Florence en 1439, dans le décret touchant la réunion des grecs à l'église romaine. »

Exposons actuellement la théorie de la vision intuitive, proposée par M. Pradié. Le zoo-magnétisme, en lui supposant quelque fondement, par la communion intellectuelle qui s'opère entre les personnes soumises à son influence, nous donne une idée précise de la communion qui s'établira dans le ciel entre l'homme et Dieu par le moyen du verbe fait chair. S'il est vrai, en effet, qu'il s'établit entre les personnes magnétisées des rapports tels que l'une voit dans l'âme de l'autre ce qui s'y passe, de manière à reproduire toutes ses impressions, il ne faudrait plus s'étonner si l'Église, interprète des livres saints, nous enseigne que nous serons unis à Jésus-Christ dans le ciel, non pas d'une manière seulement mystique, mais bien réelle; ce divin sauveur sera notre chef, nous serons ses membres, et nous verrons en lui l'être divin comme il le voit lui-même, c'est-à-dire d'une vue intuitive, ainsi qu'il convient à l'union hypostatique de la nature divine et de la nature humaine. Il serait beau de voir tourner à la confusion des ennemis de la religion le zoo-magnétisme, et de voir s'établir par leurs efforts, conçus dans un autre but, l'explication, sinon la compréhension de ce magnétisme divin dont le zoo-magnétisme ne serait qu'une grossière image!

V.

Le prophète Isaïe et l'apôtre saint Jean nous ont laissé des descriptions magnifiques du paradis, des beautés qu'on y admire, des richesses qu'il renferme et du bonheur ineffable dont jouissent ceux qui l'habitent. Mais, d'après saint Paul, la félicité des élus est au-dessus de toutes nos pensées et de toutes nos expressions; elle ne peut être conçue que par ceux qui la possèdent. Il ne faut donc pas s'étonner si tous les poëtes chrétiens qui ont donné une peinture du ciel, ont échoué dans leur entreprise, tandis qu'ils ont réussi dans la description de l'enfer. Les plus célèbres tableaux des délices que les justes goûtent dans la vie future ont été composés par le Tasse, Milton, le Dante, Fénélon, L. Racine, Soumet, Châteaubriand et S. Ephrem.

Nous allons citer quelques passages des peintures du ciel par L. Racine, Soumet, S. Ephrem et Châteaubriand :

Ah! qui me donnera l'aile de la colombe?...
Loin de ce lieu d'horreur, de ce gouffre de maux,
J'irais, je volerais dans le sein du repos.
C'est là qu'une éternelle et douce violence
Nécessite des saints l'heureuse obéissance.
C'est là que de son joug le cœur est enchanté,
C'est là que sans regret l'on perd sa liberté.
Là de ce corps impur les âmes délivrées,
Et riches de ces biens que l'œil ne saurait voir,
Ne demandent plus rien, n'ont plus rien à vouloir.
De ce royaume heureux, Dieu bannit les alarmes,
Et des yeux de ses saints daigne essuyer les larmes.
C'est là qu'on n'entend plus ni plaintes ni soupirs ;
Le cœur n'a plus alors ni craintes ni désirs.
. . . .
Que mon exil est long! ô tranquille cité !
Sainte Jérusalem! ô chère éternité !
Quand irai-je au torrent de la volupté pure
Boire l'heureux oubli des peines que j'endure,
Quand irai-je goûter ton adorable paix !
Quand verrai-je ce jour qui ne finit jamais.

(L. RACINE.)

Sous le regard divin l'horizon des élus,
Eden resplendissant qu'Eve ne perdra plus,
Ouvre sa blanche tête à l'âme en paix ravie,
L'amour et non le temps y mesure la vie ;

De ce doux nom d'amour Dieu daigne s'y nommer;
Car l'absence du ciel, c'est de ne point aimer.
Le cœur des séraphins que cet amour embrase,
Devient lui-même un ciel d'innocence et d'extase;
Tels qu'un souffle enchanté, s'exhalent tous leurs jours,
Et s'ils sont immortels, c'est qu'ils aiment toujours.
Salut. . . . . , ...
Jardin où nulle fleur du désir ne se fane;
Où comme un saint trésor, la vie est au Seigneur;
Où s'éteint l'espérance à l'éclat du bonheur!

(A. Soumet.)

« Où Dieu sera-t-il notre repos, dit S. Ephrem, si ce n'est dans la céleste Jérusalem, dans cette cité de bonheur, qui retentit sans cesse d'acclamations d'allégresse, où tous les jours sont des jours de fêtes, où des trésors infinis de science et de sagesse sont sans cesse révélés aux élus de Dieu, où règne une joie incomparable, un repos immuable, une joie sans fin, des chants éternels de reconnaissance et d'amour? Là, toutes les intelligences n'ont qu'un objet à contempler et cet objet: c'est Dieu. L'homme y trouve des richesses infinies, un royaume sans fin, des abîmes de miséricordes, des millions d'anges, les trônes des apôtres, les siéges des prophètes, les sceptres des patriarches, les couronnes des martyrs. »

« Au centre des mondes créés, au milieu des astres innombrables, dit Chateaubriand,... flotte cette immense cité de Dieu dont la langue d'un mortel ne saurait raconter les merveilles. L'éternel en posa lui-même les douze fondements, et l'environna de cette muraille de jaspe que le disciple bien-aimé vit mesurer par l'ange avec une toise d'or. Revêtue de la gloire du Très-Haut, l'invisible Jérusalem est parée comme une épouse pour son époux... Un fleuve découle du trône du Tout-Puissant; il arrose le céleste Eden, et roule dans ses flots l'amour pur et la sapience de Dieu. L'onde

mystérieuse se partage en divers canaux qui font croître
avec la vigne immortelle, le lis semblable à l'épouse...
L'arbre de vie s'élève sur la colline de l'encens; un peu
plus loin l'arbre de science étend de toutes parts ses racines
profondes et ses rameaux innombrablés... il porte caché,
sous son feuillage d'or les secrets de la divinité, les lois
occultes de la nature, les réalités morales et intellectuelles,
les immuables principes du bien et du mal. Ces connaissances
qui nous énivrent font la nourriture des élus,... aucun soleil
ne se lève, aucun soleil ne se couche dans les lieux où rien
ne finit, où rien ne commence; mais une clarté ineffable,
descendant de toutes parts comme une tendre rosée, entretient le jour éternel de la délectable éternité. C'est dans les
parvis de la cité sainte, et dans les champs qui l'environnent
que sont à la fois réunis ou partagés les chœurs des chérubins
et des séraphins, des anges et des archanges, des trônes
et des dominations : tous sont les ministres des ouvrages et
des volontés de l'Eternel..... Un nombre infini d'entr'eux
fut créé avec l'homme pour soutenir ses vertus, diriger ses
passions et le défendre contre les attaques de l'enfer. Là
sont aussi rassemblés à jamais les mortels qui ont pratiqué
la vertu sur la terre; les patriarches, assis sous les palmiers
d'or; les prophétes au front étincelant de deux rayons de
lumière; les apôtres, portant sur leur cœur les saints évan-
giles; les docteurs, tenant à la main une palme immortelle;
les solitaires, retirés dans les grottes célestes; les martyrs
vêtus de robes éclatantes; les vierges couronnées de roses
d'Eden; les veuves ornées de longs voiles... Est-ce l'homme
infirme et malheureux qui pourrait parler des félicités su-
prêmes?... Lorsque l'âme du chrétien fidéle abandonne son
corps, comme un pilote expérimenté quitte le fragile vaisseau
que l'océan engloutit, elle seule connaît la vraie béatitude.
Le souverain bien des élus est de savoir que ce bien sans
mesure sera sans terme; ils sont incessamment dans l'état

délicieux d'un mortel qui vient de faire une action vertueuse ou héroïque, d'un génie sublime qui enfante une grande pensée, d'un homme qui sent les transports d'un amour légitime ou les charmes d'une amitié longtemps éprouvée par le malheur. Ainsi les nobles passions ne sont point éteintes dans le cœur des justes, mais seulement purifiées : les frères, les époux, les amis continuent de s'aimer; et ces attachements, qui vivent et se concentrent dans le sein de la divinité même, prennent quelque chose de la grandeur et de l'éternité de Dieu... Les prédestinés, pour mieux glorifier le roi des rois, parcourent son merveilleux ouvrage. La couleur des cieux, la disposition et la grandeur des sphères, qui varient selon les mouvements et les distances, sont pour les esprits bienheureux une source inépuisable d'admiration. Ils aiment à connaître les lois qui font rouler avec tant de légéreté ces corps pesants dans l'éther fluide;... tous ces flambeaux errants de la maison de l'homme attirent les méditations des élus; enfin (ils) voient jusqu'à ces mondes dont nos étoiles sont les soleils... Dieu, de qui s'écoule une création non interrompue, ne laisse point reposer leur curiosité sainte, soit qu'aux bords les plus reculés de l'espace, il brise un antique univers, soit que, suivi de l'armée des anges, il porte l'ordre et la beauté jusque dans le sein du cahos. Mais l'objet le plus étonnant offert à la contemplation des saints, c'est l'homme. Ils s'intéressent encore à nos peines et à nos plaisirs; ils écoutent nos vœux; ils prient pour nous; ils sont nos patrons et nos conseils... C'est dans cette extase d'admiration et d'amour... que les élus répètent ce cri de trois fois saint, qui ravit éternellement les cieux. Le roi prophète règle la mélodie divine; Asaph, qui soupira les douleurs de David, conduit les instruments animés par le souffle; et les fils de Coré gouvernent les harpes, les lyres et les psaltérions qui frémissent sous la main des anges. Les six jours de la création, le repos du

10

Seigneur, les fêtes de l'ancienne et de la nouvelle loi, sont
célébrés tour à tour dans les royaumes incorruptibles.... Les
concerts de la Jérusalem céleste retentissent surtout au tabernacle très-pur qu'habite dans la cité de Dieu l'adorable
mère du Sauveur. Environnée du chœur des veuves, des
femmes fortes et des vierges sans tache, Marie est assise sur
un trône de candeur. Tous les soupirs de la terre montent
vers ce trône par des routes secrètes ; la consolatrice des
affligés entend le cri de nos misères les plus cachées, elle
porte aux pieds de son fils, sur l'autel des parfums, l'offrande
de nos pleurs ; et, afin de rendre l'holocauste plus efficace,
elle y mêle quelques-unes de ses larmes... Les esprits gar-
diens des hommes viennent sans cesse implorer pour leurs
amis mortels, la reine des miséricordes. Les doux Séraphins
de la grâce et de la charité la servent à genoux... Des
tabernacles de Marie, on passe au sanctuaire du Sauveur
des hommes : c'est là que le Fils conserve par ses regards
les mondes que le Père a créés : il est assis à une table
mystique. Vingt-quatre vieillards, vêtus de robes blanches
et portant des couronnes d'or, sont placés sur des trônes à
ses côtés. Près de lui est son char vivant, dont les roues
lancent des foudres et des éclairs... Par delà le sanctuaire
du Verbe, s'étendent sans fin des espaces de feu et de
lumière. Le Père habite au fond de ces abîmes de vie.
Principe de tout ce qui fut, est, et sera, le passé, le présent et l'avenir se confondent en lui. Là sont cachées les
sources des vérités incompréhensibles au ciel même : la liberté de l'homme, et la prescience de Dieu ; l'être qui peut
tomber dans le néant, et le néant qui peut devenir l'être ;
là surtout s'accomplit, loin de l'œil des anges, le mystère
de la Trinité. L'Esprit qui remonte et descend sans cesse
du Fils au Père et du Père au Fils, s'unit avec eux dans
ces profondeurs impénétrables. »

Nous pouvons analyser en ces termes la description poétique de l'auteur des *Martyrs*. Le paradis est un lieu de paix et de rafraîchissement, un séjour d'innocence et de félicité. On y jouira de la vue intuitive de Dieu, et de la présence de la reine aimable des cieux; on y vivra en société avec les anges, avec les patriarches, avec les prophètes, avec les apôtres, avec les martyrs, avec les docteurs, avec les vierges; en un mot, on s'y trouvera réuni aux justes de toutes les nations et de tous les siècles. Les mystères que renferme la création et qui confondent ici-bas notre intelligence nous seront alors dévoilés; nous y verrons clairement ce que nous n'apercevons maintenant qu'à travers des nuages; nous saurons ce que l'univers est en lui-même; ce qu'est en elle-même chaque chose, les étoiles, les fleurs, les animaux, les hommes, les éléments, les forces, la substance, le temps, l'éternité, le fini, l'infini, leurs différences, leurs harmonies, tous les abîmes de l'univers, toutes ses obscurités et toutes ses énigmes. Nous contemplerons alors dans d'ineffables ravissements la vérité, la justice, la beauté à sa source commune. Êtres créés, êtres distincts, nous garderons le souvenir de notre existence terrestre et le sentiment de notre personnalité; et cependant nous serons immortels, non égaux, mais semblables à Dieu, miraculeusement associés à son ineffable sagesse, exempts de doutes, d'incertitudes, de misères, enveloppés de sa vive splendeur et vivant de son ardent et inextinguible amour. « Ils ne seront plus cachés pour nous, dit l'abbé Poulle, ces êtres innombrables qui échappent à nos connaissances par leur éloignement ou par leur petitesse; les différentes parties qui composent le vaste ensemble de l'univers, leur structure, leurs rapports, leur harmonie : ils ne seront plus des énigmes pour nous, ces jeux surprenants, ces secrets profonds de la nature, ces ressorts admirables que la Providence emploie pour la conservation et la propagation de tous les êtres. » Mais cette vérité est présentée d'une manière neuve et plus sensible encore dans le passage suivant de Leibnitz : « Tandis que nous sommes sur la terre, nous ne sommes pas dans notre véritable centre, et par conséquent dans notre véritable point de vue : nous voyons, il est vrai, les créatures et les œuvres admirables de Dieu, mais nous les voyons comme un homme placé entre les scènes d'un théâtre, peintes suivant les règles de l'optique. Cet homme voit des figures grossières, informes et incohérentes, ce qui ne l'empêche pas cependant de reconnaître l'art du peintre ou de l'architecte. Ainsi dans notre position actuelle, quoique nous ayons toujours lieu d'admirer les œuvres de Dieu, nous ne pouvons pourtant pas jouir du beau spectacle de leur ensemble. Il en serait autrement si nous étions transportés dans le soleil, ou plutôt dans le lieu qu'habitent les bienheureux : c'est là que, placés comme dans le véritable centre de tout l'univers, la vue de sa beauté nous remplira d'une jouissance ineffable. »

VI.

On sait que chez les grecs la demeure des dieux était située sur l'Olympe. Dans le poème des Jours, Hésiode a dit : « ἐς τέλος αὐτὸς ὄπισθεν ὀλύμπιος ἐσθλὸν ὀπάζοι (Si après cela le Dieu même qui habite l'Olympe nous accorde un heureux succès) » chez les hindous on regarde le mont Mérou à la fois comme le centre de l'univers et le séjour des divinités. Ce fut ensuite dans la région des nuages, et même dans le ciel étoilé qu'on reporta la demeure des dieux. On lit dans l'Odyssée, ch. 20e, cette invocation : « O Jupiter, toi qui règnes sur les hommes et les dieux, tu fais retentir ton tonnerre du haut du ciel étoilé dans la région qu'aucun nuage n'obscurcit. » Le Psalmiste établit au plus haut des cieux la demeure de la divinité : « Jéhova, dit-il, ps. 12, v. 12, a regardé du haut du ciel sur les enfants des hommes, afin de voir s'il s'en trouvera qui ait l'intelligence et qui cherche Dieu. »

Et dans la prière que Salomon adresse au Seigneur, on trouve ces expressions : « Si les cieux et le ciel des cieux ne vous peuvent contenir, combien moins cette maison... Vous exaucerez du haut du ciel, cette demeure stable où est votre trône, les supplications et les prières de votre peuple (3. Rois, c. 8, v. 27 et 49). » Les inscriptions de quelques tombeaux des premiers chrétiens portent ces mots : « Non mortuus est, sed vivit super astra. » Saint Thomas et plusieurs théologiens du moyen-âge placent dans l'empyrée le séjour des bienheureux : « Cœlum empyreum est locus beatorum (part. 19, 66). » Quelques auteurs plus curieux que sages se sont posé cette question : où est situé le paradis? et ils ont cru pouvoir la résoudre, en interprétant à la lettre certains passages de la Bible, par exemple le v. 6 du ps. 18 : « In sole posuit tabernaculum suum. (Il a placé sa tente dans le soleil). » Ils ont donc assigné le soleil pour demeure aux élus. C'est aussi dans cet astre que Plutarque plaçait les Champs-Elysées. Les vogoules prétendaient que leur dieu Taram habitait le soleil, et plusieurs peuples de l'Amérique mettaient également dans cet astre leurs divinités. D'autres écrivains ont assigné pour séjour aux bienheureux tout un système stellaire caché à nos regards dans l'immensité des cieux. Saint Augustin, examinant ces paroles de Jésus-Christ au bon larron : « Aujourd'hui vous serez avec moi en paradis » (S. Luc, c. 23, v. 43), avoue qu'il n'est pas aisé de savoir où l'on est heureux. On ne conçoit pas mieux quel endroit saint Paul a voulu désigner par le troisième ciel dans sa deuxième épître aux Corinthiens, c. 12, v. 4. Saint Augustin, faisant le panégyrique des SS. Pierre et Paul, s'exprime en ces termes : « Où sont ces saints? là où l'on est heureux. Que cherchez-vous de plus? vous ignorez le lieu, réfléchissez sur leur mérite, car partout où ils se trouvent ils règnent avec Dieu *. »

---

* Ubi sunt sancti isti? ibi ubi benè est, quid amplius quæris? non nôsti locum, sed cogita meritum, ubicumque sunt cum Deo sunt.

En effet, l'Eglise a toujours rejeté comme vaines et futiles les explications qu'on a proposées sur cette question : où est placé le séjour des élus ? Dieu est partout, et le paradis est partout où est Dieu : voilà la seule chose qu'on nous enseigne, la seule qu'il nous importe de savoir. Le divin Sauveur nous dit, à la vérité, que notre récompense est dans le ciel ; mais dans ce passage, il ne faut pas, à l'exemple des anciens, regarder le ciel comme une voûte solide ; il faut le concevoir d'après les progrès de l'astronomie moderne, comme un espace vide et immense dans lequel se meuvent une infinité de systèmes stellaires, c'est-à-dire de globes lumineux et opaques. Ainsi les chrétiens instruits qui n'attribuent pas une demeure spéciale à la divinité, peuvent-ils interpréter dans un sens allégorique les textes de l'écriture où entre le mot ciel. « Puisque l'âme de Jésus-Christ, dit Bergier, jouissait de la gloire céleste sur la terre, ce n'est pas le lieu qui fait le paradis ; et puisque Dieu est partout, il peut aussi se montrer partout aux âmes saintes, et les rendre heureuses par la vue de sa gloire. Il paraît donc que le paradis est moins un lieu particulier qu'un changement d'état, et qu'il ne faut pas s'arrêter aux illusions de l'imagination qui se figurent le séjour des esprits bienheureux comme un lieu habité par les corps. Dans le fond, peu nous importe de savoir si c'est un séjour particulier et déterminé par des limites, ou si c'est l'espace immense des cieux dans lequel Dieu se découvre aux saints, et fait leur bonheur. La foi nous enseigne qu'après la résurrection générale, les âmes des bienheureux seront réunies à leurs corps ; mais saint Paul nous apprend que les corps ressuscités et glorieux participeront à la nature des esprits (1re ép. aux Cor., c. 15, v. 44). Ils seront donc dans un état dont nous ne pouvons avoir aucune idée. Ce serait une nouvelle témérité de vouloir savoir si les bienheureux revêtus de leurs corps exerceront encore leurs facultés corporelles et les fonctions

des sens, Jésus-Christ nous dit que, après la résurrection, ils seront semblables aux anges de Dieu dans le ciel
(S. Mat., c. 22, v. 30), ce qui exclut les plaisirs charnels.
Saint Paul nous avertit que l'œil n'a point vu, que l'oreille
n'a point entendu et que le cœur de l'homme n'a point
éprouvé ce que Dieu réserve à ceux qui l'aiment (1re cor.,
c. 2, v. 9). Il faut donc se résoudre à ignorer ce que Dieu
n'a pas voulu nous apprendre... L'état des bienheureux est
fait pour être un objet de foi et non de curiosité, pour
exciter nos espérances et non pour nourrir des disputes. »

VII.

Nous pouvons donc conclure que le dogme catholique est
le triomphe de la religion, et que le Seigneur, après avoir
éprouvé les justes par des tribulations, les récompensera d'une
manière ineffable. Le paradis terrestre ne fut qu'une faible
image du bonheur qui est réservé aux élus. Mais combien de
nuages ne faudra-t-il pas dissiper avant de parvenir à ce séjour brillant et heureux après lequel nous soupirons ! Car il
n'y a que ceux qui jouissent de la félicité suprême qui puissent en parler dignement ; il n'y a qu'eux qui pourraient
nous dépeindre tous les ravissements, toutes les extases dont
les saints sont énivrés. Faibles mortels, nous ne pouvons
exprimer les joies du ciel que d'une manière toute sensible.
La vision intuitive, la possession de Dieu même, principe et
source de toute perfection et de toute félicité, voilà ce qui fait
les délices des bienheureux ; ils ont une connaissance parfaite de la vérité, ils jouissent du souverain bien avec la certitude de le posséder pendant toute l'éternité. O félicité ines-
timable ! O récompense immortelle ! L'âme des élus, en quelque sorte divinisée, se transfigure d'une manière plus merveilleuse que ne le fit Elie sur le mont Thabor ; car cette
transfiguration n'est pas une situation passagère, mais un état

permanent qui leur paraît tout nouveau. Ah! si les cieux venaient à s'ouvrir à nos regards, quelles merveilles n'y découvririons-nous pas? Nous reconnaîtrions alors que tout ce que l'Eglise nous dit du bonheur de la vie future n'a rien que de vrai, et que nous sommes des insensés de perdre souvent de vue ce grand objet. Qu'elles doivent être admirables les beautés, qu'elles doivent être pures les joies de cette Jérusalem céleste, de cette sainte cité de Dieu! N'est-ce pas cet Etre-Suprême qui a donné tant d'éclat aux étoiles, tant de majesté à la mer, et des ornements si variés à la terre? N'est-ce pas le Très-Haut qui rassemble en lui toutes les perfections, toutes les vérités, toutes les merveilles, toutes les délices? Quelque ravissante que soit la description de la Jérusalem céleste dans l'Apocalypse (ce livre où tout étonne l'intelligence et captive l'admiration), elle n'est qu'une légère esquisse de la félicité des justes. Enivrés de la volupté la plus pure et la plus parfaite, ils contemplent les grandeurs de Dieu, brûlent de son éternel amour, et s'abîment dans l'immensité de leur bonheur. C'est le désir de ce paradis céleste qui encourageait les martyrs au milieu de leurs tourments, qui soutenait les serviteurs de Dieu au milieu de leurs tribulations, qui faisait triompher les vierges timides des séductions du monde, qui faisait dire au grand apôtre qu'un moment de travail procurait une gloire infinie. Qu'étaient ces fameux Champs-Elysées dont les poëtes nous ont laissé de si belles peintures? de brillantes chimères. Le séjour des élus n'a rien de terrestre ni de mortel. Il est une communication intime et continuelle des âmes avec Dieu, la plénitude de tous les biens spirituels, et la plus sublime élévation des pensées et des sentiments. Toutes les délices que le Seigneur peut prodiguer à ses créatures inondent les esprits et les cœurs des bienheureux; ils ne voient plus, ils n'aiment plus que dans la Divinité, qui les pénètre de ses vives clartés et les conserve de son ardente charité. La religion nous rappelle souvent ces consolantes vérités ; mais, dissipés et sensuels, nous ne soupirons ordinairement qu'après les biens périssables et corruptibles ; nous estimons moins notre âme et le ciel que les richesses et les honneurs. Notre aveuglement est même parfois si déplorable que nous consentirions à ne jamais jouir de la vue de Dieu si on nous promettait ici-bas une demeure stable et une fortune constante. Mais avons-nous jamais éprouvé dans cette vie une joie véritable ? une joie qui n'ait pas été traversée par des craintes réelles ou chimériques, affaiblie par des désirs qui n'ont pas été remplis, contrariée par des projets qu'on n'a pu exécuter et dont l'incertitude du succès nous inquiétait ? Notre malheur vient de ce que, par une vie mondaine, nous sommes éloignés de Dieu, et que nous ne pouvons contempler les joies pures et ineffables dont il remplit les âmes de ses vrais disciples. Nous envisageons le bonheur de l'autre vie comme une simple spéculation que peut embellir une vive imagination. Nous ne réfléchissons pas que lorsque cet univers aura disparu, nous nous trouverons dans la solitude la plus affreuse, si Dieu même ne vient remplir nos âmes de sa clarté et ne les enrichit de ses dons glorieux. Ne cherchons donc plus ici-bas des appuis humains, et tournons avec confiance nos regards vers Jésus, notre divin Pasteur : c'est lui seul qui, pour exaucer les prières qui s'élèveront jusqu'à son trône, dissipera les vaines illusions de nos esprits, rompra les liens funestes qui attachent nos cœurs aux biens passagers de ce monde, nous prémunira contre les piéges de l'ennemi de notre salut, nous fortifiera dans nos bonnes résolutions par la divine Eucharistie, et nous mettra en possession des véritables biens dans la céleste patrie : « Jésus, bon pasteur, ayez pitié de nous, vous nous nourrissez, vous nous protégez, vous nous ferez contempler les vrais biens au séjour des vivants *. »

---

* Bone pastor... Jesu nostri miserere, tu nos pasce, nos tuere, tu nos bona fac videre in terrâ viventium. »

S. Augustin a renfermé en trois mots toute la substance de la félicité que nous attendons : Voir Dieu, l'aimer,
le louer « videbimus, amabimus, laudabimus. » Paraphrasons
ces belles paroles.

Videbimus. — Dans l'état de la vision béatifique, Dieu
est la lumière de l'âme et l'unique objet extérieur immédiat de notre intelligence. Dans la vie présente, nous
voyons tout comme dans un miroir, comme si le rayon de
notre intelligence était réfléchi ou réfracté par les qualités
corporelles : de là cette confusion de nos pensées. Mais dans
la vie future notre connaissance sera distincte, nous boirons
à la vraie source de la vérité et nous verrons Dieu face à
face ; car Dieu étant la dernière raison des choses, nous le
verrons par la cause des causes, lorsque notre connaissance
sera *à priori*, c'est-à-dire que toutes nos démonstrations
n'auront plus besoin d'hypothèses et d'expériences, et que
nous pourrons rendre raison même des vérités primitives.
Nous serons semblables à Dieu, parce que ses infinies perfections seront représentées en nous aussi parfaitement qu'elles
peuvent l'être dans des créatures ; nous lui serons unis d'une
manière admirable et inaccessible aux sens ; étant éclairés,
environnés et pénétrés de sa vérité et de sa sainteté, nous
contemplerons avec un ravissement incessant, nous admire-
rons avec une félicité toujours nouvelle, la justice et la miséricorde du Très-Haut ; et nous pouvons déjà prendre une
faible idée de la joie pure et de la douce extase que l'intui-
tion de la vérité et de la beauté divine procureront aux
bienheureux par celle qu'éprouve un savant, lorsqu'il a découvert une vérité mathématique, par celle que goûte un
cœur sensible, lorsqu'il voit pratiquer une action éclatante
de générosité. Et si ce n'est là qu'un écoulement de cette
source intarissable, et comme une goutte de ce fleuve immense
qui nous charme et nous ravit, que sera-ce lorsque nous
boirons à la source même de toutes les perfections et que

nous serons plongés dans la divinité comme dans un océan de lumière qui nous environnera de ses clartés, qui nous pénétrera de ses splendeurs? c'est alors que toute l'activité de notre intelligence se concentrera sans partage vers cette suprême vérité, que nous la verrons toujours à découvert, tandis qu'ici-bas nous ne l'apercevons qu'au travers des nuages et que mille objets viennent encore en détourner notre attention.

Amabimus. — S. Augustin nous a laissé, dans le traité de la Trinité, un beau passage sur l'amour des élus : « Dans l'éternelle félicité, dit cet illustre docteur, on aura sous les yeux tout ce que l'on aime; en ce lieu on verra tout ce qui est parfait; et le Dieu suprême y sera le souverain bien : il fera jouir de sa divine présence ceux qui l'aiment; et ce qui mettra le comble à ce bonheur ce sera la certitude qu'il durera éternellement *. » La félicité céleste est un charme intérieur et spirituel qui se répand dans toutes les pensées et dans toutes les actions. Dans le ciel tout est félicité, car tout procède de l'amour. Dans le ciel on jouit non-seulement de ce qui peut satisfaire l'esprit et le cœur, mais on éprouve encore la jouissance de communiquer aux autres élus son propre bonheur. Il règne parmi tous les bienheureux une harmonie qui naît de l'effusion incessante des pensées et des affections. Toutes les joies ineffables du paradis ont pour principes l'amour de Dieu et l'amour du prochain. L'amour de Dieu est communicable, parce que c'est l'amour qu'il a pour lui-même et pour toutes les créatures dont il veut l'éternelle félicité; tous ceux qui aiment Dieu ont le même amour communicatif, parce que le Seigneur, qui habite en eux, se communique de leur intérieur à l'intérieur de tous

---

* In æterna felicitate, quidquid amabitur, aderit; omne quod ibi erit, bonum erit, et summus Deus summum bonum erit atque ad fruendum amantibus præsto erit; et quod est omnino beatissimum, ita semper fore certum erit.

les élus. L'amour du prochain est communicatif de sa nature, parce qu'il est composé de l'amour de soi et du monde. Et dans cet amour céleste, les bienheureux sont constamment affectés les uns pour les autres des affections les plus tendres et des plus délicieuses émotions. Chacun d'eux est satisfait de sa portion de bonheur. On n'y verra jamais celui qui en éprouve moins regarder d'un œil d'envie celui qui en ressent davantage. Mais chacun, selon la gloire qui lui a été accordée, ressent au-dedans de lui une félicité qui comble pleinement toutes les facultés de son âme. Nous aimons naturellement la vérité et la justice; mais ce ne sera qu'au sortir de cette vie que les erreurs disparaîtront, que les passions cesseront de nous aveugler, et que les justes verront clairement, et sans nuages, la vérité suprême, la justice essentielle. Ils auront changé la vanité de la vie présente contre l'éternelle béatitude; ils auront passé à travers les tempêtes de ce monde et auront heureusement atteint le port de l'immuable repos. L'âme alors sera transportée d'un amour dont l'ardeur sera proportionnée à la grandeur du souverain bien qu'elle possédera; et comme elle ne se lassera point de le contempler, parce qu'elle découvrira toujours en lui de nouvelles perfections qui la raviront, sans cesse elle renouvellera les actes de son amour puisque Dieu lui apparaîtra toujours de plus en plus aimable : aussi cette contemplation et cet amour feront-ils la joie et le bonheur des élus pendant toute l'éternité.

Laudabimus. — « Heureux, dit le prophète-roi (ps. 83), ceux qui habitent dans votre maison, Seigneur, ils vous loueront dans les siècles des siècles. » Ce sera là, dit S. Augustin, l'unique affaire des élus, de ceux que S. Jean nous représente devant le trône de l'Eternel comme autant de prêtres et de rois. Unis par les liens d'une ardente charité, ils s'exerceront mutuellement à glorifier Dieu et à lui témoigner leur reconnaissance pour les insignes bienfaits dont il les a comblés. Mais quel sera le sujet de leurs cantiques? Ils loueront Dieu des perfections infinies qu'ils verront en lui ; elles les raviront, les combleront de joie et d'admiration. Car leurs louanges ne seront que l'effusion des transports de leurs cœurs, que l'expression des ravissements de leurs esprits. Ils célébreront la majesté, la sainteté, la justice, la clémence, la puissance, la gloire du Très-Haut. Dans l'Apocalypse (ch. 7, v. 12), S. Jean nous rapporte le cantique des anges qui environnent le trône de l'Éternel, en disant : « Bénédiction, gloire, sagesse, actions de grâces, honneurs, puissance et force à notre Dieu dans les siècles des siècles ! » Les élus loueront le Seigneur des merveilles qu'il a opérées dans le monde visible et dans le monde spirituel. Ils le glorifieront du bienfait de la rédemption et de ces mystères du Christ où éclatent la sagesse, la bonté et la charité de Dieu envers les hommes. Unis à des millions d'anges, les bienheureux confesseront que l'agneau qui a été mis à mort est digne de recevoir la puissance, la divinité, la sagesse, la force, l'honneur, la gloire et la bénédiction (ap., c. 5, v. 12). « Et les mystérieux séraphins avec les vingt-quatre vieillards chanteront le cantique nouveau, en disant : « Seigneur.... vous avez été mis à mort, et par votre sang vous nous avez rachetés, pour Dieu, de toute tribu, de toute langue, de tout peuple et de toute nation ; vous nous avez rendus rois et prêtres de notre Dieu (ap., c. 5 v. 9, 10). » Ils le loueront de toutes les grâces qu'il leur a faites, de la gloire dont il les a couronnés eux et tous les élus. Ils admireront les voies par lesquelles Dieu les a conduits à la félicité suprême ; chacun se réjouira du bonheur immuable des autres élus comme du sien propre, et embrâsés d'une inextinguible charité, ils s'uniront tous pour chanter éternellement les miséricordes du Seigneur (p. 88 v. 1).

NOTES SUR LE CANTIQUE DES CANTIQUES.

—

MESSIEURS,

Il est tout naturel que les sciences et les lettres viennent rendre témoignage à la Bible, cette encyclopédie divine, afin de faire ressortir les beautés qu'elle renferme, afin de faire apprécier les trésors de piété qu'elle contient. Mais les interprètes nés des livres sacrés sont les saints docteurs de l'Eglise ; ce sont les conciles dans lesquels ils ont brillé, ce sont les ouvrages qu'ils ont écrits qu'il faut surtout consulter pour acquérir l'intelligence des vérités surnaturelles. Ce sera à ces sources vénérées que nous puiserons les plus beaux morceaux de notre travail ; et si parmi les saints pères, on cite au premier rang saint Thomas d'Aquin, il n'y a pas lieu de s'en étonner. Le dernier ouvrage composé par cet illustre docteur, est son commentaire sur le cantique : c'est comme son testament qu'il a laissé à l'Eglise catholique ; c'est comme le dernier chant du cygne angélique.

CHAPITRE I.

V. 11. L'épouse dit : « Le nard répandu sur moi a exhalé son parfum. » Voyez encore les v. 13 et 14 du ch. IV. Il est parlé dans ces passages, du nard, parfum célèbre chez les anciens. On demande à ce sujet : 1° de concilier deux textes de l'Evangile, l'un de S. Marc, l'autre de S. Jean, qui men_ tionnent le nard ; 2° de quelle plante provient ce parfum, et quelles en sont les qualités ? « Il vint une femme, dit S. Marc (ch. 14, v. 3), avec un vase d'albâtre plein d'un parfum de grand prix, composé de nard d'épi, et ayant rompu le vase, elle répandit le parfum sur la tête de Jésus*. » Le texte grec porte : γυνὴ ἔχουσα ἀλαβάστρον μύρου, νάρδου πιστικῆς πολυτελοῦς, nardi pisticæ pretiosa, nardi spicatæ, dit Vatable, id est, fidelis, incorrupta et probata, hoc est, unguenti pretiosi è nardo pisticâ. » Sous l'emblème de ce vase d'albâtre rempli d'un nard précieux était figurée la très-sainte Vierge : « Hæc (Virgo) pretiosum nardi pistici alabastrum, » a dit le saint évêque Proclus. On lit dans S. Jean (ch. 12, v. 3) : « Marie prit une livre d'huile de parfum de vrai nard et le répandit sur les pieds de Jésus **. » La version syriaque porte dans les deux citations, nardi præcipuæ, id est eximiæ (dnardin rischoio). Le parfum répandu sur les pieds de Jésus est appelé dans S. Marc, selon la Vulgate, un parfum composé de nard d'épi (nardi spicati), et dans S. Jean il est nommé nardi pistici, nard pistique ; mais dans les textes grec et syriaque ce sont dans les deux endroits les mêmes termes πιστικῆς, rischoio. Le traducteur de S. Marc l'a pris pour le nard d'épi qui est très-précieux et le plus estimé, comme l'enseigne Pline ; mais dans S. Jean on a laissé le terme πιστικῆς que le traducteur arabe a rendu par pur. On prétend qu'il faut l'expliquer ici comme dans S. Marc, et dire qu'il s'agit du nard d'épi. Si on demande quel rapport il existe entre le

---

* Venit mulier, habens alabastrum unguenti nardi spicati, et fracto alabastro effudit super caput ejus (Jesu).

** Maria accepit libram unguenti nardi pistici pretiosi, et unxit pedes Jesu.

Η Μαρία, λαβοῦσα λίτραν μύρον νάρδου πιστικῆς πολυτίμου.

nard d'épi et le nard pistique, on répond que le mot pistique,
dont la racine est πίστις, signifie ce qui est vrai, sincère,
pur, ce qui n'a point été falsifié : tel était le nard d'épi,
qui est le plus excellent de tous. — Le nard est un arbrisseau qui croît dans l'Inde : c'est la *valeriana spica*, dont la
racine, dit Pline (Hist. nat., l. 12), est pesante et épaisse,
mais courte et noire, fragile, bien que grasse ; la feuille est
petite et touffue. Les sommets s'éparpillent en épis ; aussi
vante-t-on dans le nard les épis et les feuilles. On falsifie
le nard avec l'herbe appelée pseudo-nard (*allium-victoralis*)
et avec l'écorce du souchet. Le nard sophistiqué se reconnaît à sa légèreté, à une saveur agréable et à sa couleur
rousse. Le prix des épis du vrai nard est de 82 fr. la livre ;
celui des feuilles varie de 40 à 60 fr. la livre. Le nard dont
parle ici Pline n'est point la plante qui porte ce nom dans
les ouvrages de Linnée. Celle-ci est une plante monocoty-
lédone de la famille des graminées, tandis que le vrai nard
(la *valeriana spica*) est une plante dicotylédone monopétale
de la famille des valerianées et de la triandrie-monogynée. Les
Hindous appellent le spica nardi *djatamansi*, et les Arabes
sombul, terme qui veut dire épi, parce qu'en effet la base
de la tige est entourée de fibres qui ont l'apparence d'un
épi. C'est une espèce de valériane qui croît à Ceylan et dans
les contrées montagneuses de l'Inde, telles que le Népal et
le Boutan. Il est maintenant certain, d'après les recherches
de Jones, que le vrai nard de Pline et de Dioscoride n'est
autre chose que la racine et le bas de la tige de cette plante.
Le spica nardi a une odeur forte, une saveur amère, et passe
pour un bon stomachique. Comme il est très-odorant, contenant un principe résineux et une huile éthérée, on le mêle
aux huiles et aux onguents pour leur donner une odeur
plus suave. S. Bernard a dit sur le v. 11 : « L'humilité de
l'épouse est comme le nard qui répand son odeur : l'amour
la consume, la piété l'anime, sa bonne réputation s'ex-

hale *. » V. 12 : « Mon bien-aimé est pour moi comme un faisceau de myrrhe…. » V. 13 : « Mon bien-aimé est pour moi comme une grappe de kopher cueillie dans les vignes d'Engaddi. » Le baume croissait à Engaddi, situé auprès de la mer Morte (voyez 2e livre des Paralip., ch. 20, v. 2). Le nom hébreu de ce lieu est Hen-Ghedi, qui veut dire fontaine du chevreau. Les interprètes conjecturent que le terme kopher (*cyprus*), était une plante aromatique cultivée à Engaddi. Ulric Moser pense que c'était le troène d'Égypte, dont les fruits exhalent une odeur très-agréable. Le troène est un arbrisseau de la famille des jasminées et de la diandrie-monogynée, dont les fleurs blanches naissent en petites grappes à l'extrémité des rameaux ; à ces fleurs succèdent des baies molles et noires de la grosseur du genièvre. « Non est igitur, dit Vatable, hic cyprus, nomen insulæ in mari Mediterraneo ut quidam putaverunt, in veteri interprete scribentes majesculam litteram tanquam proprio nomini. »

Voici en quels termes S. Thomas a expliqué les v. 12 et 13, l'un de la mort, l'autre de la résurrection du Sauveur : V. 12 : « La myrrhe est un aromate d'une très-grande amertume : on s'en sert pour la sépulture des morts. » Ici il est fait allusion à la mort du Christ et à son séjour dans le tombeau. Le corps du Sauveur fut, en effet, détaché de la croix par Joseph et Nicodème qui l'embaumèrent avec de la myrrhe et de l'aloès, l'enveloppèrent de linceuls et le déposèrent dans un sépulcre. C'est pourquoi l'Eglise dit à (Jésus) son époux : « Mon bien-aimé est pour moi comme un faisceau de myrrhe, car pour moi il a souffert la mort, pour moi il a été mis au tombeau. » — « Il reposera sur mon sein….. c'est-à-dire : son souvenir vivra éternellement dans mon cœur, jamais je n'oublierai ses immenses

---

* Sponsa humilitas tanquam nardus spargit odorem suum amore calens, devotione vigens, opinione redolens.

bienfaits ; dans l'infortune, comme dans la plus grande prospérité, je me rappellerai celui qui a bien voulu donner sa
vie pour moi *. »

V. 13 : « L'épouse parle de la résurrection de son époux
et semble s'exprimer en ces termes : « Mon époux a enduré,
pour moi, les angoisses de l'agonie, c'est pourquoi il a été
pour moi comme un faisceau de myrrhe ; mais en sortant de
la tombe victorieux de la mort, il est devenu pour moi
comme une grappe de kopher, car sa résurrection m'a
remplie de la plus douce joie. Le vin réjouit le cœur de
l'homme, ce vin qu'on recueille dans les vignes d'Engaddi ;
et de même que s'exhale au loin l'odeur d'un baume très-
suave, ainsi, par la résurrection du Sauveur, le parfum de
la foi s'est répandu jusqu'aux extrémités du monde **. »

CHAPITRE II.

V. 1. « Je suis, dit le bien-aimé, la fleur des champs et
le lis des vallées. » Le texte original porte : « ego sum rosa
sâron (*hhabatstseleth haschscharon*) et lilium convallium. »

---

* Myrrha species est aromatica nimiæ amaritudinis, quà mor-
tuorum corpora condiuntur : hoc loco passio Christi et sepulcrum
designatur. Nam depositum corpus Domini de cruce à Nicodemo
et Josepho myrrha et aloë conditum est, et involutum lenteis cum
aromatibus ac sepulturæ datum. Dicit ergo Ecclesia sponso ejus :
dilectus meus fasciculus myrrhæ mihi factus est, quia propter me
mortuus est et sepultus. Inter ubera mea commorabitur... id est in
cordis mei memoriâ æternaliter habebitur, et nunquam tantorum
beneficiorum ejus obliviscar ; sed sive in prosperis, sive in adver-
sis sim, recordabor ejus qui me dilexit et mortuus est pro me......

** Loquitur sponsa de resurrectione sponsi sui, ac si diceret,
sponsus meus qui mortis amaritudinem pro me gustavit et quasi
fasciculus myrrhæ mihi fuit ; sed in resurrectione suâ factus est
mihi botrus cypri, quandò me gaudio suæ resurrectionis lætificat.
Vinum enim lætificat cor hominis, et hoc in vineis Engaddi quia
ex resurrectione, quasi ex suavissimi balsami odore per universum
mundum et fragrantiam suæ fidei latè dispersit.

Sâron était une colline fertile dont il est question au 1. des Paral., c. 27, v. 29. On retrouve le mot *hhabatstseleth*, rose, dans Isaïe, ch. 35, v. 1 : « exultabit solitudo et florebit velut rosa. (La solitude sera dans l'allégresse et fleurira comme une rose). » Le paraphraste chaldéen a mis : « ego sìmilis sum lilio viridi è paradiso voluptatis, et opera mea pulchra sunt sicut rosa quæ est in campo horti voluptatis: » S. Paguin, Vatable, Buxtorf.... ont rendu *hhabatstseleth* par *rosa*. Dans le livre de l'Ecclésiastique (ch. 24, v. 18), la sagesse s'est comparée à la rose de Jéricho, ὡς φυτὰ ῥοδίου ἐν Ιεϱίχω. Sirach au c. 50, v. 8, compare le grand-prêtre Simon à la rose du printemps et au lis qui croît sur le bord des eaux, ἄνθος ῥόδων ἐν ἡμέραις νέων, ὡς κρίνα ἐπ' ἐξόδων ὕδατος. On voit que ce passage est le parallèle de celui du v. 1 du ch. 2, du cantique où c'est Jésus-Christ, l'époux de l'Eglise qui parle. Le lis blanc est originaire de la Syrie et de la Palestine. Cette fleur est d'une courte durée, mais elle a un aspect imposant et majestueux. Elle efface en mérite et en beauté toutes les autres fleurs des parterres. La rose seule a droit de briller à côté du lis dont elle est la rivale. Ces deux fleurs semblent se disputer l'empire de Flore; toutes deux exhalent un doux parfum; toutes deux se distinguent éminemment de leurs compagnes, l'une par son éclatante blancheur, l'autre par le vif incarnat de ses pétales nombreux; la première a plus de noblesse et de grandeur; la seconde plus de fraîcheur et de grâce. La rose est l'image de la beauté comme le lis est le symbole de la pureté. Boisjolin a dit de ces deux fleurs :

> Noble fils du soleil, le lis majestueux
> Vers l'astre paternel dont il brave les feux,
> Elève avec orgueil sa tête souveraine :
> Il est le roi des fleurs dont la rose est la reine.

L'une et l'autre fleur fondent ensemble leurs couleurs

pour composer le teint de la jeune vierge: c'est ce que
Virgile, parlant de Lavinie, a exprimé dans ces vers charmants :

> . . . . Mixta rubent ubi lilia multâ
> Alba rosâ, tales virgo dabat ore colores.

(ÉNEIDE, ch. 12.)

Anacréon faisait admirer les grâces qu'offraient des couronnes de roses enlacées à des lis blancs :

> δραχᾶν ετριφάνοισιν
> ὅπως πρέπει τὰ λευκὰ
> ροδοις κρίνα πλάκεντα.

Si le lis est le symbole de la noblesse, de l'éclat et de
la pureté, on peut considérer la rose comme l'emblème
1° de la beauté, 2° de la brièveté de la vie, 3° de l'innocence
et 4° du martyre.

Sapho nous a laissé de la rose cette peinture gracieuse :
« Si Jupiter voulait donner une reine aux fleurs, la rose
serait la reine de toutes les fleurs. Elle est l'ornement de la
terre, la plus belle des plantes, l'œil des fleurs, l'émail des
prairies et une beauté vraiment éclatante » εἰ τοῖς ἄνθεσιν ἤθελεν
ὁ Ζεύς ἐπιθεῖναί βασιλέα, τὸ ρόδον ἄντων ἄνθεωνς ἐβασιλευε· γῆς
ἐστι κόσμος, φυτῶν ἀγλαισμα, ἰφθαλμος ἀνθέων λειμῶνο ἐρύθημα,
καλλος ἀστράπτον· » Nous admirons dans Théocrite ces beaux
vers : « La rose est belle, mais sa beauté n'a qu'un jour ;
la violette embellit le printemps, un instant la flétrit ; le lis
est d'une blancheur éclatante, il se fane sous la main qui le
cueille....: ainsi est la beauté, bientôt l'altère la main rapide
du temps. »

> Καὶ τὸ ρόδον καλον ἐστι, καὶ ὀχρονος αὐτὸ μαραίνει
> καὶ τὸ ἴον καλον ἐστιν ἐν ἴεαρι, καὶ ιαχὺ γηρᾶ.
> λευκὸν τὸ κρίνον ἐστι, μαραίνεται ἀνίκα πίπτῃ.
> . . . .
> καὶ κάλλος καλον ἐστι τὸ παιδίκον, αλλ᾿ ολίγον ζῇ.

Chênedollé a peint la rose avec des couleurs vives et suaves :

> Salut reine des fleurs : salut vermeille rose !
> A peine le matin a vu ta fleur éclose,
> Que les jeunes zéphirs d'un doux zèle emportés
> Racontent ta naissance aux bosquets enchantés ;
> Et le printemps ravi, que ton éclat décore,
> Te remet la couronne et le sceptre de Flore.
> Oh ! tu mérites bien la douce royauté
> Que la main du printemps décerne à ta beauté !

On a comparé la briéveté de la vie humaine à la courte durée de la rose. Un poéte latin a dit :

> Ut manè rosa viget, tamen mox vesperè languet
> Sic modò qui fuimus cras levis umbra sumus.

« Comme la rose fleurit le matin et se fane le soir, ainsi nous qui, tout-à-l'heure jouissions de la vie, nous ne serons plus demain qu'une ombre légère. »

Le prophéte Isaïe (ch. 40, v. 6) et S. Pierre (1re ép., c. 1, v. 24) ont enseigné la même vérité par une sentence encore plus frappante que celle que nous venons de citer : « Omnis caro ut fœnum et omnis gloria ejus tanquam flos fœni ; exarecit fœnum et flos ejus decidet (Tous les mortels ne sont que de l'herbe, et leur gloire est comme la fleur des champs ; l'herbe sèche et sa fleur tombe). » Et c'est dans la même épître (ch. 5, v. 4) que le chef des apôtres, sous les emblèmes d'une fleur qui se fane et d'une couronne tressée de fleurs qui ne se flétriront jamais, oppose à la gloire fugitive de cette vie la gloire immortelle du ciel : « Et quùm apparuerit princeps pastorum percipietis imma arcessibilem gloriæ coronam. »

La fête des roses est célébrée dans la Perse, dans l'Inde et dans la délicieuse vallée de Cachemire. C'est dans une telle circonstance que le poète hindou Amici composa le garal dont voici une imitation :

> Le jour où la rose naissante,
> Reine des fleurs et des matins,

Dans sa splendeur éblouissante
Parut au trône des jardins ;
Autour de sa tige embaumée
Mille rossignols amoureux,
Accoururent, troupe enflammée,
Moduler des accords joyeux.
L'automne vint froide et chagrine ;
De cette rose il ne resta
Pas même une feuille, une épine,
Dans le jardin qu'elle enchanta.

. . . .

Et moi voyant le sort rapide,
Des choses du monde mortel,
Je sentis ma paupière humide,
Sous les coups du chagrin cruel.

Mais souvent encore la rose est considérée comme l'emblème de l'innocence et de la virginité, parce qu'un rien la flétrit. Dans des vers charmants, l'Arioste a comparé à la rose une jeune vierge : « La virginella è simile alla rosa. » Et Malherbe a dit de la mort d'une jeune fille :

Et rose elle a vécu ce que vivent les roses :
L'espace d'un matin.

Enfin, dans les hymnes de l'Eglise, les martyrs sont dépeints sous la figure de la rose et les vierges le sont sous l'image des lis :

Liliis sponsus recubat rosis que ;
Tu, tuo semper bene fida sponso
Et rosa martyr simul et dedisti,
Lilia virgo.

« L'époux se repose sur les lis et les roses : toi, sa fiancée, confiante en son amour, tu lui offres la rose et le lis, ces emblèmes de ton martyre et de ta virginité. »

On sait que le quatrième dimanche de carême, le pape

bénit la rose d'or. Un sermon prêché à cette occasion par Innocent III, et les lettres des souverains pontifes montrent que la rose d'or est considérée comme une figure de Notre Sauveur. La couleur rouge dont cette rose est teinte nous rappelle la passion de J.-C. qui nous a rachetés par son sang.

Maintenant revenons à l'application de nos gracieux emblêmes, la rose et le lis, aux personnes sacrées de Notre Seigneur J.-C. et de sa Très-Sainte Mère. D'abord, pour expliquer le v. 1 du ch. II° du Cantique qui, dans la Vulgate, porte : « Ego flos compi et lilium convallicem, » il faut rapprocher de ce passage le v. 1 du ch. XI° d'Isaïe : « Et egredictur virga de radice Jesse et flos ejus ascendet (Et un rejeton sortira de la tige de Jessé ; une fleur s'élévera de ses racines), » que le paraphraste chaldéen a rendu en ces termes : « Egredictur autem rex de filiis Jesse, et Messias de filiis filiorum ejus creseet. » Les SS. Pères Jérôme, Ambroise, Léon, Bernard, Thomas.... reconnaissent dans cet endroit, avec les docteurs juifs, une prophétie manifeste du Messie. On a proposé sur ce passage deux explications : l'une entend par le rejeton (virga) la bienheureuse mère de Dieu, par la fleur (flos) son fils Jésus, et par la racine (radix) la nation juive. Voici les paroles de S. Ambroise : « Le rejeton figure la nation juive, la vierge c'est Marie, le Christ est la fleur de Marie qui a fait cesser dans le monde l'odeur infecte des vices honteux et y a répandu les doux parfums d'une vie toute céleste *. » S. Thomas, après avoir donné cette première explication, rapporte l'autre en ces termes : « Les juifs affirment que la fleur et le rejeton figurent le Messie. Le rejeton exprime sa force et figure sa puissance contre les méchants ; la fleur est l'emblême de sa douceur et signifie la plénitude des consolations qu'il apporte aux hommes de

---

* Radix familia Judearum, virga, Maria, flos Mariœ, Christus est, qui fetorem mundanæ colluvionis abolevit, odorem vite œternæ infudit.

bonne volonté *. » Chacune de ces interprétations est vraie, pieuse, et renferme un sens d'une grande sublimité. Sur ces mots : « *Ego sum flos campi*, » S. Thomas a dit : « De même qu'au printemps les champs s'embellissent en se couvrant de fleurs et de verdure, de même l'univers resplendit d'un éclat nouveau quand J.-C. vint l'éclairer du céleste flambeau de sa doctrine **. » Selon S. Ambroise et le vénérable Bède : « Jésus-Christ est dit la fleur des champs, parce que la fleur est la parure de la plaine comme le divin Sauveur est l'ornement du monde. » Si nous suivons la leçon du texte hébreu : *ego rosa Sáron*, nous reconnaîtrons avec le Psalmiste (ps. 44) que, si la rose est la plus belle des fleurs, le fils de Dieu surpasse en beauté les plus beaux des enfants des hommes, et que la grâce est sur ses lèvres ; nous publierons, avec l'épouse des cantiques, les charmes de son divin époux : « Mon bien-aimé, dit-elle (ch. 5), est blanc et vermeil, choisi entre mille, ses cheveux sont noirs comme l'ébène, ses yeux sont doux comme les colombes qui reposent sur le bord des fleuves, ses lèvres de pourpre exhalent la myrrhe la plus suave, il est beau comme le Liban, élevé comme le cèdre, sa voix est pleine de douceur et en lui tout est désirable. » Nous déclarons avec S. Paul (ép. aux héb., ch. 7, v. 12, 14 et 26) que ce fils de Dieu, cet époux divin de l'Eglise est un pontife saint, innocent, séparé des pécheurs et élevé au-dessus des cieux ; qui, par l'Esprit saint, s'est offert lui-même à Dieu comme une victime sans tache, afin de purifier, par son sang, notre conscience des œuvres mortes, pour nous faire rendre un vrai culte au Dieu vivant : c'est ainsi, qu'avec son propre sang, ce généreux pontife

---

* Judœi dicunt quod flos et virga refertur ad Christum et dicitur virga propter potestatem et flagellationem malorum et flos propter honestatem et consolationem bonorum.

** Sicut campus floribus adornatur et vernat, ita et totus mundus Christi fide et notitiá decoratur.

nous a conquis une rédemption éternelle. L'Eglise, avons-nous dit, honore Jésus-Christ, sous l'emblème de la rose de Saron, elle invoque aussi dans ses hymnes ce divin Sauveur, comme la force des martyrs :

Crucifixum adoremus :
Christi crucem prœdicemus
Salvi per quem vivimus.

. . . .

Super crucem consummatur
Infiguris qui mactatur
Orbis ab origine.

. . . .

Rubet sacro crux liquore,
Fervet ara quo calore
Dei sanguis effluit.

. . . .

O fons omnis crux virtutis !
O œterna spes salutis !

« Adorons le crucifié, préchons le mystére de la croix ; par elle le Christ nous a sauvés, par elle nous vivons. Il a consommé sur la croix le sacrifice annoncé dès l'origine du monde par les figures de la loi. Elle est teinte d'un sang sacré la croix, cet autel sur lequel une ardente charité a versé le sang d'un Dieu. O croix ! O source de toute vertu ! tu es l'espoir d'un éternel salut. »

C'était en effet, au pied de cette croix, l'espérance de notre salut, c'était dans la réception de la divine Eucharistie que, dans les premiers siècles du Christianisme, les saints martyrs puisaient cette foi qui triomphait du monde et cette charité ardente qui était plus forte que la mort, comme nous l'enseigne l'Eglise dans l'office des glorieux martyrs ; « Ils se retiraient de la table de votre autel semblables à des lions qui, exhalant le feu de la charité, devenaient, par

13

la vertu divine, terribles au démon *. » La leçon de la
Vulgate est conforme à celle de l'hébreu dans la seconde
partie du v. 1 : « et lilium convallium. » Les saints Pères
et les interprètes vont nous apprendre pourquoi le Sauveur
se désigne ainsi. D'après S. Thomas : « Je suis le lis des
vallées, car j'offre ma grâce particulièrement aux âmes
désolées qui s'adressent à moi avec un cœur humble et
dévoué ** ; » et selon Origène : « Le Christ est le lis des
vallées par l'éclat de sa pureté et de sa sagesse ; car lui-
même est le reflet éblouissant de la lumière éternelle, la
splendeur et la figure de la substance divine ***. » Et S.
Jérôme dit : « Le Christ se présentant avec confiance comme
l'auteur et le prince de la virginité, dit : je suis la fleur des
champs et le lis des vallées ****. » J.–C., le lis divin, habite
dans les cœurs chastes et purs, figurés par les vallées ou les
humbles, car la fleur ou le germe de l'humilité est la chasteté ou la virginité (c. 7, 10). « C'est en toute vérité, dit
Ménochius, que le Christ est comparé au lis, car comme le
fait observer Honorat d'Autun, on remarque cinq choses
dans le lis : le calice est blanc, le pistil et les étamines sont de
couleur d'or, il est odoriférant, il déploie ses pétales et courbe
toujours sa tête ; c'est ainsi que dans le Christ la blancheur est
l'emblème de son humanité, la couleur d'or celle de sa divinité. Le Christ est odoriférant par sa prédication, il étend

---

* Ab altaris tui mensâ tanquam leones (recedebant) caritatis,
ignem spirantes, et diabolo factos divinâ virtute terribiles.

** Sum lilium convallium quia illis mentibus præcipuè gratiam
tribuo, quæ nullam Spem in se habentes, mihi se humili devotione submittunt.

*** Christum esse lilium convallium præ fulgore sapientiâ et pu-
dicitiâ ipse enim est candor lucis œternæ, splendor et figura subs-
tantiæ Dei.

**** Christus quasi auctor virginitatis et princeps loquitur confi-
denter : ego flos campi et lillium convallium.

les bras pour accueillir le pénitent, et se penche vers les pêcheurs pour les traiter avec indulgence et les sauver. » *

V. 2. — Jésus-Christ l'époux y fait l'éloge de l'Eglise son épouse : « Comme le lis au milieu des épines, ma bien-aimée s'élève au-dessus des jeunes filles. » Nous lisons dans Théocrite (id. 18e) : « Dans toute l'Achaïe, la fille de Jupiter ne voit pas de beauté qui lui soit égale.... parmi les quatre fois soixante jeunes filles, parées de la fleur de l'âge et de la beauté, aucune n'est sans défaut comparée à Hélène : »

Σάνος τοί θυγάτηρ............
Οἶα Ἀχαιίαδα γαῖαν πατεῖ, οὐδεμὶ ἀλλα.
Ἀμμὶς δ'αι πᾶσαι συνομάλικις,.....
Τετράκις ἑξήκοντα κοραι, θῆλυς νεολάια,
Τᾶν οὐδ'ἄν τίς ἄμμμος', ἐπεὶχ Ἑλίνα παρισωθῇ.

Homère a dépeint en ces deux vers Diane entourée de ses nymphes :

Πασάαν δ'ὑπὶρ ἥγε κάρη ἴχει ἠδε μίτωπα,
Ῥεῖάτ' ἀριγνώτη πέλεται, καλαὶ δέτί πᾶσαι.

(Odys, ch. 6.)

« Elle élève sa tête majestueuse au-dessus de la troupe entière ; en vain toutes ces jeunes filles ont la beauté en partage, à la première vue, on distingue la déesse. » S. Thomas a interprété ce v. 2 de l'Eglise : « Les épines qui piquent et déchirent, dit le S. Docteur, nous représentent l'homme pervers, soit qu'il appartienne à l'Eglise, soit qu'il erre hors de son sein. — Semblable au lis qui s'élève au milieu des épines, l'Eglise s'attend à toutes sortes de per-

---

* Benè ait Menochius cum lilio confertur Christus, quia ut inquit Honorius Augustodunensis, in lilio quinque considerantur, quia est candidum habens colorem aureum prominentem, odoriferum et pandulum et semper incurvum. Sic Christus candidus est in humanitate, aureus in deitate, odoriferens in prædicatione... pandulus in suscipiendo pænitente, incurvus in condescendendo peccatoribus et eos salvando. »

sécutions sans cesser pourtant de produire les fleurs de ses
vertus et de répandre la bonne odeur de J.-C. — Telle, ma
bien-aimée parmi les autres filles, elle souffre persécution
non-seulement de la part de ceux qui ne la reconnaissent
point pour mère; mais encore de la part de ceux qu'elle
enfanta à J.-C. par son baptême *. » D'après Origène nous
pouvons entendre ce v. 2 de chaque âme fidèle : le lis entre
les épines est l'âme sainte qui éprouve des tribulations, ou le
véritable catholique croissant en vertu au milieu des hommes
sensuels. A plus forte raison ce passage « *lillium inter spinas* »
pourra-t-il être appliqué à la vierge immaculée : c'est ce que
nous enseigne l'Eglise dans l'office qu'elle récite, lorsqu'elle
célèbre les fêtes solennelles de la très-sainte mère de Dieu.
On peut en dire autant du ch. 24, v. 18 de l'Ecclésiastique,
où la sagesse éternelle se compare à la rose de Jéricho : car
cette citation est encore appropriée à la bienheureuse Marie
que les fidèles invoquent sous le nom de rose mystique, et
en l'honneur de laquelle nous chantons :

> Ave Jesse virgulta
> Rosa veris primula.

« Salut arbrisseau de Jessé, première rose du printemps. »
Ces rapprochements prouvent que si le v. 1 du ch. 2 doit
s'entendre de Jésus-Christ, dans le sens propre, il peut aussi
dans un sens pieux, être attribué à la très-sainte vierge.
C'est en vénérant Marie, sous les emblèmes du lis et de la
rose, que nos poëtes ont composé des vers qui exhalent le

---

* Spinæ quæ pungunt et lacerant, significant pravos quosque vel
intra ecclesiam vel extra ecclesiam, et est sensus : sic tibi viven-
dum est, et sic parata debes esse contra omnia adversa; sicut
lillium inter spinas est, et tamen florere et gratum odorem ex se
emittere non cessat. Sic amica mea inter filias, quia non solùm
ab his qui extra ecclesiam sunt mala pateris, verum etiam ab illis
qui generati per baptismum in filiationem Dei venisse dicuntur.

parfum de la plus suave piété. **Dans la divine épopée, l'enfant Jésus s'adressant au Père, lui dit :**

> La sainte vierge Marie
> Beau lis qui vers toi s'élançait
>
> . . . .
>
> Dans son amour chaste et fleurie,
> Sur son cœur joyeux me berçait.

**Nodier exalte la protection de Marie, dans ces vers char-
mants :**

> Tu parais ! à la nef timide
> Qui tente un rivage ignoré,
> L'aspect du phare qui le guide
> Promet un port moins assuré.
> Le palmier, vaste et solitaire,
> Verse une ombre moins salutaire,
> Sur les sables de Gelboé.
> Moins d'éclat anime la rose,
> Et moins suave elle repose
> Près des sources de Siloé.

**M. Turquety, le poëte éminemment catholique, a composé
en l'honneur de Marie, la rose mystique, ces beaux vers :**

> O jeune rose épanouie
> Près du tabernacle immortel,
> Vierge pure, tendre Marie,
> Douce fleur des jardins du ciel ;
> O toi qui sais parfumer l'âme
> Mieux que la myrrhe et le ciname.
>
> . . . .
>
> O toi dont la grâce est l'empire,
>
> . . . .
>
> Au nom de ce Christ qu'on adore,
> Et que tu berças dans tes bras ;
> O vierge, toi qu'un regret touche,
> Laisse descendre de ta bouche

Un langage délicieux !
O Rose ! entrouvre tes corolles ;
Et tes parfums et tes paroles,
Nous feront respirer les cieux.

V. 10-14. « Allons, lève-toi, ma bien-aimée, toi qui es
si belle à mes yeux et viens ; car voilà que l'hiver est passé ;
la saison des pluies a fini, a disparu ; les fleurs se montrent
sur la terre ; le temps du chant des oiseaux est venu, et
la voix de la tourterelle se fait entendre dans notre terre.
Le figuier enfle ses fruits des sucs les plus doux, et les vignes
en fleurs répandent leur parfum. Allons, lève-toi, ô ma
bien-aimée ; toi qui es si belle à mes yeux et viens. » Cette
description du printemps réunit aux sentiments les plus doux,
les expressions les plus gracieuses. Virgile a dit :

Et nunc omnis ager, nunc parturit arbos
Nunc frondent silvæ, nunc formosissimus annus. (Egl. 3e).

« C'est le moment où les champs, les arbres, où tout
enfante, où les forêts reverdissent, où l'année est la plus
belle. »

Et dans les Géorgiques, ch. 2e, ce poëte nous décrit
encore cette belle saison : « Le printemps est propice à
tout, aux plantes, aux forêts, au feuillage. Au printemps
la terre se gonfle et redemande des semences de vie... alors
les profondes clairières retentissent des chants des oiseaux...
partout le sol fécond enfante, et les campagnes ouvrent à la
tiède haleine des zéphirs leur sein amolli. Une douce humidité
abonde dans les plantes... la vigne pousse ses bourgeons
et déploie toutes ses feuilles. »

Michaud nous a laissé du printemps la peinture suivante :

Déjà les nuits d'hiver, moins tristes et moins sombres,
Par degrés de la terre ont éloigné les ombres,
Et l'astre des saisons, marchant d'un pas égal,

.Rend au jour moins tardif son éclat matinal.

. . . .

Le beau soleil de mài, levé sur nos climats,
Féconde les sillons, rajeunit les bocages,
Et de l'hiver oisif affranchit ces rivages.
La sève, emprisonnée en ses étroits canaux,
S'élève, se déploie, et s'alonge en rameaux :
La colline a repris sa robe de verdure.

. . . .

Le serpolet fleurit sur les monts odorants ;
Le jardin voit blanchir le lis, roi du printemps,

. . . .

Et l'aimable espérance, à la terre rendue,
Sur un trône de fleurs du ciel est descendue.

. . . .

L'agile papillon, de son aile brillante,
Courtise chaque fleur, caresse chaque plante ;
De jardin en jardin, de verger en verger,
L'abeille en bourdonnant poursuit son vol léger.
Zéphir, pour ranimer la fleur qui vient d'éclore,
Va dérober au cìel les larmes de l'aurore ;
Il vole vers la rose et dépose en son sein,
La fraîcheur de la nuit, les parfums du matin.
De l'aube radieuse aimable messagère,
Loin de l'humble sillon l'alouette légère
Va saluer le jour, et dans l'azur des cieux,
Fait éclater la nue en sons mélodieux.

CHAPITRE III.

V. 11. « Filles de Jérusalem, sortez et regardez le roi
Salomon sous le diadème dont sa mère le couronna au jour
de son mariage, au jour de la joie de son cœur. » Nous
lisons au IVe livre des Rois, ch. 11, v. 12 : « Le grand-
prêtre Joïada amena le fils du roi (Joas), et posa sur lui le
diadème et le livre de la loi, et ils l'établirent roi, le sa-

crèrent, et frappant des mains dirent : Vive le roi ! » J. Racine a décrit ce couronnement dans son admirable tragédie
d'Athalie.

Joas à Josabeth :

Princesse, quel est donc ce spectacle nouveau ?
Pourquoi ce livre saint, ce glaive, ce bandeau ?
Depuis que le Seigneur m'a reçu dans son temple,
D'un semblable appareil je n'ai point eu d'exemple.

JOSABETH lui essayant le diadème :

Laissez, mon fils, je fais ce qui m'est ordonné.

JOAD se prosterne aux pieds de Joas :

Je vous rends le respect que je dois à mon roi,
De votre aïeul David, Joas, rendez-vous digne.

Et plus loin :

Venez cher rejeton d'une vaillante race,
Remplir vos défenseurs d'une nouvelle audace,
Venez du diadème à leurs yeux vous couvrir.....

SALOMITH :

Que fait Joas ?

ZACHARIE :

Joas vient d'être couronné.
Le grand-prêtre a sur lui répandu l'huile sainte.
O ciel ! dans tous les yeux quelle joie était peinte,
A l'aspect de ce roi racheté du tombeau.

On peut sur le verset qui nous occupe distinguer quatre
couronnements de notre Seigneur J.-C. 1° Il a reçu le
diadème de son humanité au jour de son incarnation (S. Luc,
ch. 50, v. 31-38); 2° la couronne d'épines durant sa passion
(S. Jean, ch. 19, v. 2 et 5); 3° la couronne de la
royauté et de l'empire au jour de sa résurrection et en celui
de son ascension, lorsqu'il s'assit à la droite de son Père sur
le trône de gloire comme le vainqueur de la mort et le

maître suprême de toutes les créatures (ps. 8, v. 6; ps·
109, v. 1-3; Epît. aux Héb., ch. 2, v. 7-9; S. Math.,
ch. 28, v. 18); 4° enfin le divin Sauveur sera ceint de
la couronne triomphale au grand jour du jugement, lorsqu'il précipitera ses ennemis dans les ténèbres extérieures
et fera régner ses élus dans le ciel où ils célébreront les
noces de l'agneau, et l'amour éternel de J.–C. pour
l'Eglise triomphante, son épouse bien–aimée (S. Mat.,
c. 25, v. 31, 34 et 41; Apo., ch. 19, v. 6-9).

S. Thomas en commentant le v. 11, l'applique 1° à l'incarnation, 2° à la passion du Sauveur : « C'est la voix de
l'Eglise, dit le S. Docteur, qui convie les âmes fidèles à voir
combien son époux est beau et admirable !..... Dégagez-
vous, s'écrie-t-elle, du tourbillon du monde afin que vous
puissiez contempler avec un calme parfait celui qui est l'objet
de votre amour. Regardez dans la personne de Salomon
Jésus–Christ, le vrai pacifique, sous le diadème dont le couronna sa mère. Considérez-le revêtu pour nous d'un corps
formé dans le sein d'une vierge–mère. Elle appelle diadème
cette chair dont le Christ se revêtit pour nous sauver; en
mourant avec elle, il détruisit l'empire de la mort, en ressus-
citant avec elle, il nous assure l'espoir d'une future résurrection.... Au jour de ses noces, c'est-à-dire à l'époque
de son incarnation, lorsqu'il s'unit à une église n'ayant ni
tache, ni ride.... et au jour de la joie de son cœur, car la
joie et l'allégresse du Christ sont produites par le salut et
la rédemption du genre humain *. »

---

* Vox ecclesiæ, invitantis animas fidelium in tuendum quàm
mirabilis et speciosus sit sponsus ejus.... exite de turbulentâ
hujus sæculi conversatione ut mente expeditâ eum quem dili-
gitis, contemplari possitis. Et videte regem Salomonem, hoc est
verum pacificum Christum in diademate quo coronavit eum mater
sua, ac si diceret : considerate Christum, pro nobis carne indu-
tum, quam carnem de carne virginis matris suæ assumpsit. Dia-

14

Quant à la seconde explication, le docteur angélique dit : « Salomon prévoyant la passion du sauveur, en avertissait long-temps à l'avance les filles de Sion, c'est-à-dire le peuple d'Israël...... Sortez, disait-il, et contemplez le roi Salomon, Jésus-Christ, le front ceint du diadème dont le couronna sa mère la synagogue au jour de son mariage, au jour de son alliance avec l'Eglise, au jour de la joie de son cœur, quand par sa passion il délivrait les hommes de l'esclavage du démon. Sortez donc et affranchissez-vous des ténèbres de l'infidélité, et regardez, c'est-à-dire, comprenez que celui qui a souffert ces cruels tourments est le vrai Dieu ; ou encore, sortez de l'enceinte de vos murs et voyez-le crucifié sur le mont Golgotha*. »

CHAPITRE IV.

V. 1, 3. — Portrait de l'épouse : « Que tu es belle, ma bien aimée ! que tu es belle ! tes yeux sont les yeux de

dema namque vocat carnem, quam Christus assumpsit pro nobis in quâ mortuus destruxit mortis imperium : in quâ etiam resurgens resurgendi nobis spem contulit.... In die desponsationis ejus, hoc est, in tempore incarnationis ejus, quandò sibi conjunxit Ecclesiam non habentem maculam aut rugam.... Et in die lætitiæ cordis ejus. Lætitia enim et gaudiùm Christi, salus est et redemptio generis humani.

* Prævidens Salomon in spiritu passionem Christi, longè antè præmonebat filias Sion, id est plebem Israëliticam...... egredimini, inquiens, et videte regem Salomonem, Christum, in diademate, id est in spineâ coronâ, quâ coronavit eum mater sua synagoga in die desponsationis ejus, quando videlicet sibi junxit Ecclesiam. Et in die lætitiæ ejus quo gaudebat per suam passionem redimere mundum diaboli potestate : egredimini ergo et exite à tenebris infidelitatis et videte, hoc est, intelligite mente quia ille qui ut homo patitur, verus est Deus. Vel etiam egredimini extra portam civitatis vestræ, ut eum in Golgotha monte crucifixum videatis.

la colombe, ils brillent à travers ton voile; ta chevelure est semblable à la toison des chevreaux qui apparaissent sur le sommet de Galaad. Tes dents sont comme des brebis qui montent du lavoir; toutes jumelles, il n'en est aucune qui n'ait son égale; tes lèvres sont comme une bandelette de pourpre et ta parole est douce; tes joues sont comme la grenade et brillent à travers ton voile. » (Voyez le ps. 44, v. 9-15).

Millevoye a imité ce passage dans les vers suivants :

Epouse de mon cœur! de ta bouche vermeille,
Ma bouche a quelque temps respiré la fraîcheur :
Que ton haleine est douce, épouse de mon cœur!
. . . .
Ton corps souple est rival du jeune et beau palmier;
. . . .
Et l'émail de tes dents est plus blanc que la laine
De l'agneau qu'a baigné la limpide fontaine.

Et plus loin :

Mon amante, ma sœur, ma colombe chérie!
Tes regards et ta voix énivrent ton époux;
Car ta voix est sonore et tes regards sont doux.

« Nous pouvons, dit S. Thomas, entendre par les yeux les docteurs de l'Eglise et les prédicateurs de l'Evangile; car dans le corps mystique de l'Eglise, dont Jésus—Christ est le chef, ils remplissent les fonctions les plus importantes, en présentant aux fidèles la lumière qui les dirige dans la voie du salut. Les cheveux désigneront les innombrables enfants de l'Eglise dont la masse imposante est pour elle un de ses plus beaux ornements.... Les docteurs sont figurés par les dents; car, en mettant la saine doctrine à la portée des âmes les plus simples, ils leur préparent ainsi une nourriture spirituelle.... Les lèvres représentent les prédicateurs..... Ils sont aussi figurés par la bandelette de pourpre; car, souvent ils exposent la passion du Christ qui versa son sang pour nous racheter.... Les joues indiquent les martyrs, couverts de leur sang ; ils ressemblent à une grenade ; quand on divise ce fruit, on admire sa blancheur intérieure ; de même après la mort d'un martyr, les miracles qui s'opéreront par son intercession, le rendront illustre *. »

V. 4. — « Ton cou est comme la tour de David, couronnée de créneaux, et là sont suspendus mille boucliers armure des forts. » Le terme que la Vulgate a rendu par *cum propugnaculis* est en hébreu *lethalepiath* : il signifie in excelsa loca ou plutôt *in thalpioth*, Εἰς Θαλπίωθ, comme portent les LXX : ce serait alors un nom de lieu situé sur le Liban. L'époux compare le cou de l'épouse à la tour de David, parce qu'il est droit, rond et orné. David figure le Christ, la tour de l'Eglise ; le cou représente les prédicateurs et les boucliers désignent les vérités de la religion : le Sage a dit : « Omnis sermo Dei ignitus est clypeus (Prov. ch. 30 v. 5). » Voici le commentaire de S. Thomas sur ce passage : « Le cou de l'épouse est comparé à la tour de David. David représente le Christ, et la cité de David, celle du grand roi, l'Eglise toute entière du Sauveur ; les tours de cette cité figurent les personnages qui se distinguent par leur

---

* « Possumus per oculos doctores ecclesiæ et prædicatores accipere, qui in corpore, cujus caput Christus est, summum locum tenent, et cœlestia et spiritualia cæteris membris præbent. Per capillos verò innumeram multitudinem fidelium qui etsi minùs vident spiritualia, suâ tamen numerositate magnum decus præstant Ecclesiæ... Per dentes Ecclesiæ doctores figurantur, quia cibos spirituales quos simplices capere nequeunt, ipsi quodammodo exponendo comminuunt... Per labia Ecclesiæ prædicatores accipiuntur qui et per dentes figurantur... Vittæ coccineæ assimilantur, quia passionem Christi assiduè prædicant, qui pro nostrâ redemptione sanguinem suum fudit... Possunt per genas Ecclesiæ martyres figurari qui rubicundi sunt effusione sanguinis sui, velut malum punicum ; sed fracto malo punico, candor interiùs apparet, quia post mortem miraculis coruscant. »

science et leur sainteté; les créneaux sont l'emblème des mystères de l'Ecriture sainte qui, comme autant de traits, sont employés à repousser les puissances ennemies; les mille boucliers s'interprètent des innombrables secours que le Très-Haut accorde à son Eglise pour lui servir de remparts inexpugnables. Toute l'armure des forts s'explique de l'appareil, soit de la sainte prédication, soit des bonnes œuvres *. » C'est devant cette tour mystérieuse de David, c'est aux pieds de la mère de Dieu qu'est venue expirer la puissance de l'antique serpent (Gen. ch. 3, v. 15); c'est dans cette tour de David qu'il faut se réfugier, c'est à Marie qu'il faut recourir pour triompher des ennemis de notre sanctification.

Soumet a dit de la Vierge-Mère :

« Phare que sur ses flots l'éternité suspend. »

V. 7. — « Tu es toute belle, ma bien-aimée; aucune tache n'est en toi. » C'est la louange que l'époux divin fait de l'Eglise son épouse. S. Paul (Ep. aux Eph., ch. 5, v. 25-27), nous apprend que « Jésus-Christ a aimé l'Eglise jusqu'à se livrer lui-même pour elle, afin de la sanctifier, en la purifiant dans le baptème de l'eau par la parole de vie, pour la faire paraître devant lui pleine de gloire, et n'ayant ni tache, ni ride, ni rien de semblable, mais sainte et sans défaut. » S. Augustin, expliquant cet endroit de l'épître aux Ephésiens, nous enseigne que durant le siècle présent, l'église n'est pas sans tache, ni sans ride, mais qu'elle se purifie chaque jour en cette vie pour paraître enfin glorieuse

* « Hoc autem collum turri David comparatur. David Christum significat et tota Ecclesia civitas David, id est, magni regis est Christi..... Turres autem hujus civitatis illi sunt qui scientiâ vel operis perfectione cæteris præeminent. Propugnacula sunt divinarum scripturarum sacramenta de quibus jacula procedunt, quibus adversæ potestates repelluntur... Mille clypei intelliguntur innumera divina præsidia defensionis, quibus sancta Ecclesia vallatur et defenditur. Omnis armatura fortium, i. e. omnis instructio vel sanctæ prædicationis vel sanctæ operationis. »

aux yeux du Christ, son époux dans le siècle futur. Par conséquent ces paroles de l'apôtre doivent plutôt s'entendre de l'église triomphante que de l'église militante (voy. Apoc., ch. 2, v. 2). Selon Estius, on peut appliquer le v. 7 du ch. 4 du Cantique, à l'église militante en ce sens : elle est belle et immaculée, quant à la profession de foi et à la sainteté de la morale ; elle n'a rien que de vrai dans les décisions de la foi, rien que de bon dans les lois relatives aux mœurs.

« L'Eglise est toute belle en tant qu'elle se garde chaste et pure de tout ; si quelque tache légère vient à ternir sa beauté, dans la plénitude de sa foi, elle soupire vers le ciel, et, soudain, elle se voit ornée de sa première beauté [*]. »

On peut encore dire avec le docteur angélique que ce qui est marqué au v. 7 a été accompli en la bienheureuse mère de Dieu.

« La vierge Marie n'a commis aucune faute actuelle, ni mortelle, ni vénielle : ainsi fut accomplie en elle ce qui est dit au chapitre IVe du Cantique : Mon amie, tu es toute belle ; aucune tache n'est en toi [**]. »

Adrien de Léandor a dit :

. . . . Marie immaculée,

. . . .
Marie, ange sauveur, vierge et modeste femme,
Mère de Jésus-Christ, épouse de toute âme
Qui se conserve pure. . . . .

. . . .
Marie, amour, foi, chasteté ;
Miroir de l'évangile où tout est reflété.

---

[*] « Tota pulchra est Ecclesia, in quantum se castam et immaculatam à peccato custodit. Si quandò autem levi peccato fuscatur, citò plenitudine et rectà fide in cœlesti desiderio in eà priscà pulchritudine reparatur. »

[**] « Beata virgo nullum actuale peccatum commisit, nec mortale, nec veniale : ut sic in eà impleatur, quod dicitur, Cant. c. 4 : tota pulchra es amica mea, et macula nòn est in te. »

La seule qui de tous soit aimée et bénie,
Et dont le nom suave est seul une harmonie.

V. 8. — « Viens du Liban, mon épouse, viens du Liban;
viens et tu seras couronnée. » Au lieu de « *coronaberis de
capite Amana.* » le texte original porte : « *thaschouri me-
rosch Amana, prospice de vertice amana.* » Dans Théocrite, les compagnes d'Hélène lui disent : « O belle, ô aimable fille ! tu es maintenant épouse. Dès le matin, nous irons
dans les prairies cueillir des fleurs nouvelles et former des
couronnes odorantes. »

~Ω καλά δ᾽ χαρίεσσα κορα, τὺ μὲν οἰκέτις ἤδη
Ἄμμες δ᾽ ἐς δρομον ἦοι καὶ ἐς λειμώνια φύλλα
Ἑρψοῦμες στεφάνως δρεψεύμεναι ἀδ᾽ὑπνίοντας.

Nous lisons dans le livre d'Esther (ch. 2, v. 15 et 17) :
« Esther était très-belle et son visage d'une grâce si parfaite, qu'elle paraissait aimable et ravissante à tous ceux qui
la voyaient... Le roi l'aima plus que toutes les autres femmes
et il mit sur sa tête son diadème. » C'est ce passage que
J. Racine, dans sa tragédie d'Esther, a rendu par ces beaux
vers qu'il met dans la bouche de la reine :

De mes faibles attraits le roi parut frappé.
. . . .
. . . . avec des yeux où régnait la douceur :
Soyez reine, dit-il; et dès ce moment même,
De sa main sur mon front posa son diadême.

« L'époux appelle son épouse, purifiée par le baptême,
resplendissante de l'éclat de toutes les vertus et répandant
autour d'elle les suaves odeurs de ses saints; il l'appelle afin
qu'elle se hâte, c'est-à-dire qu'elle croisse dans toutes les
vertus... Tu seras couronnée du sommet de l'Amona et des
cimes du Sanir et de l'Hermon... Ces montagnes figurent les
puissances du siècle, savoir : les rois et les princes... l'Eglise

sera couronnée de ces montagnes, quand ces dominateurs de la terre se convertiront à la foi du Christ *. »

V. 9.— « Tu as blessé mon cœur d'un seul de tes regards. » On lit dans le livre de Judith (ch. 10, v. 17) : « Quand Judith fut entrée en sa tente, soudain Holoferne fut séduit par ses regards, « *statim captus est in suis oculis.* »

V. 12. — « Ma sœur, mon épouse est un jardin fermé, une source scellée. » S. Jérôme parlant de Marie, a dit :

« Mère et vierge, jardin fermé, fontaine scellée : de cette fontaine provient ce fleuve qui, selon Joël, arrose le torrent des liens ou des épines : ces liens du péché qui nous tiennent captifs ; ces épines qui suffoquent la semence du père de famille **. »

V. 14. — Il est souvent question de l'aloès dans les livres saints, par exemple au livre des Proverbes, c. 7, v. 17 ; au ps. 44, v. 9, etc. Le terme hébreu *ahaloth* du ps. 44, traduit dans la Vulgate par *gutta*, doit être rendu par aloès. Le bois d'aloès est le même que le bois d'aigle, le bois de calambac des anciens et l'aggaloche (*excæcaria*) des modernes. Cette plante de la famille des *euphorbiacées*, est un petit arbrisseau noueux d'où s'écoule un suc blanchâtre qui peut devenir nuisible aux yeux. Cette plante croît aux îles Moluques, et son bois est surtout célèbre en Orient, à raison de l'odeur exquise qu'il répand lorsqu'on le brûle. Ce bois

---

* « Vocat sponsus sponsam suam candidatam baptismo et dealbatam nitore omnium virtutum, fragrantem studio sanctarum orationum ; vocat eam ut veniat, id est, ut virtutibus proficiat..... coronaberis de capite Amana, de vertice Sanir et Hermon..... Per hos enim montes, sæculi potestates, reges videlicet et principes intelliguntur... De his ergo montibus coronatur Ecclesia, quandò principes sæculi ad fidem Christi convertuntur. » (Voy. Isaïe, c. 60).

** « Mater et virgo... hortus conclusus, fons signatus : de quo fonte ille fluvius manat juxtà Joël qui irrigat torrentem vel funium vel spinarum : funium peccatorum quibus alligabamur ; spinarum, quæ suffocant sementem patris familias. »

résineux, pesant, a une saveur très-amère et une odeur aromatique : il est si recherché dans l'Inde, à la Chine et au Japon, qu'on le vend au poids de l'or, soit pour servir au culte des dieux, soit pour le brûler aux funérailles des riches, soit pour parfumer les temples et les palais des princes. Nous lisons dans l'histoire des maures que la grande mosquée de Cordoue était éclairée durant la nuit par 4700 lampes et qu'on employait annuellement 120 livres de bois d'aloès et d'ambre gris pour la parfumer. « Ce bois, dit Mirbel, surtout dans les parties qui avoisinent les racines et les nœuds, est rempli d'une matière grasse très-combustible qui, lorsqu'on la brûle, répand une odeur balsamique voisine de celle du benjoin. Cette odeur devient plus forte lorsqu'on jette le bois rapé sur des charbons. Pour modérer la force de cette odeur, on a coutume d'y ajouter d'autres aromates. »

CHAPITRE V.

On trouve du v. 10ᵉ au 16ᵉ l'éloge de l'époux. 10. « Mon bien-aimé, dit l'épouse, est blanc et vermeil, choisi entre mille; 11. Sa tête brille comme l'or d'Ophir; ses cheveux sont comme les rameaux du palmier et noirs comme l'ébène; 12. Ses yeux sont doux comme les colombes qui reposent sur le bord des fleuves, blanches comme le lait.... 13. Ses joues sont comme un vase d'aromates artistement mélangés; ses lèvres de pourpre exhalent la myrrhe la plus suave; 14. Ses bras sont comme des cylindres d'or entourés de bérils;.... ses jambes imitent les colonnes de marbre qui s'appuient sur des bases d'or; il est beau comme le Liban, élevé comme le cèdre; sa voix est pleine de douceur, tout en lui est désirable. » On lit au v. 10 dans le texte original; « dagout meriba, vexillatus præ decem millibus. » On trouve la racine *dégel, vexillum,* au livre des Nombres, ch. 2, v. 3, 17; l'hébreu porte au v. 14: « *iadàv gelilé zahab memullain batharschisch* (manus ejus circuli auri, pleni in berillis), ce que les LXX ont bien traduit par χ ῖρες αὐτοῦ τορευταὶ, χρυσαῖ, πεπληρωμέναι θαρσίς. Nous croyons qu'ici *tharsis* désigne le béril ou l'aigue-marine, pierre précieuse d'un bleu verdâtre, et non pas la ville de Tharse.

Millevoye a dit du bien-aimé :

Son sourire est céleste et son souffle embaumé.

Et plus loin la Sulamite s'écrie :

O plaisir ineffable ! ô pur ravissement !
Que la voix de l'époux retentit doucement !
Que sa parole aimable a d'empire et de charmes !

La Genèse rapporte, ch. 39, v. 6, que Joseph était beau et d'un aspect agréable. Florian nous a peint en ces vers le jeune Tobie :

Comme un autre Joseph nourri dans l'esclavage
Et semblable à Joseph de mœurs et de visage,
Possédant sa beauté, sa grâce et sa pudeur....

On lit dans Théocrite, id. 20ᵉ :

Ποιμένες εἴπατέ μοι τὸ κρήγυον οὐ καλὸς ἐμμι;
. . . .
Χαῖται δ'οἷα σέλινα περὶ κροτάφοισι κέχυντο,
Καὶ λευκὸν τὸ μέτωπον ἐπ' ὀφρύσι λάμπε μελαίναις,
Ὄμματά μοι γλαυκᾶς χαροπώτερα πολλὸν Ἀθάνας
Καὶ στόμα δ'ἄνπακτᾶς γλυκερώτερον, ἐκ στομάτων δέ
Ἐῤῥεέ μοι φωνὰ γλυκερώτερα ἢ μέλι κηρῶ.

« Pasteurs dites-moi la vérité. La fleur de la beauté ne brillait-elle pas sur mon visage?.... mes cheveux flottaient autour de ma tête, comme un essaim d'abeilles voltige autour de la ruche; de noirs sourcils rehaussaient la blancheur de mon front; mes yeux étaient plus bleus que les yeux de Pallas; ma bouche ne le cédait pas en fraîcheur au lait pressuré, et ma voix avait la douceur d'un miel exquis. » On

lit dans Virgile : « Je suis Daphnis connu dans les forêts et jusqu'aux astres, berger d'un beau troupeau, moins beau que le berger. »

Daphnis ego in silvis, hinc usque ad sidera notus,
Formosi pecoris custos, formosior ipse. (Egl. 3ᵉ.)

La blancheur de l'époux est l'emblème de sa pureté, d'où il est appelé l'éclat de la lumière éternelle (sag., ch. 7, v. 26); il est dit vermeil à cause de sa passion sanglante : Isaïe a dit (ch. 63, v. 1) : « quel est celui qui vient de Bosra? pourquoi sa robe est-elle teinte de rouge? » La tête du Christ c'est Dieu (1ʳᵉ cor., ch. 11, v. 3); ses joues désignent les Saintes-Ecritures qui font connaître l'Homme-Dieu, de même que l'aspect du visage caractérise une personne (S. Jean, ch. 5, v. 39; S. Luc, ch. 24, v. 44; Ep. aux Rom., ch. 10, v. 4). Les mains ornées de bagues d'or, dénotent les œuvres du Sauveur qui sont très-parfaites; ses jambes assimilées à des colonnes de marbre sur des bases d'or sont les symboles de sa force et de son équité (1ʳᵉ cor., ch. 10, v. 4, ps. 118, v. 172). Le cèdre est un arbre très élevé dont le bois est incorruptible. La beauté du bien-aimé est comparée à celle du Liban, et il est élevé comme le cèdre, parce que le saint de Dieu, sans éprouver la corruption du tombeau, devait ressusciter pour s'asseoir à la droite de son père au plus haut des cieux (ps. 15, v. 10, ép. aux héb., ch. 1, v. 3).

Passons au pieux commentaire du docteur angélique :

« C'est la voix de l'Eglise qui répond : mon bien-aimé est blanc par sa virginité, vermeil par sa passion. Il est blanc parce qu'il est né sans péché et qu'il a vécu sans péché.... il est vermeil parce qu'il nous a lavés de nos péchés dans son sang. L'époux est choisi entre mille; la splendeur du Christ ressort avec un vif éclat sur la masse du genre humain, car c'est par lui que Dieu s'est proposé de sauver le monde, et c'est lui-même qui est encore le médiateur entre Dieu et les hommes. La tête de l'époux c'est Dieu, comparé à l'or le plus pur; parce que si l'or est le plus précieux des métaux, Dieu aussi dans sa toute puissance est supérieur à tous les biens qui sont son ouvrage. Les cheveux de l'époux sont les multitudes des fidèles attachés à Dieu par la foi et par l'amour, multitudes comparées aux rameaux du palmier, parce qu'elles revêtent la verdure de la foi et s'élèvent par l'espérance jusqu'aux récompenses éternelles; il est encore dit de ses cheveux qu'ils sont noirs comme l'ébène, parce que tous les fidèles ont conscience de leur faiblesse et savent qu'ils n'ont rien de bon qui leur vienne d'eux-mêmes. Les rameaux du palmier, ce sont les saints qui luttent avec le secours de la grâce, pour remporter la palme de la victoire céleste; ils sont noirs comme l'ébène, parce qu'ils savent que par eux-mêmes ils sont faibles et pécheurs... Les yeux de l'époux sont les dons du Saint-Esprit... aussi sont-ils heureusement comparés à des colombes qui reposent sur le bord des eaux, parce que le Saint-Esprit se complaît dans les âmes pures et sincères... Le lait désigne la grâce de Dieu que le Saint-Esprit départit à l'Eglise... Par les yeux de l'époux, nous pouvons encore entendre les docteurs, comparés à des colombes pour l'innocence et la simplicité, et aussi parce que les saints docteurs se tiennent près les eaux courantes des divines écritures... Les joues de l'époux représentent la modestie et la piété du Christ, ou bien encore l'air de son visage... Par les lèvres de l'époux, on entend les paroles de notre Seigneur J.-C., elles sont comparées à des lis, parce qu'elles nous annoncent pour récompense la blancheur et l'innocence éternelles; elles exhalent la myrrhe la plus suave, car elles enseignent que c'est par la mortification de la chair que l'on y parviendra... Les mains de l'époux expriment l'action du Sauveur; elles étaient d'or, parce que cette action est l'effet de la puissance divine;

elles étaient ornées de pierres précieuses, parce que cette même action nous élève à l'espérance des biens célestes et dirige vers ce but nos plus ardents désirs. Les jambes de l'époux représentent les voies dans lesquelles le Sauveur s'est engagé lorsqu'il daigna se faire homme et venir parmi nous ; c'est à juste titre qu'elles sont comparées à des colonnes de marbre, parce qu'il n'y a rien de plus fort que le marbre, rien de plus droit que des colonnes... toutes les voies de Dieu sont fermes et droites. Les jambes de l'époux s'appuient sur des bases d'or, parce que tout ce qui devait s'accomplir par J.-C. ou dans J.-C. avait d'abord été disposé et arrêté dans le conseil de Dieu avant la création du monde. L'époux est beau comme le Liban ; notre Rédempteur aussi l'emporte en beauté sur tous les élus, car il est écrit qu'il est le plus beau des enfants des hommes. Et comme le cèdre entre tous les arbres n'a d'égal ni pour la beauté ni pour la grandeur, de même Jésus surpasse en grâce et en dignité tous ceux qui ont paru sur la terre depuis l'origine des siècles... La voix de l'époux signifie combien les paroles mêmes du Sauveur sont douces à l'âme : elles satisfont l'intelligence ; c'est à entendre cette voix que le ps. 33e nous convie quand il dit : goûtez et voyez combien le Seigneur est doux ! Enfin tout en lui est désirable, parce qu'il est Dieu parfait et homme parfait ; tout en lui est donc désirable, car il enflamme tous ses anges et tous ses élus des plus ardents désirs *. »

---

* « Vox respondentis ecclesiæ. Dilectus meus candidus virginitate rubicundus passione ; candidus quia sine peccato natus est, et sine peccato est conversatus... rubicundus, quia lavit nos à peccatis nostris in sanguine suo. Electus in millibus homo Christus in humani generis massâ refulsit, quia per illum proposuit Deus salvare genus humanum, et ipse est mediator Dei et hominum Jesus Christus. Caput sponsi Deus est qui auro optimo comparatur, quia sicut aurum omnibus metallis est pretiosiùs, ita omnipotens Deus omnibus à se factis bonis præcellit... Comæ sponsi sunt multitudines fidelium propter fidem et dilectionem Deo adhærentes, quæ elatis palmarum

CHAPITRE VI.

L'épouse dit au v . 2 : « Je suis à mon bien-aimé et mon
bien-aimé est à moi ; il repose parmi les lis. » Au ps. 72, v.

comparantur, quia fidelium multitudines et virore fidei gaudent,
et ad æterna præmia desideranda extolluntur. Nigræ quasi corvus,
quia fidelium multitudines suæ fragilitatis consciæ sunt, et nihil se
boni ex se ipsis habere noverunt... Elatæ palmarum sunt sancti qui
per gratiam Dei ad cœlestis victoriæ palmam tendunt. Nigræ quasi
corvus quia per se infirmos et peccatores se esse cognoverunt. ..
Oculi sponsi sunt dona spiritus sancti.... undè benè columbis super
rivos aquarum comparantur, quia spiritus sanctus puris et sinceris
mentibus delectatur... lactis nomine, gratia Dei intelligitur, quæ
per spiritum sanctum Ecclesiæ tribuitur... Possumus et per oculos
sponsi doctores accipere, qui columbis comparantur propter inno-
centiam et simplicitatem, et quia sancti doctores fluentis divinarum
scripturarum immorantur... Genæ sponsi modestia Christi pietas...,
sive habitus vultûs illius accipitur... per labia sponsi verba domini
-Jesu Christi accipiuntur quæ liliis comparantur, quia candoris
æterni præmia annuntiant. Distillant myrrham primam, quia per
carnis mortificationem ad hæc perveniendum docent... in manibus
sponsi operatio salvatoris exprimitur... Aureæ autem erant (manus)
quia operatio illius divinitatis peragebatur potentiâ..., plena sunt
hyacinthis, quia omnis ejus operatio nos ad spem et desiderium
supernorum excitat... crura sponsi itinera sunt salvatoris, quibus
homo fieri, ad nos venire dignatus est, quæ rectè columnis mar-
moreis comparantur, quia nihil marmore fortiùs, nihil columnâ
rectiùs..., omnia itinera Dei et fortia et recta sunt... Fundatæ super bases aureas, quia omnia quæ per Christum vel in Christo
agenda erant divinitatis consilio antè mundi constitutionem præor-
dinata et præfinita sunt .. species ejus ut Libani, ita Redemptor
noster speciosior est omnibus electis, quia speciosus formâ præ filiis
hominum. Et sicut cedrus pulchrior et procerior est cæteris arbori-
bus, ita ille gratiâ et dignitate omnes ab initio sæculi præcellit. . per
guttur ipsorum verborum interior dulcedo significatur, quâ intel-
lectus noster satiatur, et ad quem invitat psalmus 33 dicens : gus-
tate et videte quàm suavis est Dominus. Et totus desiderabilis, quia
perfectus Deus, perfectus homo, totus ergo desiderabilis est quia
angelos et electos quosque ad summum desiderium accendit. "

24 et 25, l'âme fidèle s'écrie : « Seigneur, qui est pour moi dans le ciel? et je ne veux que vous sur la terre. Ma chair et mon cœur avaient défailli; vous êtes la force de mon cœur et ma part éternelle, ô mon Dieu ! » Dans l'Iliade, ch. 6e, Andromaque dit à Hector : « Je retrouve en toi, et mon père et ma respectable mère et mon frère, car tu es mon glorieux et tendre époux. »

"Εκτορ, ἀτὰρ σύ μοί εσσι πατὴρ καὶ πότνια μήτηρ
'Ηδε κασίγνητος, σὺ δέ μοί θαλερὸς παρακοίτης.

« Mon bien-aimé cueille des lis dans son jardin, c'est-à-dire, ajoute S. Thomas, cueille dans ce monde un bouquet formé de toutes les âmes saintes dont il a fait mûrir les vertus jusqu'à la plus parfaite blancheur, afin de les faire ensuite jouir avec lui de l'éternelle béatitude... J'offrirai en moi-même un lieu de repos à mon bien-aimé, et mon bien-aimé me fera reposer en lui, parce qu'il habite en moi et qu'il me fait habiter en lui, comme il dit lui-même dans l'Evangile : Je suis en vous et vous êtes en moi *. »

V. 3. — Le texte original porte : Pulchra est amica mea velut Tirsa decora ut Jerusalem : formidabilis ut castra cum vexillis suis, « Ma bien-aimée, tu es belle comme Thersa, agréable comme Jérusalem, et terrible comme une armée sous ses étendards. » Thersa était une ville célèbre de la tribu d'Ephraïm, qui fut la capitale du royaume d'Israël avant que Samarie fût construite par le roi Amri (voy. 3 rois, ch. 14, v. 17). Les LXX ont rendu ainsi la dernière partie du v. 3 : « θάμβος ὡς τετραγμέναι, pavor ut ordinatæ copiæ. »

---

* « Et lilia colligat, hoc est, ut sanctas animas virtutis maturitate ad perfectam candorem perductas de hoc mundo ad se colligat et secum in æternâ beatitudine gaudere faciat.... Ego dilecto meo in meipsâ mansionem præstabo et dilectus meus mihi, quia ipse in me habitat, et me in se habitare facit sicut ipse in Evangelio dicit: Ego in vobis et vos in me (J. c. 14, v. 20). »

« L'église ou l'âme fidèle, dit S. Thomas, semblable à cette Jérusalem dont le nom veut dire vision de paix, est charmante et disposée comme une armée rangée en bataille, parce que chacun des ordres de l'Eglise est pour ainsi dire mis en bataille devant l'ennemi... Elle s'organise en face de l'ennemi, quand ses SS. Docteurs se livrent à la prédication et au développement de la doctrine; elle est terrible comme une armée rangée en bataille, parce qu'elle est tellement unie et fortifiée par le lien de la charité, que jamais, en y jetant les brandons de la discorde, l'ennemi ne saurait l'entamer : car il n'y a rien comme la charité pour remplir de terreur les méchants *. »

Millevoye fait dire au bien-aimé :

> Mon amante a l'éclat de la cité divine.
> Comme un cèdre au-dessus de l'aride buisson,
> Tu brilles au milieu des filles de Sion.

V. 9. « Quelle est celle-ci qui s'avance comme l'aurore à son lever, belle comme la lune, brillante comme le soleil, terrible comme une armée en bataille hors de ses tentes. » L'église est comparée à l'aurore, parce qu'elle n'a pas encore atteint la plénitude de sa lumière; elle en jouira dans le royaume de Dieu. S. Paul a dit aux premiers chrétiens : « Vous étiez autrefois ténèbres, mais vous êtes maintenant lumière en notre Seigneur (ép : aux éph., ch. 5, v. 8). » La lune emprunte au soleil sa lumière et l'église reçoit la sienne de Jésus-Christ, son soleil de justice (voy : ps. 15,

---

* « Ecclesia vel anima fidelis... ad similitudinem illius Jerusalem, quæ visio pacis interpretatur; suavis est et ordinata sicut castrorum acies, quia·unusquisque ordo Ecclesiæ velut in acie contra hostem... consistit dùm sancti doctores prædicationi et doctrinæ operam impendunt... sive terribilis ut castrorum acies ordinata, quia sic unitate charitatis connexa est et conjuncta, ut nullà ab hostibus peste discordiæ posset penetrari. Nihil enim sic terret malignos quàm charitas. »

v. 6 ; Sag. ch. 7, v. 29 ; Malach, ch. 4, v. 2). On lit dans l'Apocalypse, ch. 12, v. 1 : « Un grand signe parut dans le ciel ; une femme revêtue du soleil, ayant la lune sous ses pieds, et sur sa tête une couronne de douze étoiles. »

Baour–Lormian a composé sur le soleil les vers suivants :

> Roi du monde et du jour, guerrier aux cheveux d'or,
> Quelle main te couvrant d'une armure enflammée,
> Abandonna l'espace à ton rapide essor
> Et traça dans l'azur ta route accoutumée?
> Nul astre à tes côtés ne lève un front rival !
> Les filles de la nuit à ton éclat pâlissent,
> La lune devant toi fuit d'un pas inégal....

V. 12. — « Reviens, ô Sulamite. » Selon l'hébreu le mot Soulamith, ou plutôt Solamith en négligeant les points voyelles, peut être formé du nom de Solomoh, et signifie, d'après plusieurs interprètes, l'épouse de Salomon, de même que chez les latins, on appelait Cara la femme de Carus. Les **LXX** portent ici Σουναμῖτις, celle qui était de Sunam. Des auteurs ont prétendu que c'était Abisag de Sunam ; mais n'est-il pas contre toute vraisemblance que Salomon ait épousé une des femmes de son père? D'autres commentateurs lisent Salemith, et disent que cette épouse était de Jérusalem qui autrefois portait le nom de Salem. Nous croyons qu'il vaut mieux l'entendre de la fille de Pharaon, que le roi Salomon épousa au commencement de son règne (3 Rois, ch. 3, v. 1) : cette princesse fut appelée Solamith, comme qui dirait l'épouse privilégiée, la femme la plus chérie de Salomon.

CHAPITRE VII.

L'époux dit à son épouse : v. 2. « Que tes pieds sont beaux dans ta superbe chaussure, fille du roi ! » On lit dans l'Énéide, ch. 1 :

> Virginibus tyriis mos est gestare pharetram,
> Purpureoque altè suros vincire cothurno.

16

V. 6. — « Que tu es belle !... ô délices de mon âme. Ta
stature est celle du palmier... » Théocrite Id. 18 a dit :
« Hélène au teint de rose, à la taille majestueuse, était l'ornement de Sparte, comme le cyprès est l'ornement des jardins. »

κάπῳ κυπάρισσος..............
ὥδε καὶ ἁ ῥοδόχρως Ἑλένα Λακεδαίμονι κοσμος.

CHAPITRE VIII.

V. 5. — L'époux dit à sa bien-aimée : « Je t'ai éveillée
sous un pommier en fleurs ; là, ta mère t'a donné le jour, là
elle t'a enfantée. » On lit dans le texte hébreu et les LXX :
« Sub malo excitavi te : ibi concepit te mater tua, ibi parturiens
« te genuit. » Cette leçon paraît préférable à celle de notre
Vulgate. C'est sous l'arbre de la science du bien et du mal que
Eve, en mangeant de son fruit, et en rendant coupable Adam,
s'est perdue avec son mari et ses descendants. Mais Dieu en
infligeant à nos premiers parents des peines, des travaux et
la mort même en punition de leur désobéissance, les a rap-
pelés à la pénitence et les a pénétrés de sa charité. (Voy.
Gen. ch. 3, v. 1-19 ; Epit. aux Rom. ch. 5, v. 12 ; Sag.
ch. 10, v. 1). Selon S. Augustin et S. Grégoire pape,
l'âme sainte est sous le pommier, lorsque placée au pied de
la croix, elle s'excite par la contemplation à la fervente dévotion ; de sorte qu'elle aime tellement son amour crucifié,
qu'elle est disposée à lui donner vie pour vie, et à lui rendre amour pour amour. Selon d'autres saints docteurs, le
fruit du pommier est ici, le symbole de la divine Eucharistie, dans laquelle la chair du Christ est donnée aux fidèles
pour les rendre participants de sa divinité, et pour les animer
de son esprit et de sa charité. (2ᵐᵉ ép. de S. Pierre, v. 4 ;
S. Jean, ch. 6, v. 48, 59).

Voici le sens profond que donne S. Thomas à la leçon de la

Vulgate : « Nous devons prendre ce pommier pour la croix du Seigneur : c'est l'arbre sous lequel la synagogue a été enfantée, parce que c'est par la croix de J.-C. qu'elle a été rachetée de la prévarication du péché originel et de l'empire du démon; c'est là qu'elle a reçu la vie parce que ses péchés lui avaient donné la mort. La synagogue, mère du peuple juif, s'est laissée corrompre sous le pommier, quand elle s'est elle-même frappée, avec sa postérité, de la plus cruelle malédiction, en s'écriant : que son sang retombe sur nous et sur nos enfants; car eux aussi étaient alors sous la croix de J.-C.. Cruelle d'avoir, par son imprécation, attiré la vengeance divine sur sa postérité en même temps que sur elle-même. * »

« Mets-moi, dit l'époux à sa bien-aimée sur ton cœur, comme un sceau, comme un sceau sur ton bras, car l'amour est fort comme la mort, l'amour est inébranlable comme l'enfer, il brûle comme le feu, il dévore comme la flamme, 7. Les grandes eaux n'ont pu l'éteindre, les fleuves n'ont pu l'entraîner... » Le texte original porte au v. 6 : « fortis ut mors dilectio, dura sicut sepulcrum æmulatio; prunæ ejus prunæ ignitæ, flamma dei. » Vatable commente ce passage de la manière suivante : « Dilectio quâ scilicet te amo (Rom : c. 8, v. 35), mors est invincibilis. *Dura*, id est valida. *Sepulcrum* omnia vincit : omnes enim morimur. (2 Rois, c. 14, v. 14, ep. héb., c. 9, v. 27). *Æmulatio* sanctam zelotypiam intelligit. *Flamma Dei*, id est ut flammæ ardentissimæ, flamma

---

* « Arborem malum crucem dominicam debemus accipere, sub quâ arbore suscitata est synagoga quia ipsa à prævaricatione originalis peccati et à potestate diaboli per crucem Christi redempta est : ibi suscitata est quia peccatis erat mortua... Hæc mater synagoga sub arbore malo corrupta est........, quandò se suos que posteros crudeli maledictione constrinxit, dicens (Mat. c. 27, v. 25) : sanguis ejus sit super nos et super filios nostros : nam et isti sub cruce Christi erant.... Crudelis vindictæ sibi et suis posteris imprecatione. (V. 6 et 7). »

Dei ut montes Dei pro altissimis, ut *prunæ* adurunt ita amor. »
S. Paul dans les transports de l'amour divin s'écriait : « Je
suis mort à la loi par la loi même, afin de ne plus vivre qu'en
Dieu : je suis crucifié avec Jésus-Christ. Et je vis ou plutôt
ce n'est plus moi qui vis; mais c'est Jésus-Christ qui vit en
moi, et si je vis maintenant dans ce corps mortel, je vis en la
foi du fils de Dieu qui m'a aimé, et qui s'est livré lui-même
pour moi (ép. aux Gal. ch. 2, v. 19, 20). » Et dans
l'épître aux Romains, ch. 8, v. 35, 39), le grand apôtre
disait dans l'extase d'une vive charité : « Qui nous séparera
de l'amour de J.-C.? L'affliction, les angoisses, la faim, la
nudité, les périls, les persécutions ou le glaive? Selon qu'il
est écrit : on nous livre tous les jours à la mort à cause de
vous... Mais parmi tous ces maux, nous triomphons par la
vertu de celui qui nous a aimés. Car je suis assuré que ni la
mort, ni la vie, ni les anges, ni les principautés, ni les puissances, ni les choses présentes, ni les futures, ni la violence,
ni tout ce qu'il y a de plus haut ou de plus profond, ni aucune autre créature, ne pourra jamais nous séparer de
l'amour de Dieu en Jésus-Christ notre Seigneur. » S. Ignace,
dans son admirable Lettre aux Romains, s'exprime en ces
termes : « J'écris aux églises, je leur mande à toutes que
j'aspire à mourir pour Jésus-Christ. Ne vous y opposez pas...
je vous en conjure. Souffrez que je sois la pâture des bêtes
féroces; par elles je serai plutôt en possession du Seigneur.
Je suis le froment de Dieu; je veux être broyé par la dent
des bêtes, pour devenir le pur et digne pain de J.-C.; flat-
tez, caressez plutôt les bêtes farouches pour qu'elles soient
mon tombeau... Alors seulement je me croirai un disciple de
J.-C., lorsque le monde ne verra plus rien de ma dépouille
mortelle. Priez donc J.-C., que je devienne par la dent des
bêtes une victime digne de lui. » Ce n'est pas là seulement
de l'éloquence, c'est du ravissement; c'est le sublime élan de
la charité. S. Grégoire-le-Grand interprétant le v. 6°, dit :

« C'est avec un sens profond que Salomon, traitant de l'amour de la vie céleste, a proféré cette sentence: l'amour est fort comme la mort; car si la mort fait périr le corps, la charité de la vie éternelle éteint en nous l'amour des biens corruptibles.* »

Le docteur angélique a commenté toutes les paroles de ce verset de la manière suivante: « Puisque, dit l'époux, je vous ai rendu la vie sous le pommier, c'est-à-dire, puisque je vous ai racheté par la mort que j'ai endurée sur la croix, mettez-moi comme un sceau sur votre cœur, c'est-à-dire, gardez-moi toujours dans votre mémoire et n'oubliez pas quels supplices j'ai soufferts pour votre salut.... Mettez-moi, dis-je, comme un sceau sur votre bras par de nobles actions. L'amour de J.-C. est fort comme la mort; en effet, de même que la mort sépare l'âme du corps, de telle sorte que les concupiscences et les convoitises de l'homme ne peuvent plus avoir aucun exercice dans cette vie, de même l'amour de J.-C. fait mourir tout entier à la vie terrestre celui qu'il a véritablement pénétré, il le rend pour ainsi dire insensible: ne vivant plus que pour J.-C., il est mort au monde... Les lampes ardentes dont il est question, ce sont les poitrines des saints dans lesquelles habite l'amour comme dans autant de vases: ce sont des lampes ardentes, parce que l'amour consume leur cœur; il est dit qu'elles jettent une flamme vive, parce que les saints brillent au dehors par leurs bonnes œuvres... Les grandes eaux et les fleuves, ce sont les menaces de violentes persécutions, ou encore les caresses insidieuses par lesquelles on s'efforce de séparer les saints de la charité de Dieu **. »

* « De cælestis vitæ dilectione rectè per Salomonem dicitur : fortis ut mors dilectio quia videlicet, sicut mors corpus interimit, sic ab amore rerum corporalium æternæ vitæ caritas occidit. »

** « Quia inquit (sponsus) sub arbore malo suscitavi te, hoc est, quia passione in cruce te redemi, pone me ut signaculum super cor

C'est l'épouse qui parle au v. 14. « Fuis, ô mon bien-aimé,
fuis comme le chevreuil ou le faon de la biche sur les montagnes des parfums. »

« O mon bien-aimé, fuyez, c'est-à-dire, commente S.
Thomas, retournez au séjour des cieux ; vous qui étiez sai-
sissable par votre humanité, devenez incompréhensible par
votre divinité. Toutefois ne m'abandonnez pas dans cette vie
sans me visiter encore ; ne vous dérobez pas complétement à
moi ; soyez comme le chevreuil ou comme le faon de la biche
sur les montagnes des parfums : de même que l'on voit souvent
le chevreuil et le faon de la biche, qui ne peuvent être
apprivoisés et qui fuient la société des hommes, passer et
repasser sur les montagnes, vous aussi, après votre ascension, bien que vous soyez devenu invisible, daignez cependant m'apparaître souvent par les dons de votre grâce ; et
cela, sur les montagnes des parfums ; car les montagnes des
parfums, ce sont les saints de Dieu, rapprochés du ciel par
l'excellence de leur vie, exhalant au loin la bonne odeur et
la renommée de leurs vertus. Voilà pourquoi l'apôtre, parlant
de lui-même et de tous ceux qui l'imitent, disait : notre
conversation est dans les cieux ; et en quelque lieu que nous

tuum, hoc est habeto me semper in memoriam, et ne obliviscaris
quanta pro tuâ salute pertulerim. Pone me, inquit, ut signaculum
super cor tuum per fidem, pone me ut signaculum super brachium
tuum per dignam operationem. Dilectio Christi fortis est ut mors
Sicut enim mors animam et corpus separat, ut jam nihil concupiscere, nihil in præsenti vita homini licea ambire, ita dilectio Christi
quem verè pervaserit, totum sæculo hinc mortificat et quasi in sen-
sibilem reddi, solumque Christo vivens, mundo mortuus est....
Lampades ignis.... præcordia sunt sanctorum in quibus veluti in
vasis dilectio inhabitat, hæc ergo lampades ignis sunt, quia in
corde ardent per amorem. Lampades verò flammarum quia exte-
riùs lucent per operationem... Aquæ et flumina sunt violentæ per-
secutionum minæ, vel etiam blandimenta quibus sanctos à charitate
Dei separare nituntur. »

nous trouvions, nous sommes devant Dieu la bonne odeur
de Jésus-Christ *. »

C'est en l'honneur des saints que A. de Léandor a fait ces
beaux vers :

> Je voyais........ tous les élus,
> Ces hommes qui sont morts, embaumés de vertus ;
> Qui par l'âme et le corps, détachés de la terre,
> Ont abrité leurs fronts sous l'Evangile austère ;
> Tous ces graves chrétiens, ces sublimes croyans,
> Qui passèrent leur vie en de pieux élans ;
> Et qui fuyant le monde, où le plus fort succombe,
> Avaient fait du désert comme une immense tombè.

* « Dilecte mi, refuge, id est tende ad cælestia, et qui
fuisti comprehensibilis per humanitatem, efficere incomprehensibilis per divinitatem verum tamen ne me in præsenti sine
tuâ visitatione relinquas, mihique te penitùs subtrahas; simi-
lis esto capræœ, hinnuloque cervorum super montes aromatum.
Sicut inquit capræœ et hinnuli cervorum indomita animalia humanum consortium fugiunt, tamen crebriùs in montibus videntur, sic
et tu post tuam ascensionem licet invisibilis sis, dignare mihi tamen
sæpiùs dono tuæ gratiæ apparere. Et hoc super montes aromatum ;
montes enim aromatum sancti Dei sunt excellentiâ sanctæ conver-
sationis et de cælo proximi et odore ac famâ virtutum longè latè-
que fragrantes : hinc et apostolus de se sibique similibus dicit (phil.
c. 3, v. 20) : nostra conversatio in cœlis est (2 cor. c. 2, v. 15) :
Christi bonus odor sumus deo in omni loco. »

ÉCONOMIE POLITIQUE. – STATISTIQUE.

RAPPORT

SUR

L'INSALUBRITÉ DES HABITATIONS

ET

SUR LA PROPOSITION DE CONSTRUIRE DES BATIMENTS SPÉCIAUX

POUR Y LOGER DES FAMILLES D'OUVRIERS.

La commission était composée de MM. E. Bouchotte, Bodin, Gauthier, Langlois, Boulanger, Terquem et Laveran, *rapporteur*.

MESSIEURS,

L'Académie de Metz, en chargeant une commission de lui rendre compte du travail de M. Repecaud sur l'insalubrité des habitations des classes ouvrières, et du rapport de M. d'Héricourt à l'Académie d'Arras, a témoigné de l'importance qu'elle attache à une question également intéressante, qu'on l'examine au triple point de vue de la santé des individus, de l'esprit de famille et de la morali-

sation des classes ouvrières, et même enfin de la vigueur
et du perfectionnement de la race humaine. Pour répondre
à la pensée de l'Académie, votre commission a cru devoir
s'approprier la question qui lui était soumise ; embrasser
à la fois tous les moyens proposés pour l'amélioration hy-
giénique des habitations ; et rechercher enfin ceux qui paraissent le plus applicables à la situation et aux mœurs des
habitants du département de la Moselle. C'est ce travail
dont je vais avoir l'honneur de vous rendre compte.

Depuis longtemps des hommes éclairés et charitables ont
proclamé le danger des habitations insalubres, et réclamé au
nom de la philanthropie et de l'économie sociale. Mais
pour fixer l'attention publique et détruire les dénégations
intéressées, il a fallu les démonstrations positives de la
chimie sur l'altération de l'air par la respiration humaine,
les chiffres accablants de la statistique sur la différence de
la durée de la vie dans les différentes parties d'une même
ville, peut-être enfin la crainte de ces grandes épidémies
qui, après avoir germé sourdement dans des quartiers insalubres, étendent ensuite leurs désastres sur des villes
entières.

En Angleterre, où le développement excessif de l'industrie
a porté le mal à ses dernières limites, la démonstration a
été aussi positive qu'effrayante : une enquête publique, di-
rigée à la fois par une commission parlementaire et par une
administration régulière qui, sous le nom de *Régister-
Office*, inscrit les causes déterminantes et indirectes de
tous les décès de la Grande-Bretagne, est venue confirmer
les prévisions de la science, justifier les plaintes des classes
déshéritées, et imposer les plus impérieux devoirs à ceux
qui, dans des demeures vastes et richement pourvues,
coulent facilement une existence deux fois plus longue que
celle des malheureux qui languissent et meurent, avant le
temps, dans des maisons étroites, sombres et pestilentielles.

17

Comme la démonstration est tout entière dans les chiffres, vous me permettrez d'en citer quelques-uns :

Vie moyenne.

La vie moyenne, qui est de vingt-neuf ans pour l'Angleterre entière, s'élève à trente-quatre ans dans les districts ruraux salubres, et s'abaisse à dix-sept ans dans les quartiers insalubres.

Mortalité annuelle.

La proportion des décès sur 1 000 habitants, est d'un soixantième pour les campagnes salubres, et d'un vingt-neuvième pour les villes.

Mortalité par rapport à l'espace.

Dans les quartiers où chaque habitant correspond à cent-quatre-vingt-quatre mètres carrés, la mortalité est d'un quarante-neuvième. Dans ceux où le rapport est d'un quatre-vingt-treizième, la mortalité s'élève à un quarante-unième.

Elle atteint la proportion d'un trente-sixième dans ceux où l'espace est réduit à vingt-neuf mètres.

Mortalité par rapport à l'aisance.

La gentry, l'aristocratie ont pour vie moyenne ...   40 ans.
Les commerçants, les classes moyennes   25
Les ouvriers   18

On a calculé que l'insalubrité des villes élève la mortalité de 60 000 décès annuels, évitables ou non nécessaires ; et comme chaque décès suppose environ 28 maladies annuelles, les mauvaises conditions hygiéniques entraînent

annuellement plus de 1 700 000 maladies évitables ou non
nécessaires, ce qui, d'après des calculs peut-être hasardés,
cause à la Grande-Bretagne une perte annuelle de 500
millions.

Si ces chiffres accablants ne sont pas applicables à la
situation de la France, où l'importance de la vie agricole
et la constitution démocratique de la société ont préparé
aux populations des destinées à la fois plus modestes et
plus égales, nous ne saurions cependant nous endormir
dans la satisfaction de nous-mêmes. En effet, sans parler
de la mortalité sans termes, de l'immoralité sans nom de
quartiers perdus de nos villes industrielles, vous allez voir,
Messieurs, ce qui existe encore dans une des cités les plus
heureuses de France, au milieu de la population la plus
éclairée peut-être et la plus remarquable par ses habitudes
d'ordre et d'économie.

Constatons d'abord qu'il existe à Metz des causes spéciales d'insalubrité : les limites de l'enceinte militaire, en
resserrant les populations, les ont peu à peu forcées à en-
vahir, par leurs constructions, l'espace destiné aux cours
et aux jardins. En général, les maisons de Metz ont trop
de profondeur pour la largeur; d'autre part, la conservation
presque infinie des constructions a laissé subsister des maisons qui peuvent bien charmer les esprits avides de souvenirs historiques, mais qui donnent également au médecin
l'explication du nombre des épidémies inscrites dans les annales messines.

C'est dans ces vieilles maisons, formées de plusieurs corps-
de-logis entassés les uns sur les autres, ou séparés par
l'étroit espace d'une cour insuffisante, qu'habite la population la moins aisée.

Pour vous les faire connaître, je pourrais emprunter à
un travail remarquable de M. le docteur Dufourg la to-
pographie exacte du premier arrondissement, et vous mon-

trer, dans presque chaque habitation, la cohabitation fatale
de la maladie et de la misère. Mais, comme on pourrait
m'objecter que tout cela a bien changé depuis six ans,
je laisserai parler la commission sanitaire qui a visité cette
année les maisons du cinquième arrondissement destinées aux
indigents.

Toutes, ou à peu près, sont disposées suivant le même
plan ; elles se composent de chambres indépendantes, donnant sur des corridors. A chacune de ces chambres est an-
nexé un cabinet sans air et sans lumière, n'ayant d'autre
ouverture que celle qui lui donne accès dans la chambre.
Tel est le logement ordinaire de toute une famille. Le père
et la mère habitent généralement la chambre, et les enfants, quel que soit leur nombre, sont relégués dans le
cabinet qui contient le linge sale, différents ustensiles, et
trop souvent les résidus ménagers de plusieurs jours.

Les maisons, construites dans une idée de spéculation
déplorable, ont des fenêtres insuffisantes pour le renouvel-
lement de l'air. Les planchers sont disjoints, sales, humides, mal entretenus. Les murs et les plafonds sont noircis
par la fumée ; enfin la capacité des chambres est toujours
insuffisante pour le nombre des habitants.

Les allées sont noires, obscures, voûtées, basses, humides,
boueuses, non pavées ; en général, elles sont longées par
des caniveaux qui portent au dehors les eaux pluviales ou
ménagères. Ces conduits sont, pour la plupart, mal entretenus
et laissent croupir ou filtrer les eaux qui les parcourent. Ils
sont presque toujours engorgés par les résidus que les lo-
cataires laissent séjourner dans la maison.

Les cours sont presque toujours mal pavées, étroites,
humides, malpropres ; les eaux et les urines y séjournent,
y croupissent entre les pavés, et y forment des flaques noi-
râtres et infectes.

Les latrines ont un aspect repoussant. Quelques-unes n'ont

pas d'assises ; les escaliers sont généralement obscurs, non blanchis ; beaucoup ne laissent pénétrer ni l'air, ni le jour ; quelques-uns sont en si mauvais état, que ce n'est pas sans danger qu'on en franchit les degrés.

Tels sont, Messieurs, les termes d'un rapport officiel, écrit dans un moment où chacun pouvait craindre de voir une épidémie funeste sortir de ces tristes demeures, pour s'étendre sur les classes trop longtemps indifférentes à tant de misères.

D'ailleurs, les habitations des populations rurales ne présentent pas de meilleures conditions : aussi l'étranger qui parcourt pour la première fois les plaines fertiles et les vallées riantes du département est-il frappé d'étonnement en pénétrant dans la plupart des villages. En général, la chaussée, élevée au-dessus du niveau du sol des habitations, rejette les eaux pluviales dans de larges mares à fumiers qui la bordent des deux côtés, et s'avancent jusque contre les maisons. Ces eaux, en contact avec des matières animales, acquièrent, par le fait de la fermentation putride, une odeur nauséuse et pénétrante qui infecte l'intérieur des maisons. Celles-ci sont petites, étroites, mal aérées et disposées de telle sorte, qu'il faut traverser les écuries pour arriver aux chambres habitées, et qu'il est presque vrai de dire que les hommes font chambre commune avec les animaux. C'est dans ces demeures insalubres, où parviennent à peine l'air et la lumière, et que la crainte d'un faible impôt empêche d'assainir, que le choléra a fait ses plus cruels ravages ; les désastres de Secourt et de Goin sont trop présents à la pensée de tous pour que j'aie besoin d'insister et de tracer plus longuement le tableau de misères qui ne sauraient subsister en face des progrès de la raison humaine et des sentiments d'égalité sociale qui pénètrent peu à peu tous les cœurs.

Voyons donc, Messieurs, quels sont les moyens proposés pour remédier à cette situation.

I. Lois.

Les lois qui confient à l'administration municipale le soin de veiller à la salubrité publique, lui fournissent aussi les moyens de faire disparaître les maisons étouffées, insuffisantes, malsaines, qui composent souvent de vastes quartiers. Elle peut substituer aux rues étroites, sombres et fangeuses des rues larges, à travers lesquelles circulent l'air et la lumière, ces sources puissantes de la vie et de la santé du peuple. C'est à l'autorité municipale qu'est confié le soin de faire disparaître les causes extérieures d'infection, de fournir aux populations la propreté, je veux dire, l'eau qui coule des fontaines, qui lave l'impureté et la fange des villes, et donne au corps de l'homme, à ses vêtements, à son habitation la parure la plus simple et la plus naturelle. Mais il faut de plus que la loi l'arme du droit de substituer aux maisons infectes des habitations salubres, décentes, où la moralité et la santé du peuple n'aient plus à souffrir. Déjà, en Belgique, l'autorité municipale a tout pouvoir de juger de la salubrité intérieure des habitations. La loi anglaise, si respectueuse des prérogatives de la liberté, a créé un droit analogue. La loi des bâtiments (Bulding ACT.), exécutoire depuis le 1er janvier 1847, a pour principal objet de prévenir l'entassement des populations dans des habitations étroites; de régler certains détails de la construction des maisons particulières : par exemple, le maximum de hauteur des étages, le minimum de superficie des cours et des allées. Son article 53 supprime les chambres étroites et malsaines.

Votre commission pense, Messieurs, que le principal remède contre l'insalubrité des habitations, le moyen de prémunir l'individu contre sa propre ignorance, de le garantir contre l'avidité des propriétaires, est de confier le soin de la salubrité intérieure des habitations aux commissions de salubrité fondées par arrêté ministériel du 22 août 1848. Elle appuie donc de tous ses vœux l'adoption d'une proposition faite à l'Assemblée législative, par M. Melun ; et elle espère que vous voudrez bien demander avec elle que la loi cesse de couvrir d'une protection coupable ceux qui, par ignorance ou avidité, entassent dans des demeures délabrées et insuffisantes une population à laquelle il coûte proportionnellement plus cher pour languir et mourir que pour vivre dans une demeure commode. Il faut que le droit que possède l'autorité d'ordonner les démolitions de bâtiments qui menacent ruine, le droit d'interdire la vente des substances vénéneuses, des aliments de mauvaise nature, soit étendu, et que désormais il soit également interdit de louer toute habitation qui ne peut fournir la quantité d'air et de lumière nécessaire à la vie.

Si vous partagez, Messieurs, les sentiments et les convictions qui ont dicté ce rapport, si vous daignez accorder votre approbation au travail de votre commission, nous aurons l'honneur de vous proposer d'appeler l'attention de l'autorité municipale et de l'autorité départementale sur l'urgence d'une loi contre l'insalubrité des habitations. L'étude de la question qui nous était soumise nous a prouvé, en effet, que le mal tient à la fois à l'insuffisance du droit et à l'ignorance presque complète des règles de l'hygiène. Il faut donc en appeler d'abord à l'autorité, et chercher ensuite à faire pénétrer, dans les esprits et les mœurs, des habitudes et des idées plus conformes aux premiers besoins de la vie.

II. Enseignement.

Nous ne vous proposerons pas, Messieurs, de donner à vos conseils et à votre enseignement la forme tumultueuse qu'ils ont reçue en Angleterre.

Chez nos voisins, l'agitation des esprits, qui se porte tour-
à-tour sur des questions religieuses, politiques ou sociales,
s'est concentrée un moment sur la question de la salubrité
des villes. A la suite de l'enquête publique de 1844, l'o-
pinion publique s'émut, et on vit en peu de temps se former
plusieurs sociétés ayant pour but de répandre parmi les
populations les notions élémentaires d'hygiène publique.

La Société pour la salubrité des villes, formée d'hommes
éminents de l'épiscopat, du parlement, de l'aristocratie,
provoqua des meetings où des professeurs distingués, tels
que le docteur Williams Guy et Grainger, exposaient les
différentes causes de l'insalubrité des villes et les moyens
d'y remédier. Ces discours ou lectures étaient ensuite publiés et répandus gratuitement.

Une autre Société, composée d'artisans, ayant pour titre
Association des classes laborieuses pour l'amélioration de
la santé du public (*Metropolitan Working classes association for improving the public healh.*), avait également pour objet de répandre, dans des publications à la
portée de tous, les connaissances d'hygiène nécessaires aux
classes ouvrières.

Nos mœurs ne comportent pas toute cette exhibition de
philanthropie, toute cette ardeur factice et un peu men-
songère. Nous vous proposerons donc, sans sortir des habitudes de l'Académie, de concourir à répandre des idées
vraies sur l'hygiène publique, en encourageant les agriculteurs qui auront adopté le meilleur plan d'habitation, as-
saini les logements par l'éloignement des écuries, et donné
à leurs domestiques des chambres habitables.

Enfin, Messieurs, pour dissiper une ignorance déplorable,
et aider aux progrès bien lents de nos constructeurs de
village, nous pensons qu'il conviendrait que l'Académie s'oc-
cupât de donner le plan simple d'une habitation; de faire
connaître aux populations des campagnes que l'air pur des

champs, confiné entre des murailles trop resserrées, s'altère, et se transforme en un poison mortel ; de répandre la notion des rapports d'étendue nécessaires à une bonne construction, le nombre des croisées, le minimum de hauteur des portes, le minimum de superficie des cours et des allées. Les hommes qui honorent l'architecture à Metz, et que vous êtes heureux de compter parmi vous, voudraient sans nul doute interrompre un moment leurs gracieuses études pour hâter avec vous une amélioration bien désirable.

III. Cités ouvrières.

Tels sont les moyens auxquels s'est arrêtée votre commission. Elle aurait donc accompli sa tâche, si elle n'avait à vous parler d'un troisième ordre de moyens mis en usage pour remédier à l'insalubrité des habitations : je veux parler de la construction des maisons spécialement destinées aux classes ouvrières. Nous vous devons compte des raisons qui nous ont éloignés d'adopter un plan de réforme, que la brochure de M. Repecaud est destinée à propager et à répandre.

C'est encore en Angleterre que cette pensée a d'abord pris naissance ; une première Société, ayant pour titre Société métropolitaine pour l'assainissement des habitations des classes ouvrières, a été autorisée par le parlement. Les fondateurs ont cru devoir s'appuyer moins sur la charité que sur l'esprit de spéculation, en fixant un intérêt aux capitaux employés dans l'entreprise. Le taux en a été fixé à 5 p. 0/0 et bientôt le montant des souscriptions s'est élevé à 25 000 livres sterlings (625 000 fr.).

Le 8 mars 1846, dans une assemblée générale des actionnaires, le président, sir Ralph Howart, après avoir indiqué le but de l'association, les ressources, les produits,

ajoutait : « J'ai l'espoir que nos bénéfices dépasseront nos prévisions ; mais je ne le désire qu'en vue de l'extension que
cela nous permettra de donner à nos efforts et du plus
grand bien que nous pourrons faire. »

En 1848, une autre Société avait déjà construit 28 maisons contenant des logements pour les ouvriers mariés, et
des chambres louées aux individus isolés, au prix de 1 fr.
par semaine.

En Belgique, il s'est formé à Liége une Société semblable qui se propose de faciliter aux ouvriers les moyens
de devenir propriétaires des logements habités par eux, en
recueillant leurs plus minces épargnes.

A Berlin, une Société financière a fait construire dix
maisons d'ouvriers avec un capital de 50 000 thalers
(180 000 fr.)

Enfin, Messieurs, une des premières pensées du gouvernement républicain en France a été d'encourager les
constructions de maisons destinées aux ouvriers, en favo-
risant l'élévation de cités ouvrières, et en étendant à dix
années l'exemption d'impôt pour toute maison spécialement
destinée aux ouvriers.

Malgré tous ces faits et le témoignage favorable de l'auteur du travail que nous avions mission d'examiner, nous
n'avons pas cru devoir aller jusqu'à vous proposer de vous
déclarer les partisans de semblables associations. Outre que
l'expérience manque pour un jugement sérieux, nous avons
été frappés des considérations suivantes :

Au point de vue de la santé du corps et de l'âme, les
grandes agglomérations d'hommes sont également mauvaises. La maison, comme l'asile de la famille, ne doit,
autant que possible, abriter que le groupe naturel de personnes dont les aptitudes physiques et les tendances morales s'harmonisent pour le bien de tous. Que les cités ouvrières s'élèvent à côté de ces grands arsenaux de l'in-

dustrie, dans lesquels l'autorité et la sollicitude du chef s'étendent à la fois sur le travail et le bien-être de tous ; que les chefs puissants de l'industrie, imitant l'exemple des administrateurs des mines Raimond—Ville, créent de véritables villages industriels, où les ouvriers ne sont admis que s'ils ont de bonnes mœurs, où ils ne restent que s'ils sont persévérants dans leur bonne conduite ; toujours est-il qu'au sein d'une ville dont l'industrie a peu de développement, la construction des maisons spécialement destinées aux ouvriers, est également contraire aux sentiments d'égalité sociale et aux rapports intimes qui, en rapprochant les hommes, leur apprennent à se connaître et à s'aimer. Nos mœurs républicaines, nos idées religieuses détruisent peu à peu la distinction que la fortune établit entre les hommes ; qu'un même toit les abrite donc tous, afin que la charité, toujours paresseuse et lente, entende près de soi les plaintes du malheur ; que le pauvre, en assistant à l'affliction des heureux de la terre, comprenne que chaque position a ses difficultés et ses douleurs.

Telles sont, Messieurs, les idées qui nous ont paru ressortir le plus naturellement de la question qui nous était soumise.

En parlant au nom de l'Académie, nous avons voulu rester dans les termes du réel et du possible, ne voulant pas qu'on nous crût de ces humeurs brouillonnes et inquiètes dont parle Descartes, ni cette espérance sans limites et sans raison, qui veut le bien sans tenir compte des lois immuables qui règlent tout progrès moral, toute amélioration matérielle. Nous aurons donc l'honneur de vous proposer :

1° D'appuyer de vos vœux la proposition faite à l'Assemblée législative, par M. Melun, de donner à l'autorité municipale le droit de déclarer inhabitables les maisons insalubres ;

2° D'éclairer, par des encouragements et des publications, les populations des campagnes, sur les conditions
hygiéniques des habitations ;

3° D'attendre que l'expérience ait prononcé sur la
convenance d'élever des maisons spécialement destinées aux
ouvriers ;

4° Enfin, d'appeler l'attention de l'autorité sur la question
de l'insalubrité des habitations.

RAPPORT

DE M. FAIVRE

SUR LE LIVRE DE M. ROBERT-GUYARD

INTITULÉ :

ESSAI SUR L'ÉTAT DU PAUPÉRISME EN FRANCE.

———

MESSIEURS,

La pauvreté est un fait ancien, qui a commencé avec le monde, et qui vraisemblablement ne finira qu'avec le monde ; le paupérisme est un fait nouveau, ou du moins un fait récemment observé, pour lequel il a fallu inventer un nom comme pour le magnétisme ou l'électricité. Quoi qu'on fasse, il y aura toujours, comme il y a toujours eu, des pauvres ; l'inégalité des aptitudes produit inévitablement l'inégalité des conditions, et la société n'a pas d'origine plus évidente, de principe plus certain, de lien plus fort que cette même inégalité, qui est un fait naturel et divin. Il y aura donc, encore une fois, comme il y a eu toujours des pauvres ; mais la pauvreté a-t-elle toujours engendré le paupérisme ? La plaie sociale désignée sous ce nom, a-t-elle toujours existé ? Est-elle sans remède, et doit-elle exister toujours ? Voilà qui est moins évident, et qui veut être étudié avec attention.

Une foule d'écrits ont paru depuis un demi-siècle touchant le paupérisme ; M. Robert-Guyard n'a pas cru, avec raison, que la question fût épuisée, et il a publié le fruit de ses méditations. Sans approuver ni désapprouver ses vues, où il nous semble toutefois que les hommes pratiques pourraient fréquemment s'inspirer, nous croyons que la grande question du paupérisme n'est pas près de recevoir une complète solution.

Qu'est-ce, après tout, que le paupérisme ? Nous croyons qu'on peut le définir : *l'impatience croissante des pauvres*.

Jusqu'à l'époque où une sitution nouvelle a fait naître ce mot nouveau, les classes pauvres n'ont point manifesté l'impatience qui fait le mal et le danger de notre temps. Le régime des castes, si puissant dans l'antiquité et dans le cours même du moyen-âge, fixait invariablement les conditions. L'impossibilité presque absolue de franchir les barrières qui les séparaient, rendait aux dernières classes leur joug moins insupportable ; on se résignait plus facilement à un état de choses qui ne pouvait pas changer ; on s'habituait, de génération en génération, à un mal sans remède, à une situation dont on ne sentait pas toutes les souffrances, parce qu'on ne songeait pas même à s'en procurer une meilleure. Ajoutons que pendant le moyen-âge, en particulier, période toute chrétienne, l'espérance de l'homme placée au-delà du tombeau, allégeait le poids de toutes les misères et calmait l'impétuosité des désirs.

Mais du jour où cette foi généreuse et consolante se fut affaiblie dans les cœurs, du jour aussi où les barrières qui séparaient les classes furent tombées, du jour enfin où l'humanité, libre de ces entraves antiques, eut en outre répudié les espérances célestes pour aspirer exclusivement aux jouissances de la terre, chacun s'est dit : *Pourquoi pas moi ?* Alors ceux qui n'avaient pas ont tourné un regard inquiet et ardent sur le sort de ceux qui avaient ; une brûlante émulation s'est emparée de toutes les âmes ; ç'a été à qui arriverait le plus vite et irait le plus loin. Dans cette mêlée confuse, la masse innombrable de ceux qui ne peuvent pas arriver, de ceux que leur faiblesse intellectuelle ou physique retient nécessairement dans les rangs inférieurs, mais que leur infirmité même n'empêche ni de sentir ni de désirer, cette masse redoutable par le nombre et par le besoin, fit entendre de sourdes menaces, s'expliqua peu à peu plus clairement par des organes hardis et passionnés, et souleva enfin, par ses impatiences croissantes, un des plus difficiles problèmes qui eussent été soumis jusqu'à ce jour à la sagesse humaine, je veux dire *le paupérisme.*

Or, quand une maladie nouvelle apparaît dans le monde, les médecins ni les remèdes ne manquent pas pour conjurer le fléau. Par malheur, le fléau a sa mission à remplir, et jusqu'à ce qu'il l'ait accomplie, il se rit des médecins et des remèdes. Ainsi en est-il du paupérisme. On a déjà bien raisonné, bien discuté ; on a formulé bien des théories, bâti bien des systèmes : le temps marche et le mal s'aggrave. Il est vrai qu'on a moins agi que parlé : la philosophie, qui s'est chargée de l'affaire, est de sa nature un peu verbeuse ; elle écrit sur tout.

On peut faire deux classes des nombreux remèdes qu'elle a proposés. Les uns consistent dans un remaniement complet de la société, qu'il faudrait, selon leurs auteurs, bouleverser de fond en comble pour la replacer sur une nouvelle base : ce sont les systèmes socialistes. Les autres sont des topiques et des palliatifs, au moyen desquels, en conservant avec prudence le long ouvrage des siècles, on se propose simplement de calmer le malade et de lui faire prendre patience ; nous voulons dire les caisses d'épargne, les associations de prévoyance, les cités ouvrières, les salles d'asile, les crèches, etc., etc. C'est dans cette dernière catégorie que se range l'ouvrage de M. Robert-Guyard.

Œuvre philanthropique, ce livre, inspiré par un bon cœur, écrit sous la dictée d'une mémoire heureuse, pleine d'anecdotes et de traits intéressants, propose, soit à la législation, soit à l'administration, des mesures diverses, qui toutes tendraient, principalement par l'amélioration des mœurs, à l'adoucissement du sort des classes pauvres. L'ouvrage d'ailleurs se prête peu à l'analyse, et nous n'essaierons de suivre l'auteur ni dans sa critique des principaux réformateurs, ni dans l'exposé de son propre système. Ce n'en est pas le lieu; et quand ce le serait, nous n'en avons ni le temps ni les moyens. Nous nous bornerons à citer quelques lignes du dernier chapitre, dans lequel M. Robert nous paraît mettre le doigt sur la partie vive du mal.

« M. Eugène Buret, dit l'auteur, enlevé jeune encore à une carrière qu'il aurait parcourue avec gloire, a terminé son œuvre par une très-belle péroraison dans laquelle il nous rappelle au christianisme; M. Thiers, dans son éloquent ouvrage sur la propriété, se rallie aux mêmes pensées; enfin, M. Blanqui, en publiant son beau rapport sur l'état des classes ouvrières, regrette l'influence de la religion et fait des vœux pour la voir renaître. Nous nous unissons à nos devanciers, et nous allons faire un pas dans la question, etc. »

Ce qui nous frappe ici, Messieurs, c'est d'entendre, en même temps que M. Robert-Guyard, MM. Buret, Thiers, Blanqui, ces esprits éminents, plus ou moins étrangers par leur passé ou par leurs convictions à la foi chrétienne, s'accorder, en terminant de consciencieuses études sur la situation, pour déclarer avec tristesse que le mal est dans la perte de la foi, que le remède est dans le réveil de la foi, et pour souhaiter de la voir renaître. Aveu précieux, qui étonnerait bien les sages du dernier siècle, s'il leur était donné de l'entendre ! Aveu qu'ils comprendraient, qu'ils feraient peut-être eux-mêmes, s'ils pouvaient contempler le navrant spectacle de ruines et de désolation qu'ont produit leurs funestes doctrines !

En effet, si la brûlante question du paupérisme est résolue quelque part, nous ne craignons pas de le déclarer pour suivre et compléter la pensée de MM. Thiers, Buret, Blanqui, c'est dans l'Evangile et seulement dans l'Evangile.

Admettons pour un moment que ce code des chrétiens soit devenu le code universel, qu'il soit la règle de toutes les consciences, la loi commune des riches et des pauvres ; à l'instant cette soif de jouir, de jouir sans mesure, s'apaise ; cette ardeur pour les plaisirs de l'orgueil et des sens s'éteint ; l'ambition effrénée fait place à la modération dans les désirs ; l'esprit de dévouement et de sacrifice se substitue à l'égoïsme haineux et jaloux. Le riche ne se considère plus que comme un dépositaire du bien commun, que comme un intendant de la Providence ; le pauvre aime et bénit sa pauvreté, qui lui donne un trait de ressemblance avec son divin maître, et qui lui ouvre les portes de l'éternelle félicité. Le riche, sous peine d'encourir l'éternelle réprobation, est tenu d'aimer et de soulager son frère le pauvre ; le pauvre, à son tour, sous peine du même châtiment, est tenu d'aimer et de respecter son frère le riche. Un lien d'amour, qui, sous le nom de charité, se noue dans le ciel, unit entre eux tous les hommes, et ne fait de toutes les familles qu'une grande, qu'une immense famille. Que reste-t-il encore, je vous prie, de ce hideux fantôme que vous appelez le paupérisme ?

La pauvreté ! mais la pauvreté est en grand honneur dans l'Evangile ! Le bonheur et la gloire sont promis à la pauvreté volontaire. C'est la pauvreté que Dieu lui-même a choisie lorsqu'il est descendu sur la terre pour sauver les hommes. Tous ceux qui ont marché sur ses traces sublimes ont embrassé avec amour la pauvreté, tous ; et saint François d'Assise, dans sa sainte folie, l'appelait *sa bonne amie, sa douce maîtresse !* Messieurs, là où la pauvreté reçoit de tels hommages, là où elle est honorée d'un semblable culte, soyez-en persuadés, la question du paupérisme est résolue, et il ne reste plus qu'à faire des vœux, avec MM. Thiers, Buret, Blanqui, pour que l'Evangile reprenne son doux empire sur les cœurs.

Un apôtre du socialisme a dit résolument, d'un ton prophétique et absolu : *L'humanité veut jouir !* A notre sens, c'est tout-à-fait comme s'il avait dit : *L'humanité veut périr !* Plaise à Dieu que le prophète ait menti, et que ce ne soit pas là le dernier mot de l'humanité ! S'il était vrai que cet effroyable mot fût l'expression et la synthése des derniers désirs de l'homme, il serait inutile de chercher désormais la solution du problême qui nous occupe, il n'y aurait plus qu'à se croiser les bras dans un morne et stupide désespoir pour attendre la catastrophe finale. Dans notre conviction profonde, l'horizon ne s'éclaircira que du jour où il sera vrai de dire que *l'humanité veut aimer*, que, revenue à la sainte doctrine du sacrifice, *l'humanité veut souffrir !*

Cela ne veut pas dire que nous partagions jusqu'au bout l'opinion de M. Robert-Guyard. Il demande, en faveur du christianisme, des lois et des manifestations officielles. Nous sommes bien plus désireux, nous l'avouons, de voir le christianisme entrer dans les cœurs que de le voir entrer dans les lois. La vérité a sa force en elle-même ; le pouvoir lui est un auxiliaire suspect, qui bien souvent nuit plus qu'il ne sert. Si le christianisme est vrai, s'il porte dans son sein, comme c'est notre foi, l'avenir et le salut de l'humanité, il ne demande qu'à être libre pour réaliser ces grandes destinées. Qu'on laisse donc à l'Evangile toute liberté d'exercer sur le monde sa pacifique et légitime influence ; ou il sauvera le monde, et manifestera glorieusement sa céleste origine ; ou, ce qu'à Dieu ne plaise, s'affaissant sur lui-même, il révélera son impuissance, et laissera le champ à quelque nouvelle doctrine, pour aller à son tour prendre place dans l'immobile domaine de l'histoire. Mais le pouvoir ne saurait ni assurer son triomphe ni hâter sa ruine ; il ne peut et il ne doit lui assurer que la pleine liberté de son action. Telle est du moins notre opinion personnelle, et, en l'énonçant, nous savons que nous exprimons la pensée des hommes politiques les plus éclairés de notre époque.

CONSIDÉRATIONS STATISTIQUES

SUR LES

DÉPARTEMENTS DE LA MOSELLE ET DU HAUT-RHIN,

PAR M. JUSTIN WORMS.

MESSIEURS,

Je me propose d'examiner les phases de la population du département de la Moselle comparées à celles de la population d'un département placé dans des conditions analogues, sous le rapport de la température, des mœurs, des lumières, et différentes au point de vue des ressources agricoles et industrielles.

Je choisis à cet effet le département du Haut-Rhin.

Les caractères du développement de la population des deux départements étant déterminés, je chercherai à en signaler les causes, pour, de là, en déduire les conséquences, surtout en ce qui regarde le département de la Moselle.

Les chiffres que j'exposerai sont puisés dans la statistique de la France, publiée par le ministère de l'intérieur.

La raison de ce travail est facile à justifier :

« La question de la population, a dit M. Rossi, touche à
» tout ; à la morale et à la politique ; à l'économie nationale
» et à l'économie domestique. »

Toutefois qu'on se rassure ; mon cadre sera beaucoup plus étroit, et ne franchira pas les limites qui me sont tracées par les réglements de votre Société, et plus encore par mon insuffisance personnelle.

Je n'ai ni le pouvoir, ni la prétention d'épuiser le sujet : heureux serai-je si j'ai pu en déterminer les bases, en tirer les lignes organiques.

Je chercherai à être aussi précis, aussi court que possible.

Le département de la Moselle est divisé, comme chacun sait, en 4 arrondissements, 27 cantons et 604 communes; son étendue est de 572 796 hectares, soit 269 lieues carrées et 720 millièmes.

Celui du Haut-Rhin, partagé en 3 arrondissements, 29 cantons et 489 communes, contient 406 032 hectares représentant 205 lieues carrées 547 millièmes.

La superficie du département de la Moselle est donc à celle du Haut-Rhin comme 1,31 est à 1.

La population de la Moselle était :

En 1821, de..... 376 428 individus ;
En 1826, de..... 409 155 ;
En 1831, de..... 417 003 ;
En 1836, de..... 427 250.

Celle du Haut-Rhin se nombrait par les chiffres suivants :

En 1821,........ 370 062 ;
En 1826,........ 408 741 ;
En 1831,........ 424 258 ;
En 1836,........ 447 019 ;

d'où il suit que l'augmentation de la population dans ces deux départements pendant les 15 années qui se sont écoulées de 1821 à 1836, a été :

Pour la Moselle de...... 50 822 personnes,
et pour le Haut-Rhin de... 76 957 ;

c'est-à-dire de 13,50 pour cent d'une part, et de 20,79 pour cent d'autre part.

Les données que je viens d'exposer, s'arrêtent avec la grande statistique en 1836; depuis lors, les documents officiels confirment et corroborent le résultat que j'en ai déduit.

En effet, le dernier recensement opéré en 1846, accuse

dans le département de la Moselle une population de 448 089 habitants ; et dans celui du Haut-Rhin, un total de 487 208.

Ainsi, dans les dix années que comprend la période de 1836 à 1846, l'augmentation a été pour la Moselle de 20 837, soit 4,87 pour cent ; et pour le Haut-Rhin de 40 189, soit 8,99 pour cent.

Si nous comparons les chiffres de 1821 avec ceux de 1846, nous trouvons un accroissement de 71 664 ou 16,30 pour cent, et un autre de 117 146 ou 31,65 pour cent ; donc la puissance de développement a été de près du double en faveur du Haut-Rhin ; et ce département qui, en 1821, comptait 6 366 habitants de moins que la Moselle, la dépasse aujourd'hui de 39 119 individus.

Enfin l'écart entre les deux populations n'a fait que prendre de l'intensité à mesure que les années se sont écoulées, puisque la formule d'accroissement qui était en 1836 de 13,50 pour cent pour la Moselle, ne se trouve être que de 16,30 en 1846 ; tandis que dans le Haut-Rhin, le chiffre de 20,79 pour cent s'est élevé à celui de 31,65.

Qu'est-ce à dire ? et d'où vient cette démarcation si tranchée ? D'où vient, là cette course ascendante, cette allure pressée et rapide ; ici cette marche calme et grave, cette attitude compassée et pesante ?

Eh quoi ! le département de la Moselle est-il attristé par un climat morose ou insalubre ? N'est-ce pas le même soleil qui visite et Metz et Colmar ? Les maladies, les contagions dévastent-elles notre contrée et déciment-elles nos enfants ? La Moselle a-t-elle de ces élans impétueux qui emportent en un jour, en une heure, et le sol et les hommes, et n'est-elle plus cette *honnête rivière*, qui, au dire de Villars, se laissait *passer partout ?* ou bien encore un pouvoir tracassier, despotique, arrête-t-il l'essor de la production humaine parmi nous, pendant que nos voisins se perpétuent à la faveur de la liberté et des lois ?

Poser ces questions, c'est les résoudre ; là n'est pas la cause du phénomène qui vient de se produire à nos yeux.

Il faut donc chercher ailleurs. Or, pour parler le langage de Malthus, les obstacles à l'accroissement de la population sont de deux sortes : destructifs, quand ils agissent par une sorte de répression; privatifs, quand ils opèrent par prévention.

Les premiers sont les contagions, la guerre, tous les maux de la nature humaine ; les autres sont principalement résumés dans l'abstinence de l'homme, que Malthus a préconisée sous le nom de contrainte morale.

Les obstacles destructifs écartés, il reste à voir si les habitants du département de la Moselle, imbus, soit sciemment, soit instinctivement, des théories du célèbre auteur de l'*Essai sur le principe de population,* se sont soumis aux lois de la contrainte morale; en un mot, si la puissance génératrice a abdiqué en partie ses droits parmi nous, pendant qu'elle les exerçait largement dans le département du Haut-Rhin.

Les tables de population publiées par le ministère de l'intérieur donnent les renseignements suivants :

De 1821 à 1836, dans la Moselle, le nombre des naissances a été de........................ 196 998
et dans le Haut-Rhin de................. 232 039
ce qui représente d'une part 52 pour cent et de l'autre 62 pour cent, ou en moyenne par année 3,48 pour cent et 4,18.

En présence de cette différence, je soupçonne véhémentement le département de la Moselle d'être un malthusien renforcé; néanmoins poursuivons :

Les décès pendant la même période ont été dans la Moselle au nombre de........................ 134 251
et dans le Haut-Rhin................. 163 255
soit pour la période 35 pour cent et 44 pour cent, ou en moyenne 2,37 et 2,96.

Donc si les naissances surpassent dans le Haut-Rhin, celles

de la Moselle, la même proportion se représente dans les
décès ; et il y a lieu dès-lors, pour se rendre compte de la
grande différence qui distingue les lois de progression des
deux populations de descendre plus avant.

Or, si nous comparons les naissances aux décès dans chaque département, nous voyons que dans le département de
la Moselle, de 1821 à 1836, les naissances ont dépassé les
décès de... 62 747
et dans le Haut-Rhin de................... 68 784

Cela reconnu, si nous ajoutons cette différence aux nombres totaux de la population en 1821, nous devons avoir le
chiffre exact de la population recensée en 1836, en supposant toutefois que la population de chaque département se
soit maintenue ou ait progressé par la seule différence des
naissances sur les décès.

Or, ajoutant à la population de 1821...... 376 428
l'excédant des naissances sur les décès....... 62 747
                                                 ————————
nous trouvons pour la Moselle 439 175
et le même calcul 370 062
ajoutés à................................ 68 784
                                                 ————————
donne pour le Haut-Rhin................. 438 846

Ces chiffres, on le voit du premier coup-d'œil, ne sont pas
conformes à la réalité ; la population du Haut-Rhin, au lieu
d'être inférieure à celle de la Moselle, lui est au contraire
singulièrement supérieure ; et, en comparant les nombres ex-
primant la population existant en 1821, avec ceux accrus de
l'excédant des naissances sur les décès, nous trouvons pour la
Moselle une moins value de 11 885 ; pour le Haut-Rhin une
plus value de 8 173.

En un mot, la Moselle, dans une période de 15 ans, a
perdu 11 885 habitants, et le Haut-Rhin en a gagné 8 173.

Ici j'ai un devoir à remplir envers le département de la Moselle que j'ai accusé tout-à-l'heure de désobéissance aux lois de la nature : « un peuple, a dit Steuart, ne peut pas plus s'empêcher de peupler qu'un arbre de pousser; » grâce à Dieu, notre tronc ne s'est pas séché; la sève n'a pas fui ses entrailles; non, la différence entre la proportion des naissances et de la population prise pour base, n'était qu'apparente et n'accusait pas une fécondité supérieure sur un point, inférieure sur un autre; ce qu'il y a de vrai, c'est que des immigrations ont augmenté la puissance reproductive du Haut-Rhin par la participation de nouveaux éléments, et que des émigrations ont diminué celle de la Moselle, par la même cause agissant en sens inverse.

Je dis des immigrations et des émigrations, et là est l'explication des faits que je viens de faire passer sous vos yeux. Ainsi cela revient à dire que, pendant que le département du Haut-Rhin conservait tous ses enfants et même en attirait de nouveaux qu'il s'appropriait par une sorte d'adoption, la Moselle perdait, de son côté, une partie des siens et n'en voyait pas d'autres venir combler les vides qui se produisaient dans sa famille.

Ce fait est grave, il est douloureux; je reviendrai plus tard sur ses caractères et sur les conséquences qui en ressortent : quant à présent, nous avons à en rechercher les causes.

Pour nous guider dans cette recherche, remontons aux principes.

Suivant Malthus, une population s'étend et s'accroit indéfiniment par une puissance de provignation qui dépasse de beaucoup la force de production de la terre, et elle ne s'arrête ou ne décroit que par suite de la disproportion flagrante des subsistances.

J.-B. Say, qui a complété la théorie de Malthus, enseigne que les subsistances ou les moyens d'exister comprennent, non—seulement les moyens directs, immédiats, c'est-à-dire les fruits de la terre, mais aussi ceux qui servent à les acquérir par voie d'échange, c'est-à-dire toutes choses qui ont une valeur, et singulièrement les produits de l'industrie.

« La population d'un pays, dit-il, n'est jamais bornée que par ses produits. » (*Cours d'Ec. pol.*, vol. II, 128.)

Plus loin : « Un pays ne conservera jamais que le nombre d'hommes qu'il pourra nourrir. » (*Id.* 150.)

Ces deux phrases résument avec cette lucidité, cette netteté qui distingue au plus haut point le savant vulgarisateur des doctrines d'Adam Smith, le principe tout entier de l'accroissement et du décroissement des populations, abstraction faite de tout essai de formule arithmétique destiné à chiffrer la force d'action de la production sur la population. Or, cela posé, il nous reste à examiner les moyens de subsistances agricoles et industriels qu'offre le département de la Moselle, en regard de ceux renfermés dans le département du Haut-Rhin.

Le département de la Moselle comprend 79 829 hectares 50 ares de terres arables, produisant 1 060 941 hectolitres de blé, valant, année moyenne, environ 11 678 070 fr.

La production du Haut-Rhin, émanant de 31 324 hectares 58 ares, équivaut à 494 785 hectolitres, valant 7 369 201 fr.

La Moselle est donc bien supérieure, quant à la production du froment. Il est vrai qu'elle perd son avantage sous le rapport des vignes, qui comprennent, dans le Haut-Rhin, 10 742 hectares 35 ares, d'où l'on tire 374 784 hectolitres d'une valeur de 5 626 445 fr., tandis que la Moselle, sur une surface de 5 073 hectares de vignes, ne tire que 274 676 hectolitres que l'on évalue à 2 802 158 fr.

Les pommes de terre lui fournissent une revanche : elles représentent chez nous 5 779 485 fr., et, chez nos voisins du Haut-Rhin 4 878 230 fr.

Au total, les trois cultures réunies présentent, en faveur de la Moselle, un solde de 2 385 837 fr.

Sans pousser plus loin cette comparaison, je me contente de remarquer que l'étendue du domaine agricole qui embrasse dans la Moselle 515 758 hectares 84 ares, n'en contient dans le Haut-Rhin que 391 349,23.

Ainsi, sous le rapport de l'agriculture, la Moselle présente plus d'éléments de travail que le Haut-Rhin, et, par contre, offre à l'accroissement de la population une excitation plus énergique.

D'où vient donc que les faits démentent si péremptoirement cette conclusion? C'est de la différence qui éclate dans la production industrielle des deux départements, et c'est ici qu'est la véritable solution de la question que je me suis posée.

En effet, d'après la Statistique, et en se reportant aux chiffres recueillis et arrêtés en 1836, on voit que la Moselle renferme 182 établissements industriels, consommant une valeur de 14 571 180 fr. de matières premières, convertis, par la main-d'œuvre, en 25 873 507 fr., tandis que le Haut-Rhin compte 319 manufactures, employant 83 149 778 fr. de matières premières qui ressortent en 129 262 520 fr.

En outre, les ouvriers qui, dans la Moselle, sont au nombre de 13 526, soit 7 901 hommes, 3 500 femmes et 1 855 enfants, sont, dans le Haut-Rhin, 60 877, composés de 30 356 hommes, 17 568 femmes et 12 953 enfants.

D'où il résulte que le Haut-Rhin produit de plus 34 810 415 fr. et occupe également en plus 47 351 ouvriers.

Cette différence est immense; elle se résume encore d'une manière bien saisissante dans le rapprochement des machines : le Haut-Rhin compte 102 machines à vapeur, 37 294 métiers, 764 216 broches; la Moselle, 20 machines à vapeur, 3 671 métiers et 3 600 broches.

Je ne parle ici que de la production industrielle proprement dite, émanant d'ateliers occupant au moins dix ouvriers;

quant à celle qui s'effectue par petits ateliers, désignés sous le nom générique d'arts et métiers, elle n'a pas encore sa statistique.

Toutefois, si je consulte le nombre des patentés, je vois que la Moselle en comprend 23 206, et le Haut-Rhin 18 619 seulement.

Ce fait s'explique suffisamment par la dissémination d'une partie des forces productives sur un point, et leur concentration sur l'autre point; surtout si l'on remarque que les 23 206 patentés de la Moselle ne paient que 401 821 fr. de droits, pendant que les 18 619 du Haut-Rhin sont taxés à 519 670 fr. Quoi qu'il en soit, on comprend que les petits ateliers, occupant au maximum dix ouvriers, ne peuvent pas balancer les manufactures offrant du travail à des centaines d'ouvriers.

Ainsi je me crois autorisé à prendre pour base et pour point de comparaison la production industrielle proprement dite; or, pour y revenir, et pour apprécier plus avant les caractères qui la distinguent dans l'un et l'autre département, des calculs qu'il serait trop long et trop fastidieux de relater ici, me conduisent à poser, en fait, que les salaires journaliers distribués au travail par les 182 établissements qui composent l'industrie de la Moselle, forment une somme de 20 479 fr., pendant que les 319 manufactures du Haut-Rhin, distribuent chaque jour 87 858 fr.

En présence de caractères aussi tranchés, il est impossible de méconnaître que la Moselle doit attribuer les émigrations qui se produisent parmi ses enfants, au peu de développement de son industrie manufacturière; et l'on se voit forcé de déclarer que notre contrée n'a pas de travail, c'est-à-dire pas d'aliments, à offrir à ceux que la loi de la nature fait jaillir chaque année de son sein.

Or là est la première, et, j'ajoute, peut-être la seule condition de l'accroissement de la population sur un point donné.

Je voudrais appuyer les faits numériques que j'ai exposés sur le témoignage des parties intéressées, des industriels, des ouvriers. Je le puis, quant au département du Haut-Rhin ; je ne le puis pas en ce qui concerne celui de la Moselle ; je vais dire pourquoi.

On sait qu'en 1848, le gouvernement a ordonné l'ouverture d'une enquête générale dans toute la France, sur la situation des populations ouvrières et les moyens de l'améliorer.

Des questions d'un haut intérêt ont été proposées à la solution des citoyens que leur position, leurs habitudes ont rendus familiers à ces sortes de matières.

Les résultats de cette enquête dans le département du Haut-Rhin, ont été résumés et publiés par l'Association industrielle de Mulhouse ; ce document contient des renseignements précieux.

Il n'en a pas été ainsi, je le dis avec un profond regret, dans notre département ; l'enquête n'y a laissé aucunes traces. J'ai cherché, mais en vain, à m'en procurer les procès-verbaux ; il semble qu'elle ait été accueillie avec une indifférence marquée. C'est déjà là, on le comprend, une note défavorable qui pèse sur l'industrie de la Moselle.

Je vais rapporter quelques observations signalées par l'Association industrielle de Mulhouse.

Je lis page 22 :

« *Canton de Kaiserberg.* — En temps ordinaire, l'in-
» dustrie travaillant en plein (filature et tissage) suffit à
» occuper toute la population en dehors des travaux agricoles.

» *Canton de Guebwiller.* — L'industrie est indispensable
» à ce canton pour le maintenir au degré de prospérité
» qu'il a acquis et (ceci est à remarquer) le mettre en état
» de continuer à nourrir la même population.

» *Canton de Mulhouse.* — A moins de crises malheureu-
» sement trop fréquentes (je reviendrai plus tard sur ces

» mots), les ressources du canton de Mulhouse, pour faire
» vivre sa population et celle attirée des environs et de
» l'intérieur, sont immenses. » (Page 23.)

Enfin la Société industrielle conclut ainsi :

« Partout l'industrie vient largement en aide à l'agri-
» culture pour le soutien des habitants ; dans beaucoup de
» localités, elle fournit encore des ressources à bon nombre
» d'individus que les cantons voisins sont insuffisants à
» nourrir. Enfin, sur des points peu favorisés de la nature,
» où les progrès agricoles trouvent un obstacle dans la nature
» du sol, l'industrie donne des moyens d'existence à de
» nombreux travailleurs et permet ainsi le développement
» de la population, qui est une des principales sources de la
» puissance et de la force de la République. »

Cette phrase résume, d'une manière complète, les considérations que je viens de vous exposer ; quant à ce qui concerne la Moselle, en l'absence de tout document analogue,
et en présence des chiffres certains, probants, que j'ai fait
passer sous vos yeux, il est juste, il est raisonnable, il est
légitime de lui appliquer, en sens inverse, les observations de
la Société industrielle de Mulhouse, et de mettre dans sa
bouche le langage opposé à celui que tiennent les manufacturiers du Haut-Rhin.

J'appelle de tous mes vœux, je sollicite de tous mes désirs
le jour où le département de la Moselle fera entendre sa
voix consciencieuse et sincère sur ces graves questions, et
je dis, incidemment, qu'il appartiendrait peut-être à l'Académie nationale de Metz de provoquer, de devancer ce jour-là,
en imitant l'exemple de la Société industrielle de Mulhouse.

Actuellement, je passe à un autre point.

Je viens d'essayer de déterminer la connexion intime,
profonde qui se reproduit dans la Moselle et dans le Haut-
Rhin, entre la population et le mouvement industriel ; je
vais maintenant entreprendre de signaler l'influence de l'in-

dustrie sur l'état social de la population et sur la condition des individus qui la composent.

Cette nouvelle étude se déduit naturellement de la première : il ne suffit pas, en effet, de savoir que tel point de la France est plus peuplé que tel autre, il est bon aussi de se rendre compte comment il est peuplé.

Or, ici la question change de terrain, et la solution va prendre un autre caractère.

On sait que toute agglomération d'individus, sur un lieu donné, amène nécessairement une surélévation dans le prix des choses indispensables à la vie, et, par l'effet de la concurrence des bras, tend à faire baisser les salaires ; ces deux causes agissent en même temps et en sens inverse, et, néanmoins, se rencontrent à leur point d'arrivée, qui est la misère de l'ouvrier.

Ce fait est certain ; il est annoncé par la logique et constaté par l'expérience ; quant à ce qui nous occupe, il ne s'agit que de voir en quelle proportion il se produit dans le département du Haut-Rhin, par rapport à celui de la Moselle.

Il est fort difficile, on le comprend, de déterminer, d'une façon satisfaisante, la condition moyenne d'une population composée d'éléments aussi divers, aussi flottants, que ceux que renferme un département ; quoi qu'il en soit, et, en ce qui regarde notre rayon, on sait que l'ouvrier jouit d'une sorte d'aisance relative qui le met à l'abri du besoin, tout au moins prochain.

Quant au département du Haut-Rhin, si l'on y rencontre beaucoup plus de familles ouvrières, dans une position pour ainsi dire brillante, il est également vrai d'avouer que la misère y prend des formes hideuses, inconnues au département de la Moselle. « C'est à Rheims, à Mulhouse, à Saint-Quentin, a dit quelque part M. Blanqui, de l'Institut, comme à Manchester, à Leeds, à Spitaffield que l'existence des ouvriers est le plus précaire. »

M. Villermé a peint, en des traits saisissants, la triste situation de la classe ouvrière dans le Haut-Rhin.

Si je consulte la Statistique de l'industrie, j'y vois que les salaires se répartissent, en moyenne, dans nos deux départements, de la manière suivante :

Moselle.....	Hommes....	2^f	03^c
	Femmes	0	88
	Enfants.	0	64
Haut-Rhin. .	Hommes....	1	99
	Femmes. ...	1	10
	Enfants.	0	60 *

Ainsi l'avantage du salaire se trouve du côté de la Moselle.

En outre cet avantage numériquement assez faible, prend de l'importance, si on tient compte du prix des denrées, qui absorbent la plus grande partie du salaire.

Le froment qui, année moyenne, vaut 11 fr. l'hectolitre dans la Moselle, en coûte 14,90 dans le Haut-Rhin ; le vin varie de même de 10 fr. 20 c. à 15 fr.; la bière de 15 fr. 20 c. à 18 fr.; la pomme de terre de 1 fr. 90 c. à 2 fr.; les légumes secs de 10 fr. 55 à 14 fr. 70 c.

La viande seule est un peu plus bas dans le Haut-Rhin que dans la Moselle.

Cette différence marquée entre les prix des aliments, combinée avec l'écart inverse, mais moins caractérisé des salaires, se fait sentir dans les chiffres qui représentent la consommation moyenne des individus, dans l'un et l'autre département.

---

* Ces chiffres présentent quelques différences avec ceux de la statistique, qui sont les suivants :

Moselle. ... Hommes , 1^{f}96 Femmes, 0^{f}84 Enfants, 0^{f}63
Haut-Rhin . id.   2 03   id.   1 12   id.   0 60

Mais la statistique évalue les moyennes abstraction faite du nombre des salariés; j'ai cru devoir tenir compte de cet élément et rectifier en ce sens les calculs ci-dessus.

Ainsi un habitant de la Moselle consomme par année, 2 hect. 56 de céréales dont 2 h. 16 de froment, tandis que celui du Haut-Rhin n'absorbe que 1 h. 91 dont 1 h. 11 de froment.

En outre, on trouve encore une consommation de 5 h. 10 de pommes de terre, contre une de 5 h. 04; et 27 kilog. de viande contre 24 k. 64.

D'après cela il est constaté que la vie moyenne est plus régulièrement soutenue dans le département de la Moselle que dans celui du Haut-Rhin.

En dehors de la concurrence des ouvriers entre eux, que j'ai signalée plus haut, comme la cause immédiate de ce fait, il faut encore mettre en ligne de compte les alternatives de travail et de chômage qui se rencontrent bien plus souvent, et se produisent avec bien plus d'intensité dans la grande exploitation manufacturière concentrée sur une branche spé-ciale de production, que dans une industrie plus faible et répartie sur un plus grand nombre d'objets.

« A moins de crises malheureusement trop fréquentes, » dit la société de Mulhouse, dans une phrase que j'ai déjà citée; et plus loin, elle ajoute : « la position de l'ouvrier » au taux actuel des salaires serait assez bonne, si l'ouvrage » ne lui manquait jamais. » (Page 33.)

En vérité, à voir cet antagonisme flagrant qui se produit entre deux départements, dont l'un, d'une surface plus étendue, nourrit moins d'hommes, mais dans de meilleures proportions, et dont l'autre en entretient davantage sur un sol plus rétréci, mais au prix de souffrances déplorables, il semble que la nature, ou la prudence de l'homme, se soit trompée, et qu'il serait désirable, pour le bien de tous deux, qu'un déplacement radical vint changer les conditions d'être de chacun, et reporter l'industrie du point où elle se déve-loppe avec trop d'intensité, sur celui où elle languit et se traîne péniblement.

21

Nul doute en effet que le département du Haut-Rhin ne soit surchargé d'une population qu'il ne peut nourrir convenablement, tandis que celui de la Moselle sollicite une évolution contraire.

Cela rappelle l'apologue de Cyrus avec ses deux enfants dont l'un s'embarrassait dans les plis démesurés de ses vêtements, et dont l'autre étouffait dans les manches étroites des siens.

Je n'ai pas l'irrévérence de proposer, à l'encontre du précepteur de Cyrus, d'exproprier le premier en faveur du second; mais j'engagerais volontiers le petit à croître, le grand à diminuer.

Ici l'enfant c'est l'industrie, le vêtement c'est le territoire; je laisse le département du Haut-Rhin se dégager, comme il le pourra, de ses manches étriquées; mais je ne puis, du même œil, voir le département de la Moselle s'embarrasser dans les longs plis de sa robe traînante.

Il faut donc, j'en ai l'intime conviction, que notre contrée donne un essor nouveau à son industrie, et cela non-seulement dans l'intérêt de l'industrie même qu'elle possède aujourd'hui, mais aussi dans celui de son agriculture.

Il est constant, en effet, que le développement industriel aide au développement agricole, d'abord en offrant ses débouchés à la production, puis en augmentant les capitaux et les hommes qui sont nécessaires pour féconder la terre et lui donner toute la puissance de génération qu'elle peut atteindre.

Comparez par la pensée ce que sera l'agriculture d'un pays, lorsqu'elle se trouvera abandonnée à ses propres forces, et quand elle sera étayée d'une industrie énergique qui viendra la corroborer; d'une part vous verrez l'ouvrier, que les travaux seuls de la campagne ne peuvent nourrir suffisamment, rester dans la condition précaire dans laquelle il est né, ou émigrer faute de ressources ; et d'autre part, vous le verrez, alliant le labeur de l'atelier à la culture des champs, accroître ses moyens d'existence, se fixer au sol, et même se l'approprier par l'épargne et l'économie.

Ce fait se produit dans le département du Haut-Rhin, où, suivant la société industrielle, « la majorité des ouvriers » est propriétaire » et où « chaque famille possède une » petite maison ou la moitié d'une maison, un champ ou une » petite pièce de vigne ; et, deux fois par semaine, tous » peuvent aller chercher du bois mort dans les forêts. » (Page 93).

L'union de l'agriculture et de l'industrie dans des conditions étroites et constantes, voilà quel est le gage le plus certain de la prospérité d'un pays ; et il est possible de montrer, par des chiffres que, sous ce rapport, la Moselle reste bien en arrière du Haut-Rhin.

En effet, la valeur de rendement, par chaque hectare de terre arable, est, dans l'un, de 146 fr. 20, et dans l'autre, de 235 fr. 25.

Cette différence est énorme ; sans doute une partie doit en être attribuée à la surélévation du prix du blé dans le département du Haut-Rhin ; mais le reste est certainement dû à la différence qui se produit dans l'industrie.

Ainsi, sur tous les points, et à tous égards, la Moselle ne peut que gagner à voir se développer son industrie.

Que si on était arrêté par la crainte de diminuer le bien-être de chacun, en excitant l'accroissement de la population, je répondrais : d'abord, que ce danger est bien éloigné en présence de ce qui a lieu aujourd'hui ; que la terre a encore des trésors de richesse à offrir à de nouveaux colons ; et ensuite que la question même n'est pas là, qu'elle est tout entière dans ce fait : l'émigration constante des enfants du département de la Moselle ; et dans les moyens d'y mettre fin.

On peut discuter sur la population et sur les avantages d'un grand ou d'un petit nombre d'habitants ; Malthus , Say, Rossi affirment que le bonheur d'un pays réside dans la modération de sa population ; je le veux bien : quoique je partage un peu sur ce point l'opinion du bon vicaire de Wakefield, et que je répète avec lui, ce qui d'ailleurs n'est pas à mon avantage personnel : que l'homme qui élève une grande famille , rend plus de services à sa patrie, que celui qui disserte sur la population.

Mais, toute discussion à part , il n'est pas permis de douter qu'une contrée quelconque ne doive nourrir tous ceux qu'elle engendre.

Or, j'ai prouvé que la Moselle n'obéit pas à ce devoir suprême ; et que deviennent ceux qui, chaque année, sortent de son sein, quittent leur famille, leurs parents, leurs amis, pour aller chercher ailleurs des moyens de soutenir leur existence ? je l'ignore ; sans doute ils vont dans quelque département du Haut-Rhin, et sollicités par un grand marché de travail, ils viennent apporter leurs bras, sur la balance de l'offre et de la demande, et chargent encore la masse accumulée sur le plateau de l'offre, qu'ils contribuent à abaisser davantage au-dessous de celui de la demande.

Mais encore tous ont-ils cette fortune ? Combien ne s'arrêtent pas rebutés par les obstacles et les fatigues , et vont, vouant leur vie à l'oisiveté et au vice, enfants perdus des émeutes et des batailles de la rue, qui ensanglantent et ternissent les révolutions !

Un fait, un seul fait, mais bien probant, vient à l'appui de ce que j'avance.

Je vois qu'à la suite des détestables journées de juin 1848, le département qui, après la Seine et la Seine-et-Oise, a compté le plus grand nombre des siens parmi les transportés, a été le département de la Moselle. A la fin d'octobre, sur

3423 de ces hommes figuraient 105 individus, soit le 32ᵉ, natifs du département de la Moselle.

Ceux-là, on le sait, n'étaient pas sur les barricades du même côté que Dornès !

J'en ai assez dit, je l'espère, pour éclaircir les deux faits sur lesquels je voulais appeler l'attention de l'Académie ; à savoir : l'émigration qui se produit chaque année dans notre département ; et, comme cause, l'insuffisance de l'industrie. Mon but est rempli, selon mes moyens, bien entendu ; toutefois je veux encore suivre les caractères que j'ai signalés pour le département tout entier, dans chacun des arrondissements.

La population de la Moselle se répartissait de la manière suivante entre les 4 arrondissements :

	En 1821.	En 1836.	En 1846.
Arrondissement de Metz.........	138 572	150 811	146 733
— Thionville	77 461	87 520	87 461
— Briey.........	55 559	62 946	64 677
— Sarreguemines.	105 036	125 973	123 644

On peut tirer de ces chiffres les rapprochements suivants :

De 1821 à 1836, dans l'arrondissement de Metz, la population a augmenté de 12 239 individus, soit 8,83 p. % ; de 1821 à 1846, l'augmentation n'a plus été que de 8 161, soit 5,88 p. % ; ce qui fait ressortir, de 1836 à 1846, une diminution de 4 078, soit 3,05 p. % par rapport à 1821, et 2,70 en prenant pour point de départ 1836.

L'arrondissement de Thionville s'est accru de 1821 à 1836, de 10 059, soit 12,98 p. % ; de 1836 à 1846, la période se solde par une légère diminution de 53 habitants.

Dans l'arrondissement de Briey, l'accroissement a été, de 1821 à 1836, de 7 387, soit 13,40 p. %., et, jusqu'à 1846, de 9 118, soit 16,59 p. %.

Enfin, celui de Sarreguemines a gagné de 1821 à 1836, 20 937 habitants, soit 19,93 p. %., puis de 1836 à 1846, le mouvement a rétrogradé et s'est résumé par une perte de 2 329, soit 2,22 p. % par rapport à 1821, et 1,05 en regard de 1836; l'augmentation pour la période entière, a été de 18 608, soit 17,71 p. %.

D'après ces résultats, on voit que les arrondissements se classent selon l'accroissement de leur population, dans l'ordre suivant :

1° Sarreguemines; — 2° Briey; — 3° Thionville; — 4° Metz.

Cependant si l'on compare les chiffres de 1836 à ceux de 1846, on reconnaît que l'arrondissement de Briey est en voie continue de développement; que celui de Thionville avait atteint en 1836 son maximum; que Sarreguemines l'avait dépassé; et enfin que l'arrondissement de Metz, était surchargé d'un trop plein qu'il a écoulé en partie de 1836 à 1846.

Ici je remarque, incidemment, que l'arrondissement de Metz n'avait pas vu, en 1846, s'élever dans son sein d'industrie nouvelle depuis fort longtemps; que celui de Thionville possède des établissements métallurgiques qui ont pris un très-grand développement; que celui de Sarreguemines a reçu une augmentation notable de travail par suite de l'importation de la fabrication des peluches, de l'extension des verreries et des forges, enfin que celui de Briey est l'arrondissement qui contient le plus de hauts-fourneaux de date récente.

Je reviendrai sur ce point.

Si maintenant je passe de la population à la production industrielle, je vois qu'elle représente :

Dans l'arrondissement de Metz.......... 3 008 285 f. *

Thionville..... 3 108 863

Briey........ 2 354 483

Sarreguemines.. 2 830 696 .

Ces chiffres sont en contradiction, jusqu'à un certain point, avec ceux qui nombrent l'état et l'accroissement de la population.

On voit en effet que l'arrondissement de Thionville qui est inférieur, pour la population à celui de Sarreguemines, lui est néanmoins supérieur quant à la production.

Le même fait se reproduit si on le compare avec l'arrondissement de Metz.

Il semble dès-lors que le rayon de Thionville devrait croître en population, beaucoup plus que celui de Sarreguemines ; ce qui n'est pas.

Il est vrai que, quant à l'arrondissement de Metz, la population décroissant d'une manière flagrante, la loi que nous avons observée plus haut, touchant la proportion entre l'industrie et la population, se vérifie virtuellement, d'autant que la fabrication des arts et métiers doit être bien supérieure dans ce dernier. Néanmoins, il reste à expliquer la contradiction que je viens de signaler entre les deux arrondissements de Thionville et de Sarreguemines.

Or, à cet égard, je remarque que la presque totalité de la production de l'arrondissement de Thionville est due à une seule usine : celle de M. de Wendel, qui émet à elle seule pour 2 500 000 fr. de valeurs produites sur le total de 3 100 000 fr. On comprend dès-lors que cet établissement, s'étant approprié un certain nombre d'ouvriers, n'offre pas au travail étranger une excitation bien énergique, et n'appelle pas sur son terrain l'accroissement de la population.

Au reste, dans ces sortes de matières, les faits ont besoin

* La valeur des matières premières déduite.

d'être observés en masse pour présenter des résultats à peu près uniformes ; lorsque l'on descend dans les détails, on se trouve en présence d'une multitude de petites circonstances qui, sans effet dans une large carrière, ont une très-grande énergie dans des limites plus étroites.

La quantité d'ouvriers employés donne raison, d'une manière plus satisfaisante, des phases de la population.

En effet, l'arrondissement qui accuse le plus de travail est celui de Sarreguemines ; le chiffre des ouvriers y est de 5 181 dont 3 437 hommes, 719 femmes et 1 025 enfants.

Après lui vient celui de Metz qui en contient 4 258.

Toutefois, comme sur ce total, les hommes ne figurent que pour 1 412, tandis que les femmes équivalent à 2 204 et les enfants à 642, le deuxième rang doit être rendu à l'arrondissement de Thionville, où l'on voit 1 860 hommes, 189 femmes et 56 enfants, en tout 2 105.

Le dernier est celui de Briey qui renferme 1 192 hommes, 388 femmes, et 132 enfants, total 1 712.

Quant à cet arrondissement, que nous avons vu prendre le second rang pour l'accroissement de la population, et que nous retrouvons ici au quatrième, pour la production, je ferai observer que, depuis dix ans cet arrondissement s'est considérablement enrichi en nouveaux établissements, et que les résultats de cet agrandissement n'apparaissent pas dans la statistique qui date seulement de 1836.

La même observation peut d'ailleurs s'étendre au département tout entier ; il est probable que si nous possédions les chiffres actuels de la production, comme nous connaissons ceux de la population, les contradictions que nous avons remarquées s'effaceraient tout au moins en partie.

Quant aux salaires, ils subissent des différences assez singulières d'un arrondissement à un autre.

Ainsi les plus élevés sont ceux du rayon de Sarreguemines,

qui vont, en moyenne, à 2 fr. 28, tandis que ceux de Briey n'atteignent que 1 fr. 66.

Ce sont les deux extrêmes; dans l'intervalle se présentent les arrondissements de Metz et de Thionville dont les salaires sont de 1 fr. 98 et 1 fr. 92.

Il suit de là que, pour l'arrondissement de Briey, nous retrouvons le fait que nous avons signalé plus haut, à savoir: des salaires bas en présence d'une population en voie continue d'accroissement; puis, pour les arrondissements de Metz et de Thionville, des salaires plus élevés s'offrant parallèlement à une déperdition de la population.

L'arrondissement de Sarreguemines est seul en contradiction flagrante avec nos résultats antérieurs; nous y voyons des salaires fort haut et une population tendant à s'accroître avec beaucoup d'énergie; mais je remarque que l'industrie des verreries paie à ses ouvriers des salaires qui vont jusqu'à 3 fr. 50; c'est là un prix anormal qui est dû sans doute aux exigences plus étroites auxquelles sont soumis les ouvriers, sous le rapport des connaissances et de l'habileté.

Il n'y a donc pas lieu ici de condamner nos observations précédentes; au reste je n'insiste pas sur ce point qui me paraît plein de difficultés; les moyennes de salaires sont fort trompeuses en l'absence des moyennes de consommation; or la statistique ne donne la consommation des départements qu'en bloc et sans distinguer ce qui compéte à chacun des arrondissements.

Je me contente de faire observer que les pertes de population qu'a éprouvées le département de la Moselle, sont surtout applicables à l'arrondissement de Metz dont l'accroissement se chiffre par le nombre le moins élevé.

Or nous avons vu que la quantité d'ouvriers occupés dans cet arrondissement, lui donne le troisième rang; et il y aurait même lieu de le reporter au quatrième, si nous considérons

22

que l'arrondissement de Briey qui vient après, doit le pré-
céder en rapprochant le chiffre des ouvriers du total de la
population.

Cela sera rendu sensible par la comparaison de la population
de Metz aux diverses époques que nous avons examinées.

La ville de Metz possédait en 1821, 42 483 habitants; en
1836, leur nombre se trouvait être de 42 793 et en 1846 de
42 976; c'est-à-dire que de 1821 à 1846, dans une période
de 25 ans, Metz n'a vu s'accroître sa population que de 493
individus; chiffre misérable, en présence de l'augmentation
naturelle qui eut dû se produire dans son sein par le seul effet
de l'excédant des naissances sur les décès; chiffre douloureux,
car il accuse une déperdition annuelle et continue, une industrie traînante et affaissée *.

Ces conséquences je les signale avec regret; mais elles
éclatent à tous les yeux; elles surgissent chaque jour autour
de nous avec une énergie déplorable. Je le dis avec une
conviction qui ne date pas seulement du jour où j'ai compulsé
les chiffres que j'ai produits devant vous, la ville de Metz a
perdu beaucoup de son importance, et en perd encore tous
les jours quelque nouvelle partie; il n'y a de salut pour
elle que dans l'industrie, et il appartient à ceux qui possèdent
une influence quelconque sur son sort, de la diriger, de la
pousser, de la forcer, dirai-je même, vers cette voie.

L'Académie nationale de Metz a déjà compris cette nécessité; sa sollicitude pour l'industrie, m'en est un sûr garant;
j'estime qu'elle doit persister avec vigueur, et chercher à
vaincre de toute sa puissance, la routine des anciennes habitudes; c'est une question de la plus haute gravité pour Metz,
c'est une question de salut; *caveant consules !*

Je m'arrête : les faits que j'ai exposés devant vous, n'ont
rien de bien flatteur pour notre département; je le confesse,

---

* Le tarif élevé de l'octroi doit aussi être mis en ligne de
compte.

et j'ai hésité longtemps à vous les soumettre ; je ne voudrais pas subir la défaveur qui s'attache aux porteurs de mauvaises nouvelles ; mais j'ai cru qu'il y avait là des circonstances graves et flagrantes qui étaient bonnes à examiner. J'ai dit ce que j'avais observé, ne redoutant rien tant, que de ne pas m'être quelquefois trompé dans mes appréciations et dans mes conclusions.

NOTICE

SUR

LE POIDS MOYEN DES ANIMAUX

LIVRÉS A LA BOUCHERIE DE METZ,

PENDANT L'ANNÉE 1848,

ET SUR LA CONSOMMATION DE LA VIANDE EN VILLE,

PAR M. ANDRÉ.

———

MESSIEURS,

Vous avez bien voulu accueillir favorablement et insérer dans vos mémoires de l'année 1847, un premier travail statistique que j'ai eu l'honneur de soumettre à votre appréciation ; il a pour objet de constater le poids moyen des animaux livrés à la boucherie et l'importance de la consommation de la viande pendant les six années, de 1842 à 1847 inclus.

Il vous paraîtra sans doute utile de voir chaque année la continuation des mêmes calculs. Je vais donc vous faire connaître les résultats qui ont été obtenus dans l'année 1848.

Les chiffres que j'ai établis pour les années de 1842 à 1847 inclus, ne pouvaient être qu'approximatifs, parce que tous les animaux livrés à la boucherie n'avaient point été pesés et qu'il a fallu appliquer le poids moyen reconnu par le pesage d'un certain nombre à la totalité de ceux qui ont été abattus.

Il n'en est plus de même aujourd'hui ; le droit d'octroi à l'entrée en ville, qui était établi par tête d'animaux, a été perçu en 1848, d'après le poids de chacun; ils ont donc tous été pesés vivants; nous en connaissons avec exactitude le poids brut.

Il reste à établir d'une manière certaine le poids net en viande : de nombreuses expériences ont été faites par les soins de M. Purnot, contrôleur en chef de l'octroi; il a reconnu que le rendement moyen net en viande pouvait être établi

Pour les taureaux......... à 53,26 pour cent du poids brut.
Pour les bœufs............ à 55,47   id.
Pour les vaches........... à 48,70   id.
Pour les veaux............ à 59, »   id.
Pour les moutons......... à 48,48   id.
Pour les porcs............ à 80, »   id.
Pour les agneaux, che-
       vreaux, porcs de lait.. à 57, »   id.

Vous trouverez dans les chiffres certains du poids brut et dans ceux du poids net, une preuve de la justesse des appréciations de mon premier travail.

Nous avons donc par les livres de l'octroi le poids brut des animaux, nous avons une moyenne très-approximative du rendement net, il devient facile d'établir les tableaux statistiques ci-après indiqués :

TABLEAU Nº 1. — *Nombre des animaux livrés à la boucherie pendant chacun des mois de l'année 1848.*

	TAUREAUX.	BOEUFS.	VACHES.	VEAUX.	MOUTONS.	PORCS.	AGNEAUX, CHEVREAUX, PORCS DE LAIT.
Mois de Janvier	45	203	233	763	1040	1392	362
— Février	56	211	306	979	1022	1156	421
— Mars	49	201	228	1029	670	629	217
— Avril	49	160	304	924	608	361	567
— Mai	74	196	410	1368	826	229	720
— Juin	71	111	369	1399	902	412	589
— Juillet	83	146	412	1340	1131	91	363
— Août	116	124	396	1170	1622	415	223
— Septembre	98	181	294	743	1993	492	341
— Octobre	80	193	263	863	2394	390	412
— Novembre	47	207	317	493	1762	1068	463
— Décembre	57	277	272	734	1426	2073	715
TOTAL	783	2212	5824	11719	15366	8010	5163
Moyenne par mois	65 5/12	184 4/12	518 5/12	968 3/12	1280 6/12	667 6/12	430 3/12
Le nombre des animaux a donné en poids brut	466356	1507072	1332141	767607	847312	843244	393090
en poids net	248564	725055	753878	432888	265557	674893	22432
Poids moyen des animaux : poids brut	594	590,90	406,20	65,50	53,60	105,26	7,62
poids net	316,50	327,77	197,82	36,65	17,26	84,24	4,34

Première observation.

En relevant le nombre des animaux abattus en ville pendant les mois de janvier, février, mars, octobre, novembre et décembre, c'est-à-dire pendant les six mois d'hiver, et le comparant au nombre de ceux qui ont été amenés pendant les six mois d'été, d'avril à septembre inclus, on trouve les différences suivantes :

TABLEAU N° 2.

	NOMBRE pendant les six mois.		DIFFÉRENCE en hiver.	
	HIVER.	ÉTÉ.	EN PLUS.	EN MOINS.
Taureaux...........	302	493	"	191
Bœufs........... ...	1294	918	376	"
Vaches............	1639	2182	"	543
Veaux.............	4578	7141	"	2563
Moutons...........	8284	7082	1202	"
Porcs	6910	1100	5810	"
Agneaux, chevreaux, porcs de lait......	2590	2575	15	»

Je vais expliquer la cause de ces différences. En hiver les bœufs qui nous viennent des Vosges et de la Franche-Comté sont livrés en plus grand nombre à la boucherie parce qu'ils ne sont plus nécessaires pour le labour, les moutons parce qu'ils deviennent d'un entretien onéreux à l'étable, les porcs parce que c'est la saison où se fait l'approvisionnement de l'année entière. Voilà des motifs plausibles des augmentations dans les six mois d'hiver, mais je ne puis trouver la cause qui détermine les vendeurs à livrer à la boucherie un plus grand nombre de taureaux et de vaches en été qu'en hiver, c'est une anomalie qui doit provenir du besoin de la consommation ; quant aux veaux, il en naît plus en été qu'en hiver, la différence est donc toute naturelle.

En calculant le nombre en plus et en moins d'après le
poids moyen et en exceptant l'article des porcs qui est en
dehors de la consommation instantanée, on trouve que la
consommation en été, excède de 121 790 kilog. celle de
l'hiver, ou de 662 kilog. par jour, c'est un nouvel indice que
l'hiver est pour beaucoup de ménages une triste époque de
privations.

Seconde Observation.

On remarque aussi des différences entre le poids moyen
des animaux pendant les six mois d'hiver et pendant les six
mois d'été, comme on le verra dans le tableau comparatif
ci-après :

TABLEAU N° 3. — *Comparaison du poids moyen brut des animaux*
pendant les six mois d'hiver et pendant les six mois d'été.

	POIDS MOYEN BRUT.		DIFFÉRENCE EN HIVER.	
	Six mois d'hiver.	Six mois d'été.	en plus.	en moins.
Taureaux............	630	591	12	"
Bœufs.............	586	601	"	15
Vaches............	413	401	12	"
Veaux............	70	63	7	"
Moutons..........	36	34	2	"
Porcs	106	90	16	"
Agneaux, chevreaux, porcs de lait......	7	8	"	1

Le chiffre des différences ne présentant pas une grande
variation, devient lui-même une preuve que le poids moyen
indiqué par le Tableau N° 1, représente exactement celui
des animaux du pays.

Les différences en plus peuvent s'expliquer par l'effet de la stabulation des animaux à l'étable pendant l'hiver, et par le résultat de la nourriture sèche qui est moins débilitante que les fourrages verts.

Je ne m'explique pas la différence en plus de 15 kilog. trouvée sur le poids des bœufs pendant les six mois d'été, si ce n'est parce que les bœufs qui alimentent la boucherie de Metz nous viennent en partie des Vosges et de la Franche-Comté, et qu'ils dépérissent moins, pendant le trajet, en été qu'en hiver.

Ces observations m'ont un peu détourné du but de mon travail; j'y reviens.

Vous vous rappelez, Messieurs, qu'en établissant l'année dernière mes tableaux statistiques, je voulais constater deux choses: premièrement, le poids moyen des animaux, et savoir si, par une suite d'observations faites chaque année, nous découvririons une augmentation qui prouvât que les encouragements donnés par l'Académie et les Comices ont eu en effet pour résultat de produire une amélioration dans l'alimentation des animaux et dans le perfectionnement des races; secondement, si la consommation en viande, par les habitants de la ville, prend de l'accroissement.

Voici d'abord la comparaison du poids moyen net des animaux pendant les années 1847 et 1848 :

	ANNÉES		DIFFÉRENCE en 1848.	
	1847.	1848.	EN PLUS.	EN MOINS.
Taureaux............	295 59	316 29	20 70	» "
Bœufs.............	324 »	327 77	3 77	» "
Vaches............	191 34	197 82	6 48	" »
Veaux.............	34 37	38 65	4 28	" "
Moutons...........	16 04	17 26	1 22	" "
Porcs	81 56	84 24	2 88	" "
Agneaux, chevreaux, porcs de lait......	4 16	4 34	" 18	» "

M. Purnot, préposé en chef de l'octroi, m'ayant donné,
pour 1847, des chiffres qui diffèrent un peu de ceux que
j'avais obtenus dans mes recherches, j'ai préféré, dans la
comparaison ci-dessus, employer les siens.

Il en résulte que pendant l'année 1848 il y a eu augmentation de poids sur toutes les espèces d'animaux ; mais cela
tient, comme je l'ai fait observer l'année dernière, à la pé-
nurie de l'année 1847, pendant laquelle les animaux comme
les hommes ont souffert des privations par suite de la cherté
des denrées. On ne peut pas conclure de ces différences qu'il
y a une amélioration notable dans l'alimentation des animaux
ou dans le perfectionnement des races.

Je vais maintenant établir le chiffre de la consommation
en 1848.

TABLEAU N° 4. — *Relevé du poids net en viande d'après le Tableau N° 2.*

	KILOGRAMMES.
Taureaux....................................	248 364
Bœufs..	725 033
Vaches	755 878
Veaux..	452 888
Moutons......................................	265 337
Porcs..	674 595
Agneaux, chevreaux, porcs de lait..........	22 452
Viande dépécée entrée en ville..............	100 449
TOTAL.................	3 244 996

Le dernier article (viande dépécée) est extrait des livres de l'octroi; et il y a ici une remarque à faire, c'est que depuis l'établissement du droit d'entrée, qui était fixé par tête et qui maintenant est établi sur le poids brut des animaux, le chiffre de la quantité de viande dépécée apportée en ville est considérablement diminué.

$$\begin{array}{lr}
\text{Il était en 1846, de.........} & 272\,939^k \\
\text{en 1847, de.........} & 167\,887 \\
\text{Il est en 1848, de.........} & 100\,449
\end{array}$$

Ce chiffre se réduira encore et cela est à désirer, car la salubrité publique est bien plus assurée par la surveillance exercée dans les boucheries de la ville que dans celles des campagnes.

Quant à la quantité totale de viande consommée en ville pendant l'année 1848, comparée aux années précédentes, il y a une différence considérable.

J'ai trouvé, pour les six années, de 1842 à 1847,

En terme moyen : Viande de boucherie .. 2 343 485^k

Viande de porcs...... 611 725

————

2 955 210

Je trouve, pour 1848................. 3 244 996

Différence en plus en 1848....... 289 786

Cette différence est importante ; il m'a semblé nécessaire de vérifier si elle est réelle ou si elle provient d'une erreur dans mon premier travail. Voici la preuve que j'ai cherchée.

Il y a un chiffre de comparaison qui n'est pas sujet à erreur, c'est celui du nombre des bestiaux livrés à la boucherie ; car, soit que le droit ait été perçu par tête ou au poids, le nombre des animaux a été authentiquement constaté :

	NOMBRE DES ANIMAUX entrés en ville.		DIFFÉRENCE EN 1848.		CALCUL DES DIFFÉRENCES au poids moyen.	
	NOTRE de 1842 à 1847.	en 1848.	en PLUS.	en MOINS.	en PLUS.	en MOINS.
Taureaux............	844	785	»	59	»	18 667
Bœufs..............	2 167	2 242	45	»	14 749	»
Vaches.............	2 448	3 821	1 373	»	271 606	»
Veaux..............	7 949	11 719	3 800	»	146 870	»
Moutons............	16 377	15 366	»	1 011	»	17 449
Porcs..............	8 456	8 040	»	146	»	12 299
Agneaux, chevreaux, porcs de lait.....	pas constaté.	5 163	»	»	22 452	»
Viande dépecée.....	222 459	100 449	»	122 010	»	122 010
					455 677	170 425
					Balance....	285 252

Il n'y a donc pas de doute : la consommation de la viande s'est accrue, en 1848, de 289786 kil. La petite différence qui se trouve dans le chiffre de la balance ci-dessus vient de ce que j'ai calculé le poids des bestiaux, en plus et en moins, d'après le poids moyen de 1848 qui diffère un peu de celui des années précédentes ; je n'avais pour but que de chercher la preuve de l'augmentation de la quantité, et elle existe.

Dans cette quantité des viandes de boucherie figure pour la première fois, en 1848, le produit des agneaux, chevreaux et porcs de lait abattus. Il est de 22452 kil. à déduire de la différence, car elle n'a pas été comptée dans les années précédentes.

Le nombre des habitants de la ville, en 1847, a été calculé à................................... 43608

A ajouter l'accroissement de 1848, que nous avons calculé à 642 par an, d'après la proportion de l'accroissement constaté par les recensements de 1842 et de 1846......................... 642

Le nombre des journées de présence des militaires de la garnison, d'après un renseignement que M. l'Intendant a bien voulu me donner, est de 3210540, ce qui porte le nombre d'hommes à.. 8797

Total du nombre de consommateurs......... 53057

La quantité de viande consommée est de 3244996^k.

La quantité par tête, pour 1848, est de 61^k,16.

En calculant à part la consommation faite par la garnison à 91^k par homme et par an, d'après les indications données dans mon précédent travail, nous trouvons :

Pour 8797 hommes à 91^k.............. 800527^k

Reste consommé par les habitants.......... 2444469

Quantité pareille............. 3244996

La quantité de 2 444 469 kil. consommée par les habitants étant divisée par 44 260, donne pour chacun 55^k,23.

La consommation moyenne, pendant les six années, de 1842 à 1847, a été de..................... 48^k,55

En 1847, de .... 48^k,63

Il y a donc en 1848 une augmentation dans la consommation de la viande de près de 7 kil. par tête. C'est un résultat heureux.

D'où provient-il ? L'année 1848 a été considérée généralement comme une époque de gêne et de souffrance pour le commerce et les travailleurs ; cela est vrai pour le commerce, mais quant aux travailleurs, qui sont les plus nombreux, ils ont obtenu, au moyen des travaux créés par la ville ou occasionnés par quelques grandes constructions particulières et par ceux du chemin de fer, plus de facilité de vivre ; les secours pour les ouvriers ont aussi été plus abondants : il semble que les sentiments de fraternité ont été plus actifs, plus chaleureux.

D'un autre côté, la multitude d'individus de la campagne attirés par les fêtes publiques et le mouvement électoral, ont dû contribuer aussi à l'augmentation de la consommation de la viande.

Dans tous les cas, c'est un signe de prospérité.

Je n'ai présenté dans mes tableaux de consommation que les quantités de viande de boucherie, mais je crois devoir consigner ici, comme un renseignement statistique bon à consulter, les quantités de gibier et de volaille qui ont été apportées en ville.

	ANNÉES		DIFFÉRENCE EN 1848.	
	1847.	1848.	EN PLUS.	EN MOINS.
Sangliers et chevreuils, kilos............	1541	1552	11	"
Lièvres, nombre.....	4266	4478	212	"
Lapins	321	342	21	"
Coqs, dindes, faisans	3428	3822	394	"
Oies...............	21281	28821	7540	"
Poulets.............	66775	77941	11166	»
Perdreaux et bécasses.	2583	3124	541	"
Pigeons	22305	20545	"	1860

Il y a donc aussi sur ces divers articles, excepté sur celui des pigeons, une notable augmentation dans la consommation de 1848. — On peut évaluer le poids total du gibier et de la volaille entrés en ville en 1848 a plus de 159000 kil., ou environ 3 kil. pour le terme moyen appliqué à chaque habitant ; ce qui porterait le chiffre de la consommation totale de la viande à 58^k,23 par individu et par an.

Notre bonne ville de Metz, Messieurs, a peu à envier, sous ce rapport, aux principales grandes villes, puisque la consommation à Paris, en 1847, n'a été que de 58 kil. de viande de boucherie, en moyenne, par habitant, et celle de Lille, de 44^k,72.

NOTICE

SUR

LE POIDS MOYEN DES ANIMAUX

LIVRÉS A LA BOUCHERIE DE METZ,

PENDANT L'ANNÉE 1849,

ET SUR LA CONSOMMATION DE LA VIANDE EN VILLE,

PAR M. ANDRÉ.

———

MESSIEURS,

Voici mon troisième rapport statistique sur la consommation de la viande dans la ville de Metz.

Le premier concerne les six années de 1842 à 1847 ;

Le second est relatif à l'année 1848 ;

Celui-ci comprendra l'année 1849.

C'est en continuant pendant un certain nombre d'années à recueillir les mêmes renseignements que nous parviendrons à avoir des données, de plus en plus précises, sur le poids moyen des animaux et sur la consommation de la viande par les habitants ; nous pourrons un jour apprécier exactement les améliorations qui se produisent dans ces faits d'économie politique : j'en signalerai déjà quelques-unes :

TABLEAU Nº 1. — *Nombre des animaux livrés à la boucherie pendant chacun des mois de l'année 1849.*

	TAUREAUX	BŒUFS.	VACHES.	VEAUX.	MOUTONS.	PORCS.	AGNEAUX, CHEVREAUX, PORCS DU LAIT.
Mois de Janvier.	52	223	221	814	889	1841	403
Février.	30	198	236	824	891	1116	395
Mars.	81	237	244	896	828	520	387
Avril.	40	193	263	871	766	284	655
Mai.	55	187	341	1319	926	241	959
Juin.	42	180	289	1276	630	102	1018
Juillet.	84	148	311	1191	1094	100	1220
Août.	111	170	265	1481	1480	156	1157
Septembre.	132	222	205	790	1896	193	1058
Octobre.	81	201	227	660	2585	597	746
Novembre.	67	212	208	508	2189	1560	604
Décembre.	60	242	263	743	1653	2851	522
TOTAUX.	785	2413	3075	11275	15827	9343	9047
Moyenne par mois.	65 5/12	201 1/12	256 3/12	939 3/12	1318 11/12	778 7/12	753 11/12
Poids brut total.	463214 k	1478967	1264129	782268	577796	970285	67883
Poids net total.	246707	820385	615650	461538	280415	776228	38694
Poids moyen par tête, brut.	590	612,9	411	69,5	36,5	105,8	7,3
Idem net.	314,27	359,98	200,20	40,94	17,70	83,08	4,27

24

TABLEAU N° 2. — *Comparaison du nombre des animaux abattus et du poids pendant les années 1848 et 1849.*

	NOMBRE MOYEN des années de 1842 à 1847	NOMBRE DES ANIMAUX abattus		DIFFÉRENCE en 1849		POIDS MOYEN NET		DIFFÉRENCE en 1849	
		en 1848.	en 1849.	en plus.	en moins.	en 1848.	en 1849.	en plus.	en moins.
Taureaux..........	844	785	785	»	»	346 59	344 27	»	2 42
Boeufs............	2167	2242	2443	201	»	327 77	339 97	12 21	»
Vaches...........	2448	3824	5078	»	746	197 82	200 20	2 58	»
Veaux............	7919	11719	11273	»	446	58 65	40 94	2 29	»
Moutons..........	16577	18366	18827	461	»	17 26	17 70	» 44	»
Porcs.............	8156	8010	9343	1333	»	84 24	83 08	»	1 16
Agneaux, chevreaux, porcs de lait......	»	3463	9047	5882	»	4 34	4 27	»	» 07

Observations sur le nombre et le poids des animaux abattus.

Taureaux. — Le nombre des taureaux abattus est exactement le même dans les deux années ; il est inférieur à celui des années antérieures ; cette réduction provient probablement du faible prix auquel on vend ces animaux sur le marché de Metz ; ce prix, déduction faite de l'octroi, se réduit à 58 centimes le kilogramme, viande nette.

Bœufs. — Le nombre des bœufs abattus s'accroît chaque année ; ce n'est pas qu'on en élève plus dans le département, les bœufs viennent en grande partie des pays voisins : j'en parlerai dans une seconde observation.

Vaches. — Il a été abattu moins de vaches et moins de veaux en 1849 qu'en 1848 ; c'est à mes yeux un progrès qui tend à prouver que les cultivateurs veulent élever plus de bestiaux.

Le poids moyen net des vaches était en 1847, de 191 kil. 34. En 1848, de 197 kil. 82. En 1849, de 200 kil. 20. — L'amélioration devient constante et appréciable.

Veaux. — Le poids moyen des veaux en 1847 était de 34 kil. 37. En 1848, de 38 kil. 65. Et en 1849, de 40 kil. 94. Cette progression est une conséquence de la précédente.

Moutons. — Le chiffre de l'abattage des moutons présente, en 1849, une différence en plus de 461, mais il n'est pas encore revenu au nombre abattu en 1847.

Porcs. — Le bas prix des céréales explique le grand nombre de porcs élevés et abattus. Il a dû y avoir un accroissement considérable en 1849, car ce doit être surtout sur les porcs de lait que se trouve l'énorme différence du chiffre des entrées : 3 882 de plus en 1849 qu'en 1848.

Le poids des moutons, celui des porcs, et celui des agneaux, chevreaux et porcs de lait, semble rester stationnaire.

TABLEAU N° 5. — *Observations sur les arrivages en été et en hiver.*

En considérant comme appartenant à l'hiver les mois de janvier, février, mars, octobre, novembre et décembre, et les mois intercalaires comme formant l'été, les entrées se répartissent comme il suit :

	NOMBRE pendant LES SIX MOIS.		DIFFÉRENCE en HIVER		POIDS moyen SUR PIED.	
	HIVER.	ÉTÉ.	en PLUS.	en MOINS.	HIVER	ÉTÉ.
Taureaux	521	464	»	143	605	595
Bœufs.	1513	1100	213	»	601	627
Vaches.	1401	1674	»	273	416	405
Veaux.	4445	6823	»	2383	71	67
Moutons.	9035	6792	2243	»	37	35
Porcs.	8285	1058	7227	»	103	86
Agneaux, chevreaux porcs de lait. . .	5022	602?	»	5003	6	7

Il y a, comme en 1848 :

1° Plus d'abattages de bœufs, moutons et porcs en hiver qu'en été ;

2° Plus d'abattages de taureaux, vaches et veaux en été qu'en hiver ;

5° Une consommation de viande plus grande en été qu'en hiver.

La différence était de 121790 kil. en 1848 ; elle n'a été que de 85038 en 1849, ou 472 kil. par jour, en laissant en dehors l'abattage des porcs.

J'ai donné l'année dernière quelques explications de ces faits.

Le poids moyen est, comme en 1848, plus fort en hiver qu'en été, excepté pour les bœufs.

TABLEAU N° 4. — *Observations sur les sources de l'approvisionnement.*

PORTES DE METZ, EN COMMUNICATION ENTRE ELLES, par lesquelles ont lieu les arrivages.	TAUREAUX.	BŒUFS.	VACHES.	VEAUX.	MOUTONS.	PORCS.	AGNEAUX, CHEVAUX, PORCS DE LAIT.
Porte de France.							
— de Thionville.	59	524	401	4272	3195	4498	854
— du Saulcy.							
— de Chambière.							
— des Allemands.	623	321	2121	8944	9256	3295	7679
— de Mazelle.							
— de Saint-Thiébault.	102	1568	528	1022	4374	1550	495
— de la Citadelle.							
Divers provenant de transit.	1	»	25	55	2	»	49
	785	2413	3075	14273	15827	9343	9047

Les arrivages par les portes de France, Thionville et du Saulcy, des bestiaux de la race bovine, viennent du premier canton de Metz et de l'arrondissement de Thionville; quant aux porcs, ils proviennent pour la plus grande partie de la Woëvre qui forme l'arrondissement de Briey et entre dans le département de la Meuse; cette contrée fournit à elle seule près de la moitié de la consommation en viande de porc.

Les arrivages par les portes des Allemands, Mazelle et Chambière, viennent en partie de la Prusse et de la Bavière. On peut évaluer, d'après les états de la douane, les quantités qui arrivent de ces pays :

500 taureaux, — 200 vaches, — 700 veaux, — 8000 moutons, — 7 000 agneaux, chevreaux et porcs de lait.

Les arrivages par les portes Saint-Thiébault, de la Citadelle et une partie de ceux par la porte Mazelle, viennent principalement des départements de la Meurthe, des Vosges et de la Franche-Comté ; on peut évaluer ces arrivages à 1 400 bœufs, — 1 000 vaches.

Le département de la Moselle seul ne fournit pas plus de moitié de la consommation de la viande à Metz.

TABLEAU N° 5. — *Relevé du poids net en viande provenant des abattages d'après le Tab'eau N° 1.*

	QUANTITÉS COMPARÉES.		DIFFÉRENCE EN 1849	
	1848. KILO.	1849. KILO.	en plus. KILO.	en moins KILO.
Taureaux..........	248 364	246 707	»	1 657
Bœufs	725 033	820 383	95 350	»
Vaches...........	755 878	615 630	»	140 248
Veaux...........	452 888	461 538	8 650	»
Moutons	265 337	280 115	14 778	»
Porcs............	674 595	776 228	101 633	»
Agneaux, chevreaux, porcs de lait.....	22 452	38 694	16 242	»
Viande dépécée....	100 449	77 133	»	23 316
	3 244 996	3 316 428	236 653	165 221
Plus faible quantité à déduire...	3 244 996	165 221		
Différence..........		71 432	71 432	

Il résulte de ce tableau :

1° Qu'il a été consommé en 1849, une quantité de 71 432 kil. de viande de plus qu'en 1848. Cette dernière année était déjà en progression de 289 786 kil. sur les années précédentes ;

2° Que cette augmentation a eu lieu principalement sur la viande de bœuf, de veau, de mouton et de porc ;

3° Que la quantité de viande de vache est réduite de 1/5;

4° Que la quantité de viande dépécée entrant en ville, continue à décroître, depuis la substitution de la perception sur le poids à la perception du droit par tête. Cette quantité était en 1846, près de 4 fois ce qu'elle est aujourd'hui.

Répartition par habitant : — Nous avons supposé l'année dernière que le chiffre de la population pouvait être de 44 260

Nous ajoutons chaque année pour l'accroissement proportionnel, d'après la comparaison des tableaux de recensement de 1841 et de 1846 642

Le nombre des journées de présence des militaires de la garnison d'après un renseignement qui m'a été donné à l'Intendance militaire est de 3 220 487, ce qui porte le nombre d'hommes à 8 823

Total du nombre de consommateurs.. 53 725

La quantité de viande consommée est de 3 316 428^k.

La quantité par tête, pour l'année 1849, est de 61^{k}73.

En calculant à part la consommation faite par la garnison à 91 kilog. par homme et par an, d'après les indications données précédemment, nous trouvons pour 8 823 hommes............................ 802 893^k

Reste consommé par les habitants......... 2 513 535

Quantité pareille.......... 3 316 428

La quantité consommée par les habitants étant divisée par 44 902 donne pour chacun............. 55^k 98

La consommation en 1848, déjà en progrès sur les années précédentes de près de 7 kilog. était de...................... 55 23

Il y a donc en 1849, augmentation de ...   » 75

C'est là l'indice d'une meilleure situation de la classe ouvrière, ou le résultat du bas prix du pain, qui permet au consommateur d'employer une partie de son salaire à acheter de la viande.

Comparaison de la consommation de la volaille et du gibier.

	ANNÉES		DIFFÉRENCE EN 1849.	
	1848.	1849.	EN PLUS.	EN MOINS
Sangliers et Chevreuils, kilo.	1 552	1 688 *	136	»
Lièvres, nombre.	4 478	3 209	»	269
Lapins, id...	342	452	110	»
Coqs d'Inde, Faisans id...	3 822	4 076	254	»
Oies, id...	28 821	31 627	2 806	»
Poulets, id...	77 941	87 653	9 712	»
Perdreaux et Bécasses, id...	3 124	2 519	»	605
Pigeons, id...	20 545	17 944	»	2 601

Il paraît, d'après ces chiffres, que la chasse n'a pas été heureuse en 1849, ou que la quantité de gibier diminue, ce qui

* Dans cette quantité il y a 597 kilog. de sanglier et 1291 kilog. de chevreuil.

n'est pas un mal, car il nuit à l'agriculture ; d'un autre côté on élève un plus grand nombre de volailles, ce qui est un bien. — La décroissance du nombre des pigeons se continue : la quantité était en 1847 de 22 305, en 1848 de 20 543, en 1849, de 17 944. — La réduction des colombiers, ces fléaux des semences et des récoltes, est une chose désirable.

RÉSUMÉ.

Nous sommes dans la bonne voie du progrès, soit qu'on le considère dans ses rapports avec l'agriculture, soit qu'on l'envisage dans la question de la consommation de la viande.

Le progrès sous le point de vue de l'agriculture se résume en quatre faits principaux :

1° Augmentation graduelle et soutenue du poids moyen des animaux ;

2° Diminution dans le chiffre des abattages des vaches et des veaux ;

3° Diminution des quantités de gibier et du nombre des pigeons ;

4° Accroissement du nombre des volailles de basse-cour.

Le progrès, sous le rapport de la consommation de la viande, se trouve dans trois faits :

1° Augmentation de la quantité de viande de bœuf dans l'alimentation ;

2° Augmentation graduelle et soutenue de la quotité de viande par habitant ;

3° Réduction de l'arrivée en ville de la viande dépécée, qui, malgré la surveillance de la police, laisse toujours des doutes sur son origine.

J'ai donné, pour la première fois cette année, des indications sur les sources qui fournissent à l'approvisionnement : le département n'y figure que pour environ la moitié du nombre de bestiaux abattus. Il y a là une grande amélioration à

25

obtenir elle se réalisera ; mais il faut que les mêmes renseignements soient recueillis pendant plusieurs années pour qu'on puisse en tirer quelques inductions positives.

En considérant que ce travail statistique repose sur des chiffres exacts, qu'il ne peut être l'occasion du moindre doute, il acquiert un intérêt et une importance dont vous apprécierez toute la portée.

Le seul élément du calcul qui soit supposé est l'augmentation du chiffre de la population que je porte à 642 par an : je le crois exagéré ; dans ce cas l'accroissement de la consommation de la viande se trouverait être plus considérable.

Qu'il me soit permis en finissant d'adresser à M. Purnot, préposé en chef de l'octroi, des remercîments pour l'obligeance avec laquelle il met, chaque année, à ma disposition les renseignements qui me sont nécessaires pour continuer à vous entretenir de questions aussi utiles.

Il me reste à exprimer un vœu, c'est que l'administration municipale trouve des moyens de régler le prix du détail de la viande de boucherie, qui est aujourd'hui de 25 p. 0/0 au-dessus du prix de revient. Si l'agriculture vend ses bestiaux à un faible prix, il est juste que le consommateur en profite ; ce qui n'a pas lieu en ce moment, où le prix de la viande revenant à 70 cent. ou 80 cent. le kileg., se vend encore au détail à 1 franc.

MÉMOIRE

SUR LA

SOCIÉTÉ DE PRÉVOYANCE ET DE SECOURS MUTUELS

DE CHARLEVILLE-MÉZIÈRES,

PAR M. DE SAINT-VINCENT.

———

La Société de Prévoyance, fondée pour les deux villes de Charleville et de Mézières, bien que datant seulement de la fin de 1849, peut, par les innovations qu'elle a tentées et considérées au moins à titre d'essai, donner lieu à des observations à la fois intéressantes et utiles.

Comme les autres Sociétés de Secours mutuels, elle pourvoit aux besoins de ses membres pendant leurs maladies. Elle leur assure les visites des médecins, les médicaments gratuits, et un franc d'indemnité par jour de maladie ; elle se charge des inhumations, et enfin alloue des secours extraordinaires en cas de besoins exceptionnels.

A ces avantages, qui sont généralement offerts par les associations de cette nature, la Société de Charleville-Mézières a ajouté, indépendamment d'une caisse distincte et séparée pour les retraites, des améliorations dont le succès, s'il persiste, pourra être un exemple et un précédent utile pour les institutions de prévoyance :

1° Une bibliothèque a été établie pour les malades, qui souvent ou succombaient à l'ennui, ou n'y échappaient que par des lectures immorales, également dangereuses pour eux et leurs familles ;

2° Un arrangement a été conclu dans l'intérêt de la Société avec les sœurs de l'Espérance, qui, dans les familles aisées, remplissent les soins de gardes-malades moyennant une rétribution ; en sorte que dans les circonstances qui peuvent l'exiger, les sociétaires participeront à ces soins de la même manière que les citoyens plus fortunés ;

3° Les cotisations ont été réduites à soixante-quinze centimes par mois. Ce taux est le minimum possible, si l'on considère que les médecins sont payés par la Société, non point par abonnement, mais par visite, et en laissant à chaque sociétaire le droit de désigner le médecin qui possède sa confiance ;

4° Les femmes des sociétaires, moyennant une cotisation de vingt-cinq centimes par mois, jouissent des mêmes avantages que leurs maris, sauf les journées de maladie. Il en est de même pour les enfants âgés de plus de quatre ans et de moins de dix-huit, moyennant une cotisation de deux francs par an pour chaque enfant, sans pouvoir excéder six francs, quel que soit le nombre des enfants. En sorte que le maximum de la cotisation des époux et de leurs enfants est porté à dix-huit francs.

De plus, les parents et alliés des sociétaires, soit en ligne directe, soit au degré de frère et sœur, qui se trouveraient exclus de la Société, soit par leur âge, soit par l'état de femmes non mariées ou veuves, peuvent néanmoins en faire partie, en payant la même cotisation que les sociétaires, mais sans les mêmes droits pour la journée de maladie, qui, selon l'âge, est supprimée ou réduite.

On a été conduit à créer ces catégories par la pensée que le lien de la famille ne supportait pas de séparation, et ne permettait pas qu'on créât à l'un de ses membres une situation qui contrastât par trop avec celle des autres. Il était fâcheux, en effet, de voir prodiguer les soins les plus complets pour une indisposition insignifiante à un homme dans la force de l'âge, tandis que quelques jours après, et ses enfants malades, et sa femme le devenant à son tour par excès de fatigue, n'avaient rien à demander à une société à laquelle ils étaient étrangers. Ainsi, pendant que les membres s'associaient, pour améliorer leur sort, à des citoyens dont la plupart leur étaient inconnus, ils se plaçaient en même temps comme en dehors de la société de leur propre famille.

Enfin, de cette manière, les ouvrières qui ne sont pas mariées, ainsi que les veuves, peuvent entrer dans l'association, aux avantages de laquelle elles ont autant de droit que d'autres, puisqu'elles sont encore plus dénuées d'appui.

Cette agrégation des femmes, des vieillards et des enfants crée sans doute des charges considérables, mais elle amène aussi en compensation, des avantages indépendants même de ceux que nous avons déjà indiqués.

En effet, dans les sociétés qui n'admettent que les chefs de famille, la maladie des femmes et des enfants réagit souvent sur la caisse sociale en amenant des demandes de secours ou des retards indéfinis dans le paiement des cotisations. Par fois même une indisposition devenue une maladie grave, parce qu'elle a été mal soignée, amènera plus de charges qu'elle n'eût coûté pour une guérison prompte et prise à temps. Aussi, à Charleville, aucun secours n'est jamais demandé par les sociétaires ; et, sur plusieurs milliers de francs dépensés, vingt francs seulement ont été employés en secours pour deux sociétaires, encore ces secours ont-ils été accordés d'office et sans avoir été demandés.

Il n'échappera pas non plus que la santé est presque so—

lidaire dans les familles pauvres. Si la maladie de l'enfant se prolonge faute des dépenses et des soins nécessaires, le sommeil de la mère est troublé : elle s'épuise par des fatigues continues du jour et de la nuit. Elle faiblit à son tour, et le mari a aussi sa part de la fatigue, des insomnies et des soucis qui ôtent le cœur à l'ouvrage, sans compter que sa nourriture négligée et son ménage mal soigné se ressentent de ce long dérangement.

Enfin, les jeunes gens entrant ainsi dans la Société, on obtient par là le droit de les surveiller, d'entrer en communication avec eux, de les reprendre avec douceur de leurs écarts, de les contenir même quelquefois par la crainte de l'exclusion.

Un dernier pas resterait à faire, c'est d'autoriser l'admission des enfants au-dessous de quatre ans. Ce point est actuellement l'objet d'une étude qui peut donner lieu à bien des hésitations, si l'on réfléchit aux difficultés très-graves que cette question peut soulever. Cet essai ne pourra évidemment être tenté qu'au moyen d'encouragements spéciaux, soit du gouvernement soit des particuliers.

5° Les candidats ne font qu'un noviciat de trois mois, ne paient aucun droit d'admission, et ne sont assujettis à aucune visite de médecins constatant leur bonne santé. Il suffit, pour être admis, que le candidat soit notoirement en état de travailler lors de son admission. De là est résultée l'introduction de bien des santés chétives, qui augmentent les charges sociales.

Cet inconvénient, on n'a pas hésité à le subir, et en le faisant on croit être entré dans le véritable esprit des Sociétés de prévoyance.

D'une part, les donateurs doivent être naturellement supposés destiner leur argent à ceux-là surtout qui en ont le plus besoin, à ceux-là qui non-seulement sont déshérités de la fortune, mais n'ont pas même pour seul et unique patrimoine, une santé satisfaisante. Ce sont ceux-là précisément dont le soulagement est la plus grande nécessité, le plus grand devoir. Les exclure de la participation au secours, ce serait le distribuer en raison inverse des besoins.

Et quant aux sociétaires, qu'on n'oublie pas que les sociétés de secours mutuels ne sont pas uniquement des associations commerciales et des spéculations financières; c'est plus que cela, mieux que cela. Dans ces sociétés, le bien se fait non-seulement pour le peuple, mais encore par le peuple lui-même. Le pauvre ne se prive pas du droit et du plaisir de faire du bien à plus pauvre que lui. Il reçoit sans rougir le don que vous lui faites, l'aide que vous lui apportez, parce que de son côté il fait de même, et que si vous le soutenez en le tenant d'une main, il emploie l'autre main à soutenir à son tour celui qui chancelle encore plus que lui.

Ceci n'est point un sentiment prêté; et, on doit dire à la louange des deux villes de Charleville et de Mézières, qu'aucune réclamation n'a été faite contre cette situation assez neuve dans les sociétés de secours mutuels. Cette charge plus lourde, cette contribution particulière ont été noblement et sans hésiter acceptées par les sociétaires et subies de même.

La société constituée sur ces bases larges et généreuses n'a effrayé personne; elle a paru, au contraire, vraiment et éminemment populaire. En quelques mois elle a compté près de sept cents personnes cotisant et prenant part aux secours, c'est-à-dire, plus du vingtième de la population, indépendamment de quatre cents associés-libres ou donateurs.

La société a payé pour le premier trimestre de l'année 1850, *treize cent cinquante-huit francs en médicaments, visites de médecins et journées de maladie.* Elle est en mesure de faire face à ses charges : elle marche avec précaution, mais avec confiance et assurance. En sept mois elle n'a encore eu dans son sein aucun décès; on peut même supposer qu'elle en a prévenu plusieurs, si l'on réfléchit que plusieurs membres, dans un état voisin de l'indigence, ont coûté à la société des sommes dont ils n'auraient pu supporter la dixième partie si elles eussent été à leur charge.

Un point que nous devons tout particulièrement signaler et sur lequel nous insisterons le plus, parce qu'il peut servir d'un utile exemple pour beaucoup d'autres localités, c'est la méthode extrêmement simple et facile qui a présidé à la fondation de la société de Charleville.

Dans un grand nombre d'autres communes, nous avons vu, pour fonder ces institutions, réunir des commissions dont la composition était tout d'abord une difficulté, soit par les susceptibilités qu'elle faisait naître, soit par les préoccupations politiques qu'on y supposait. Viennent ensuite les projets de réglement, les discussions qui n'aboutissent pas, les divergences et les mécontentements, enfin beaucoup de bruit et de peine sans résultat, malgré l'activité, la prudence et le dévouement des fondateurs.

A Charleville, au contraire, les fondateurs n'ont eu à se glorifier que d'une chose, c'est de n'avoir rien fait; mais par là même aussi, ils ont laissé peu de chose au hasard des délibérations, et n'ont pas éveillé les susceptibilités de personnes ou de principes. Tout leur travail s'est borné à prier le maire d'autoriser la circulation de deux listes, l'une de sociétaires, l'autre d'associés-libres, en indiquant que la nouvelle société serait régie par le réglement des sociétés de Metz, tant qu'elle ne l'aurait pas elle-même modifié.

Aussitôt que cette autorisation du maire a été obtenue, la société a été regardée comme étant fondée et en pleine activité. Ainsi le travail d'enfantement et d'organisation n'a été ni bien long ni bien compliqué; seulement il a été annoncé que tant que la société ne compterait pas trente sociétaires, elle serait administrée par un citoyen délégué par le maire.

Ce préalable a duré quelques jours, au bout desquels les membres ayant atteint le chiffre de trente ont nommé un conseil d'administration provisoire, qui devait être remplacé par un conseil définitif lorsque les sociétaires seraient au nombre de cent, ce qui est arrivé un mois après.

Sans doute on n'avait ni compté ni dû compter sur un succès aussi prompt, exclusivement dû au bon esprit et à la sagesse de la population ouvrière de Charleville, ainsi qu'aux dons et à la coopération des habitants plus aisés; mais on était parti de cette idée très-simple que le meilleur moyen de propagation de la société était sa mise en activité, et que la meilleure démonstration de la possibilité du mouvement était de marcher. On se disait que pour peu que la société comptât seulement cinq ou six membres (et c'eût été jouer de malheur que de ne pas y arriver), le premier d'entre eux qui tomberait malade serait infailliblement cause de l'agrégation de plusieurs autres. C'est ce qui est réellement arrivé; et je me contenterai de citer un fait arrivé à notre agent-général, qui, revenant un jour de porter des journées de maladie à un malade, eut la consolation de se voir arrêter trois fois successivement dans sa route par des voisins, qui ayant promptement appris ce résultat, demandaient à être inscrits à leur tour comme candidats.

C'est à dessein que nous insistons sur ce point qui nous paraît capital pour l'établissement des sociétés de prévoyance. Nous avons vu, dans une foule de communes, la manie de composer des réglements avant toutes choses, aboutir à ne rien faire et à déclarer qu'il était impossible de rien faire dans la localité : au contraire, la méthode suivie à Charleville peut être facilement pratiquée partout, et par tout citoyen, car elle ne demande de la part des fondateurs aucun talent; elle leur impose peu de fatigue. Enfin, même au cas d'insuccès, on n'a ni l'ennui ni la responsabilité d'avoir pendant longtemps monté, à grand bruit et à grands frais, une

26

machine qui se brise sans avoir été même essayée. N'eût-on fait, avant de se dissoudre, que soulager un seul malade, consoler une souffrance, la peine n'aurait pas été perdue et ne serait point à regretter. Et même la somme d'efforts ayant été très-faible, l'avenir n'en serait point compromis, comme à la suite de toute entreprise avortée après de grands préparatifs : un pareil précédent n'aurait pas de quoi décourager celui qui plus tard supposerait pouvoir atteindre le succès par des moyens plus énergiques.

Tels sont les résultats obtenus par la Société de Prévoyance de Charleville-Mézières. En redisant le bien qui s'est fait sous mes yeux, j'ai cru pouvoir être utile ; persuadé, comme je le suis, que le bien se propage en le racontant, et que le récit des choses bonnes, faites par une population, peut ailleurs en engendrer de meilleures encore, de même qu'une étincelle égarée produit par fois un nouvel et plus grand embrasement.

Charleville, le 3 mai 1850.

HISTOIRE. — ARCHÉOLOGIE.

—

NOTE

DE M. CHARLES ROBERT,

SUR

DES MONNAIES DE POSTUME

DÉCOUVERTES EN 1848.

—

Des deniers romains du troisième siècle ont été exhumés en septembre 1848 aux environs de Pont-à-Mousson. Bien conservés pour la plupart, ils présentent des revers, sinon inédits, du moins intéressants par leur variété et leur signification.

Deux cent sept de ces monnaies appartiennent d'ailleurs au règne du gaulois Postume; règne qui a pour notre antique cité un intérêt tout spécial, car le pays messin se trouvait au cœur des vastes états que ce conquérant avait su arracher au vieil empire romain et maintenir dans leur indépendance pendant une période de dix ans *.

* Postume avait soumis à son sceptre la plupart des provinces occidentales de l'empire, moins l'Italie. Sa puissance paraît avoir été reconnue au pays des Francs, en Angleterre, et peut-être

Postume cependant est relégué d'ordinaire, dans les catalogues numismatiques et même dans les traités d'histoire, parmi ces généraux plus ou moins obscurs qu'on désigne sous le nom des *trente tyrans*. Pour nous, fils des Gaulois, Postume doit représenter la figure nationale, la figure historique de l'époque, et nous ne saurions voir dans Gallien qu'un souverain étranger.

Ce qu'on sait sur Postume est bien peu de chose, et son histoire n'est guère plus connue que celle d'Hercule sous les traits duquel il se plaisait à se faire représenter. C'est pour ces époques déshéritées de souvenirs, que les médailles sont vraiment des monuments précieux, et déjà un habile numismatiste, M. de Witte, utilisant les puissances tribunitiennes inscrites sur la monnaie, a rectifié une erreur de Trebellius Pollion et prouvé que le règne de Postume avait duré, non pas huit ans, comme l'avance cet auteur, mais bien dix ans, de 258 à 267 *. C'est encore aux médailles que l'on doit de connaître les prénoms du héros gaulois, Marcus Cassianius Latinius.

Voici le catalogue des monnaies de Postume qui m'ont été communiquées :

Description du revers.

1. — **RESTI. GALLIARVM.** *L'empereur debout tenant une haste et relevant la Gaule représentée sous les traits d'une femme tourellée, prosternée à ses pieds.* (1 exemplaire.)

Le style de ce joli denier, bien supérieur à celui de la plupart des monnaies de Gallien, rappelle le beau temps de

même en Espagne, ainsi que l'a avancé Cannegieter, savant hollandais cité par M. de Witte. On s'accorde généralement à reconnaître que le siége de l'empire de Postume était établi sur les bords du Rhin ou sur ceux de la Moselle.

* Voir la *Revue numismatique*, tome 9, page 348.

la gravure antique et prouve que Postume restaura dans les Gaules les arts libéraux.

2. — SALVS PROVINCIARVM. *Personnage couché sur le pont d'un navire.* (3 exemplaires.)

Ce type fait peut-être allusion à une expédition en Angleterre où Postume paraît avoir étendu sa domination. On retrouve au droit de cette monnaie le type de visage qu'on attribuait autrefois à Postume fils ; mais l'usure de cet exemplaire prouverait assez, alors même qu'on n'aurait pas renoncé à-peu-près à attribuer des monnaies à Postume fils, qu'il ne peut s'agir ici que de Postume père, car les autres deniers de cet empereur, faisant partie de notre trouvaille, sont pour la plupart de très-belle conservation et avaient par conséquent peu circulé au moment de l'enfouissement.

3. — SÆCVLI FELICITAS. — *L'empereur en habits militaires tenant un globe et la haste transversale.* (24 exemplaires.)

4. — PAX AVG. *La paix tenant à la main une branche d'olivier.* (25 exemplaires.)

Cette monnaie présente trois types et plusieurs coins.

5. — VICTORIA AVG. *La paix tenant à la main une palme et une couronne ; à ses pieds un captif.* (4 exemplaires.)

6. — FELICITAS AVG. *Figure de la félicité.* (12 exemplaires.)

7. — FORTVNA AVG. *La fortune debout.* (7 exemplaires.)

Les revers que nous venons de décrire font allusion aux triomphes de Postume et au rétablissement de la paix dans les provinces soumises à son sceptre.

Dans les six types suivants, Postume a voulu se faire représenter sous les traits de ses divinités favorites, Jupiter, Hercule et Mars, symboles de la puissance et du courage. C'est ainsi que Louis XIV prenait la figure du soleil.

Postume avait pour Hercule un culte tout particulier. M. de Witte a récemment publié des monnaies de Postume en or et en billon où sont reproduits les douze travaux de ce demi-dieu. On rencontre en outre des monnaies sur lesquelles le buste de l'empereur est représenté avec les attributs d'Hercule, la tête coiffée de la peau du lion.

8. — VIRTVS AVG. Cinq exemplaires portent cette légende et présentent soit la figure de Mars, soit celle d'Hercule. (5 exemplaires.).

9. — JOVI STATORI. *Jupiter tenant la foudre.* Au droit, la tête de l'empereur tournée à droite. (19 exemplaires.)

10. — Même type avec le buste de Postume portant les attributs d'Hercule. Cette monnaie est rare. (1 exemplaire.)

11. — JOVI PROPVGNATORI. *Jupiter lançant la foudre.* (2 exemplaires.)

12. — HERCVLI PACIFERO. *La paix conquise par la force sous les traits d'Hercule apportant un rameau.* (2 exemplaires.)

13. — HERCVLI DEVSONIENSI. *Hercule appuyé sur sa massue et tenant un arc de la main gauche; la peau du lion retombe de son avant-bras.*

Le surnom de Deusonien donné à Hercule rappelle une *localité* du pays des Francs où il était particulièrement honoré [*]. (8 exemplaires.)

Les types suivants appartiennent aux plus communs de l'émission romaine.

14. — MONETA AVG. *La monnaie tenant ses balances.* (35 exemplaires.)

15. — PROVIDENTIA AVG. *La providence un globe à la main.* (13 exemplaires.)

---

[*] Voyez la *Revue numismatique*, tome 3, page 349, et Saint-Jérôme, Chron. Euseb., an 376.

16. — VBERTAS AVG. *Figure de l'abondance avec ses attributs;* bonne exécution. (8 exemplaires.)

17. — LOETITIA AVG. *Vaisseau voguant.* (6 exemplaires.)

18. — FIDES EXERCITVS. *Quatre enseignes.* (2 exemplaires.)

19. — FIDES MILITVM. *Femme tenant deux enseignes.* (8 exemplaires.)

20. — P.M.T.P. COS. II. P.P. *L'empereur debout s'appuyant sur sa lance.* (7 exemplaires.)

21. — P.M.T.P. COS. III. P.P. *Figure militaire casquée portant un trophée sur l'épaule.* (4 exemplaires.)

Les trois monnaies suivantes rappellent le culte d'Esculape et celui de Sérapis, alors fort répandus dans les Gaules :

22. — SALVS POSTVMI AVG. *Hygie debout tenant un serpent et regardant à droite.* (2 exemplaires.).

23. — SALVS EXERCITI (sic). *Esculape debout.* (1 exemplaire.)

24. — SERAPI COMITI AUG. *Sérapis la tête couverte du modius, élevant une main et tenant de l'autre la haste transversale.* (8 exemplaires.)

Le reste de la trouvaille se composait de deniers de Valérien, de Gallien et de Salonine, et ne présentait aucun intérêt.

Metz, le 31 octobre 1849.

NOTICE

DE M. LE COLONEL ULRICH,

SUR

QUELQUES MONNAIES ANCIENNES,

Trouvées récemment près de la Petite-Pierre (Bas-Rhin).

———

Un cultivateur, habitant de Strouth, village situé à 5 kilomètres de la Petite-Pierre, chef-lieu du canton, a trouvé récemment un certain nombre de monnaies anciennes en argent. Ce trésor, découvert par l'action du soc de la charrue, était contenu dans un pot de fer.

Un voyage qu'il a fait à Strasbourg et plusieurs ventes de quantités diverses de ces monnaies, ont contribué à faire accroître de beaucoup, dans l'opinion publique, l'importance de la somme trouvée, ainsi que cela arrive ordinairement en cas pareil; le fait est que cet homme n'a rien confié à qui que ce soit sur ce sujet, et qu'il possède encore un certain nombre de médailles.

J'ai pu m'en procurer quelques–unes en les achetant à un juif; et, comme plusieurs sont originaires de la cité de Metz, j'ai pensé que quelques renseignements à leur sujet pourraient offrir de l'intérêt à MM. les membres de l'Académie de cette ville. Ces renseignements sont les suivants :

Les monnaies que j'ai vues offraient huit types différents,

savoir : trois types divers de *gros de Metz ;* un de *demi-gros de Metz ;* un de *gros de Strasbourg ;* un de *demi-gros de Strasbourg ;* deux types divers de *bractéates* que je crois de la même ville.

Les gros de *Thierri de Boppart* étaient les plus nombreux ; puis, comme importance numérique, venaient le gros de saint Etienne à genoux, celui du même saint debout dans un champ elliptique, puis le demi-gros de Thierri de Boppart, dont il ne se trouvait qu'un seul exemplaire dans la totalité des monnaies. Quant à celles de Strasbourg, les gros et demi-gros étaient nombreux et les bractéates atteignaient bien le chiffre de sept cents ; dans ce nombre il ne s'en trouvait que trois seulement au coin de l'ange portant la croix.

Toutes ces pièces étaient pour ainsi dire neuves et d'une entière conservation.

Gros de Metz.

Premier type (fig. 1) argent. — D'un côté **THEODE EPS METE.** L'évêque debout, mitré, la crosse dans la main gauche, la main droite élevée et bénissant.

℞. **BHDICTU SIT NOME DHI NRI IHU XRI.** Le champ est partagé par une croix pattée à longues branches, et entre celles-ci se trouve l'indication de la valeur monétaire écrite circulairement entre deux grenetis : **GROSUS METES.**

Le diamètre est de 26 millimètres et le poids moyen, sur six pièces pesées, est de 3 gr. 333.

Deuxième type (fig. 2) argent. — **S STEPH PROTHO M.** Saint Etienne à genoux, tourné vers la droite, dans la position du martyre, la tête élevée, entourée de l'auréole et surmontée d'une main qui le bénit, les mains jointes et élevées ; dans le champ, à droite et à gauche, un écusson timbré aux armes de la ville de Metz.

℞. BﬔDICTU SIT NOME DHI NRI IHU XRI. Entre le commencement et la fin de l'inscription un écusson aux armes de la ville; même croix et même indication monétaire que pour le type (fig. 1), si ce n'est que le mot *grossus* est écrit avec deux *s*, et que les quatre quartiers du champ portent une étoile à cinq rayons.

Diamètre, 26 millimètres.

Poids moyen sur quatre pièces, 2 gr. 425.

Troisième type (fig. 3) argent. — S STEPH PROTHO. Saint Etienne debout, la tête entourée de l'auréole, tenant de la main gauche la palme du martyre; une sorte de palme en forme de volute sort de la manche droite de son vêtement et remplace la main absente; le personnage est placé dans un cadre elliptique à grenetis intérieur.

℞. Le même qu'au type dernier, n° 2, à l'exception que l'écusson est remplacé par une croix pattée et que les étoiles ne se trouvent point dans le champ.

Diamètre, 27 millimètres.

Poids de la pièce unique que j'ai pu acquérir, 3 gr. 200.

Demi-Gros de Metz.

Fig. 4 argent. — THE EPS ME. Même figure d'évêque qu'au gros n° 1, de même proportion, mais seulement raccourcie par le bas du corps suivant le diamètre plus exigu de cette monnaie.

℞. Croix pattée à longues branches prolongées jusqu'aux rebords extérieurs; au-dedans de ces bords, on lit: *Moneta metens.*

Diamètre, 19 millimètres.

Poids de la pièce unique, 1 gramme.

Gros de Strasbourg.

Fig. 5 argent. — GROSSUS ARGENTINENSIS. Fleur

de lis de grandes dimensions dans un cadre festonné, octo-
gonale, trois côtés arrondis, dans chaque rentrant du poly-
gone, une étoile ou plutôt un petit fleuron à cinq points.

℞. **GLORIA IN EXCELS DO ET IN TRA PAX
HOIBUS.** Cette inscription est en deux lignes concentriques,
le commencement à l'extérieur, et la fin, depuis le mot *tra*,
à l'intérieur, et entre les branches d'une croix pattée gravée
dans le champ.

Diamètre, 25 millimètres.

Poids moyen sur huit pièces, 3 gr. 466.

Demi-Gros de Strasbourg.

Fig. 6 argent. — **GLORIA IN EXCELS DO.** Fleur de
lis du même dessin et entourée du même cadre polygonal
qu'au numéro précédent.

℞. Croix pattée dont les branches se prolongent jusqu'aux
bords de la médaille, entre les branches : *Moneta argen.*

Diamètre, 19 millimètres.

Poids moyen sur huit pièces, 1 gr. 350.

Bractéates de Strasbourg.

Premier type (fig. 7) argent. — Fleurs de lis de dessins
et de coins divers, plus ou moins grossièrement dessinées ;
entourées d'un gros grenetis.

Diamètre variable de 15 à 20 millimètres, suivant le
degré d'applatissement de la forme concave de la médaille.

Poids moyen sur 20 pièces, 0 gr. 320.

Deuxième type (fig. 8) argent. — Cette médaille porte la
figure d'un ange ailé tenant une croix devant lui ; le coin
en est fort grossier et incorrect ; la figure est entourée d'un
gros grenetis.

Elle est de diamètre et de poids semblables à ceux de la
précédente.

J'attribue cette monnaie à la ville de Strasbourg, en m'appuyant sur l'opinion de M. de Saulcy, auquel j'ai eu occasion d'en faire voir une que j'avais précédemment acquise ; je pense qu'on peut les rapporter à-peu-près au XIIᵉ siècle.

Avant de mettre fin à cette notice, je pense devoir y mentionner une monnaie dont j'ai fait l'acquisition à Longwy (Moselle). Je pense qu'elle doit appartenir à un évêque de Metz ; voici la description (fig. 9) :

D'un côté les lettres inférieures encore lisibles et formant la deuxième et la troisième ligne, forment

DERIC et au-dessous EPS. L'inscription est au milieu d'un grenetis ; la première ligne est détruite.

℞. Le haut de l'inscription est formé de deux lettres superposées, M au-dessus de ∧, en troisième ligne, les trois dernières lettres du mot qui en compte cinq, sont RLS ; la deuxième qui précède l'R, me semble un E.

La quatrième ligne est illisible. Un grenetis entoure également cette inscription.

Cette inscription est grossièrement frappée sur un morceau d'argent très-pur et de forme carrée. On ne s'est pas donné la peine d'en arrondir les angles ; à ce signe, à la forme des caractères majuscules romains, à la disposition de ceux-ci, je crois que l'on peut reconnaître l'époque à laquelle vivait un des premiers évêques de Metz, si tant est que je ne me trompe point en l'attribuant à l'un d'eux. Diamètre, 12 millimètres. Poids, 0 gr. 900.

Je termine en offrant à MM. les membres de l'Académie de leur envoyer des notes sur les découvertes archéologiques ou numismatiques qui pourraient se faire dans le pays que j'habite, et ce sera plaisir et honneur pour moi ; je les prie également d'agréer l'assurance de mes sentiments respectueux.

A Phalsbourg, ce 31 décembre 1849.

P. S. J'ai pensé devoir ajouter une notice sur une pièce de monnaie en or, trouvée au village de *Kraufthal,* et qui m'a été apportée par l'habitant qui en a fait la trouvaille.

Or. D'un côté WERNER AREP TR. Figure de saint, assis sur une chaise gothique, tenant une épée de la main droite ; la main gauche enveloppée dans un pan de la toge ou du manteau, supporte une boîte ou un vase carré ; au-dessous se trouve un écusson portant un cartouche sur champ de sable.

℞. MONETA NOVA COVELEINSIS. Ecusson mi-partie au cartouche sur champ de sable et à la croix sur l'autre côté. Diamètre, 27 millimètres. Poids, 3 gr. 45.

Le village de *Kraufthal,* en latin *Claustriacum,* est situé à 8 kilomètres de Phalsbourg, dans la vallée de la Zinzel ; il y existait avant le XVIIe siècle, une célèbre abbaye de Bénédictins, dont on attribue la fondation à saint Sigisbaud, trente-quatrième évêque de Metz ; d'autres chroniqueurs pensent qu'elle fut érigée par Falmar, comte de Metz, ou bien que ce seigneur en fut au moins le bienfaiteur, ce qui ferait remonter son origine au XIIe siècle.

Ce monastère fut jadis fort puissant et fort riche ; il était en grande réputation et il était habité par les filles nobles de Lorraine et d'Alsace. Les seigneurs voués de l'abbaye étaient les barons *Mérain-Wilsberg,* seigneurs de *Landsberg,* et ceux de la maison de *Lützelstein.* Lorsque le comté de *Lützelstein* (la Petite-Pierre) tomba au pouvoir du comte palatin *Frédérick,* celui-ci qui était un très-ardent zélateur de la foi de Luther, s'empara des revenus du couvent, et plus tard, le fils de *Georges de Weldenz* * le vendit à Louis de Guise, prince de Phalsbourg ; il demeura dans cette maison jusqu'à la mort de la princesse Henriette,

---

* L'électeur palatin, Otto-Henri, ayant fait le partage du comté de la Petite-Pierre en 1559, Georges, jeune de Weldenz reçut le Kraufthal dans la portion qui lui échut.

et à cette époque, il fit retour avec ses biens à la maison ducale de Lorraine. Et c'est à cette époque (1610) aussi qu'il faut faire remonter la ruine de cette abbaye, jadis si splendide. Il n'en reste plus que quelques pans de murs d'enceinte couverts de ronces ou ensevelis dans les sables. La monnaie d'or décrite plus haut et que je crois être *un demi-ducat d'or de Cologne* frappé sous *Werner, archevêque de Trèves*, a été trouvée dans les ruines de l'abbaye.

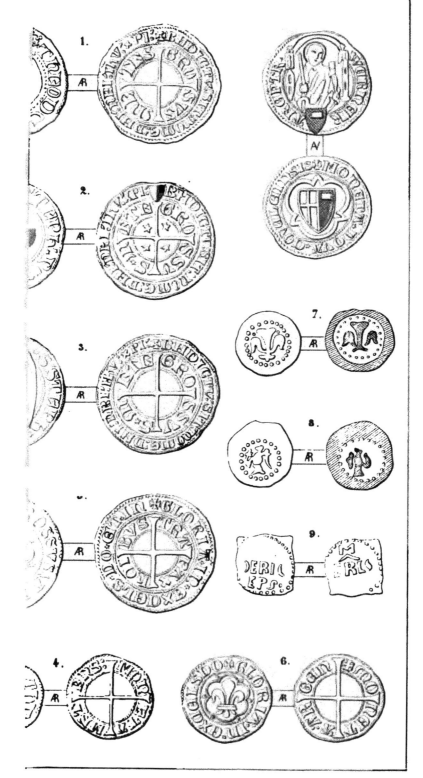

RÉFLEXIONS

DE M. CLERCX

SUR LE SCEAU D'OR,

Apposé en 1552,

PAR FRANÇOIS, DUC DE GUISE,

Au bas d'un brevet accordé à l'abbaye de Saint-Arnould.

———

MESSIEURS,

Chargé par M. votre Président de faire un rapport sur une brochure de M. Chabert, intitulée : Notice sur le Sceau d'or apposé, en 1552, par François, duc de Guise, au bas d'un brevet accordé à l'abbaye de Saint-Arnould, pour son relogement dans le couvent des frères Prêcheurs, je me suis empressé de faire des recherches historiques sur ce sceau, qui dénote la puissante autorité conférée au duc de Guise par Henri II. Dom Calmet, dans son histoire de Lorraine, s'étonne de ce qu'un duc, simple général d'armée, ait scellé avec un sceau d'or. L'étonnement de Dom Calmet eût cessé, s'il s'était reporté à l'état où se trouvait la France sous le règne de Henri II. Charles-Quint venait de faire irruption au milieu de ses états et menaçait de lui enlever un des beaux fleurons qu'il venait de rattacher à sa couronne. Metz, longtemps convoité par la France, venait enfin d'y être réuni sous le motif spécieux de protectorat, motif qui dissimulait une véritable conquête; car, c'est vraiment de cette époque que date la fin de la république Messine. Metz était sourdement travaillé par deux partis, l'un, composé des familles patriciennes qui voyaient le pouvoir s'échapper de leurs mains; l'autre, gagné à la France par l'espoir de parvenir et la promesse de récompenses. A ces deux partis se joignait le menu populaire, auquel il était indifférent de vivre sous un pouvoir ou sous un autre : *pourvu qu'il eschappa des mains des exacteurs qui le menoit rudement*, ainsi qu'il est rapporté dans les mémoires de Saulx Tavannes. En face de ces éléments de discorde qu'il fallait contenir, Henri II comprit qu'il était nécessaire d'accorder au lieutenant-général, .chargé de le représenter, un pouvoir souverain. Aussi, voyons-nous le duc de Guise, pour la sûreté de la place qui lui est confiée, donner l'ordre de ruiner autour de Metz, les villages, fermes et châteaux, malgré les réclamations des propriétaires. En 1552, Gournais de Tallange, un des plus puissants seigneurs de Metz, est sommé de vuider à l'instant même son château de la Horgne au Sablon, qui devait être démoli; n'ayant pas obtempéré de suite à cet ordre, le duc de Guise envoie des troupes se saisir dudit seigneur, le fait lier sur un cheval et conduire en la maison du prévot, où il court grand danger d'avoir la tête tranchée. En présence de faits de cette nature, qui constatent la puissante autorité donnée au duc de Guise, on ne s'étonnera plus de le voir sceller ses actes avec un sceau d'or, puisqu'il était à Metz, le représentant du souverain.

SUR LE VERRE,

PAR M. VICTOR SIMON.

—

L'origine du verre, ce produit si admirable de l'industrie humaine, si remarquable par les formes et les couleurs qu'il peut recevoir, se perd, pour ainsi dire, dans la nuit des temps.

Suivant Pline, on en attribue la découverte au hazard: des Phéniciens, marchands de nitre, ayant allumé du feu sur les bords du fleuve Belus, auraient fortuitement produit du verre; mais, ainsi que le fait observer Girardin, dans son *Cours de chimie élémentaire*, il est bien évident, par la température nécessaire à la préparation du verre le plus fusible, que cette matiére n'a pu prendre naissance dans la circonstance rapportée par Pline. Il est probable que les hommes, après avoir vu un grand nombre de pierres translucides et même limpides, auront, secondés peut-être par des circonstances imprévues, tâché d'imiter artificiellement ces pierres. En effet, les déjections volcaniques, le laitier provenant de la fusion des métaux, la vitrification de galets

28

siliceux * et même de certaines poteries, ne leur auront-ils pas révélé le secret, ou du moins fait concevoir la possibilité, d'avoir du verre ?

Si l'on peut contester l'origine du verre, telle que Pline l'explique, il faut au moins admettre que la localité qu'il indique, présentant des matériaux propres à sa fabrication, a dû être celle où l'on en fit pour la première fois. Ceci est confirmé par Strabon, par Tacite et par l'historien Joseph. Il paraît bien constant aussi que les Phéniciens furent les premiers inventeurs du verre, s'il ne fut point inventé par les Hébreux ou par les Egyptiens ; mais au moins on peut dire, avec certitude, que les Phéniciens donnèrent, dès les premiers temps, un grand développement à cette industrie.

Ce peuple, dont le territoire était resserré sur les rives de la mer, sentit le besoin de s'adonner au commerce ; dès-lors il s'attacha à perfectionner son industrie et sa marine, à ouvrir des relations avec les différents peuples de l'Europe, de l'Asie et de l'Afrique, et à fonder des colonies. Les premières furent établies dans les îles de Chypre et de Rhodes. Il passa successivement en Grèce, en Sicile, en Sardaigne, en Afrique, dans l'Inde, dans les Gaules, dans la Bretagne, sur la côte occidentale de l'Espagne et surtout à Cadix, qui fut, environ 500 ans avant J.-C., comme l'entrepôt général de son commerce sur deux mers, et il devint l'élément le plus puissant de la civilisation de ces divers pays. Ce peuple eut trois villes très-importantes : Sidon, Tyr et Arad ; Sidon était, à ce qu'il paraît, la plus ancienne, car Homère parle de cette ville et de ses habitants et ne mentionne pas les deux autres. On sait combien Sidon et Tyr étaient célèbres pour leurs

---

* Journellement les ouvriers qui travaillent aux fours à chaux, près de Metz, jettent dans ces fours des galets de quartz, de granit ou de gneis dont la surface se vitrifie entièrement. Ces hommes soupçonnent-ils qu'ils font une opération du genre de celle qui a dû amener la découverte du verre ?

fabriques de verre, dont on fait remonter les plus anciennes à plus de trois mille ans.

Vouloir contester aux Hébreux la connaissance du verre, ce serait ignorer que le fleuve Belus * est situé sur le territoire qui était occupé par la tribu de Zabulon, d'où l'on prétend que vient le mot *sabulum* sable ; ce serait ignorer que leur territoire confinait avec celui des Phéniciens ; peut-être même serait-on autorisé à dire qu'ayant chez eux les matières premières, ils durent les premiers les mettre en œuvre. Si l'on peut révoquer en doute l'interprétation donnée à un passage de Job, chap. 28, verset 17, qui compare la sagesse aux choses les plus précieuses, et dit qu'elle surpasse en valeur l'or et une matière qu'on présume être le verre, on ne peut contester celle du 31ᵉ verset chap. 23 des *Proverbes*, où Salomon dit : « Ne regardez point le vin lorsqu'il paraît clair, lorsque sa couleur brille dans le verre. »

Qu'il me soit permis de citer d'autres documens :

Dans le Deutéronome, chap. 33, verset 19, il est dit : « Vos enfants appelleront les peuples sur la montagne de Sion, où ils immoleront des victimes de justice. Ils suceront, comme le lait, les richesses de la mer et les trésors cachés dans le sable. »

* Joseph, dans son histoire des guerres des Juifs, liv. 2, chap. 17, dit : «A deux stades de Ptolemaïs passe une petite rivière nommée Pellée ou Belus, auprès de laquelle est le sépulcre de Memnon, ouvrage admirable, d'une forme concave, et dont la grandeur est de 100 coudées. On y voit un sable qui n'est pas moins clair que le verre ; plusieurs vaisseaux en viennent quérir et n'en sont pas plus tôt chargés, que les vents, comme de concert, y en poussent d'autre du haut des montagnes, qui remplit la place vide. Ce sable étant jeté dans la fournaise se convertit aussitôt en verre : et ce qui me paraît encore plus admirable, c'est que ce verre, porté en ce même lieu, reprend sa première nature et redevient un pur sable comme auparavant. » Pline, en parlant de cette localité, liv. 36, chap. 26, dit qu'elle n'a pas plus de 500 pas, que le sable y est lavé par les eaux de la mer qui la couvrent et l'abandonnent alternativement.

Le Talmud Meguila donne l'explication de la partie de ce verset concernant le sable, en disant qu'on entend par là le sable servant à la fabrication du verre.

Le Talmud, *traité du Saboth*, dit que le littoral occupé par Zabulon donnait le sable le plus propre à la fabrication du verre.

Hartwig Vesely, auteur du Biour, dans ses notes explicatives sur le Deutéronome, dit que Zabulon occupait la ligne de Sidon, et que le sable de cette localité donnait le plus beau verre qu'il était possible de voir. Il est probable, continue cet auteur, que les Zabuloniens et les Issacharites, si habiles dans les sciences et dans les arts, fabriquèrent eux-mêmes le verre et vendirent leurs productions aux Sidoniens, qui en tirèrent un profit considérable par l'étendue de leur commerce.

Maimonide, dans son commentaire sur le Talmud (*Kelim* ou *Traité des vases*, section 2, § 1), donne la description de deux sortes de verres à boire : le verre fabriqué avec le sable et l'alcali, verre, dit-il, qui résiste à la chaleur du feu, et le verre *nitrum* fabriqué avec le nitre, l'alun et le roc pilé. Ce dernier est très-fragile, la moindre chaleur le brise; il en est de même lorsque la cuisson n'a pas eu lieu dans toutes ses parties, le verre se calcine alors et se fond. On se servait de préférence de ce verre pour la boisson de l'eau, parce qu'il la rendait extrêmement agréable. Il devait avoir le bord épais et le reste du cylindre très-mince : lors de sa fabrication, la chaleur devait l'entourer extérieurement et intérieurement dans la même proportion, afin de lui donner un beau brillant et une solidité convenable, et il ne pouvait recevoir ces qualités que de la main d'un habile artiste.

On fabrique encore chez nous, dit Maimonide, une espèce de verre qui approche de ce dernier; il est d'une fort belle couleur rouge et ne supporte pas la chaleur. Maimonide, qui vivait dans le 12e siècle, habita longtemps l'Egypte, comme premier médecin du sultan Saladin, et mourut à Tibériade en 1209. Il écrivit ses ouvrages dans les douze dernières années de sa vie.

Suivant le même traité, section 8, § 9, on fabriquait le verre dans des excavations faites dans la terre, lesquelles étaient cimentées et avaient une assise ; on en fabriquait aussi dans des fourneaux.

Le Talmud, même traité, section 30, § 1er, parle d'une espèce de vase en verre à raies saillantes. Si ce vase venait à se briser on en sciait le pied et on obtenait une petite table du nom de *skutalé*, à laquelle Maimonide donne le nom de *Sessilia*. Même section, § 2, les *Specularia,* dit Maimonide, sont des plaques en verre recouvertes par derrière. Il ne dit pas de quelle matière, et le rabbin Ascher appuie le dire de Maimonide, par un autre passage du Talmud, *traité du Soucot.* Il dit : les *Specularia* sont des glaces convexes, avec entailles pour les tenir à la main ; les femmes s'en servaient pour se mirer.

Il paraît bien constant que les fenêtres du temple de Salomon étaient garnies de verre.

D'après la communication qui m'a été faite par notre confrère M. Gerson-Lévy, très-versé dans la connaissance des langues orientales, M. Cahen, dans sa traduction de la Bible, a rendu le § 4, du chap. 6 du 3e livres des Rois, ainsi qu'il suit :

Il fit à la maison des fenêtres transparentes fermées.

Le philosophe et savant hébraïsant Hartwig Vesely, que j'ai déjà cité, dit, dans ses *Observations philologiques sur la Bible*, que le temple de Salomon était éclairé par un vitrage. Les mots *chekouphims atoumims* (Rois, livre 3, chap. 6, verset 4), signifient fermé par un vitrage. *Chekouphims* vient de la racine *chékeph* transparent, voir à travers, éclairer. *Atoumims* vient de la racine *atom,* boucher, fermer. Wolf-Sohn, dans son *Trésor étymologique,* prétend que le mot *atoumim* signifie plaque de verre, matière d'un grand prix, dit-il, du temps de Salomon. Aaron Halle, qui cite l'opinion de Vesely, ajoute, dans son *Biour*, que les ouvrages en verre se payaient fort cher à cette époque ; que, d'après les anciens historiens, il n'y avait que les Phéniciens qui possédassent le secret de cette fabrication.

Enfin un réglement de police, porte : vu que l'on apporte la boisson aux riches dans des verres blancs et aux pauvres dans des verres de couleur, ordonne que les uns et les autres ne pourront plus faire usage que des verres de couleur (*Talmud, traité des petites fêtes,* section 3, § 5, lois de police).

Ainsi, d'après tous ces documens, en supposant que les Hébreux n'eussent pas eux-mêmes fabriqué du verre, ils auraient eu une multitude d'objets de cette matière et même des miroirs et des vitres *.

Les Egyptiens connaissaient aussi très-bien l'art de la fabrication du verre ; ils le soufflaient **, le moulaient, et en produisaient de blanc et de couleur *** ; ils imitaient les pierres précieuses, appliquaient l'or sur le verre, le travaillaient au tour et le taillaient. Ainsi, ce que les modernes ont appris à exécuter était connu des Egyptiens, qui, selon Paw, étaient dans cet art supérieurs aux Phéniciens.

Suivant ce même auteur, la verrerie de la grande Diospolis, ou Thèbes, serait, dans l'ordre du temps, la première

---

* Je dois presque tous ces documens intéressants à M. Bing, savant hébraïsant, qui montre toujours le plus grand empressement à aider de son érudition biblique les personnes qui le consultent.

** Une lettre de l'empereur Hadrien au consul Servianus, par laquelle il peint les mœurs des Egyptiens, dit, en parlant de leur industrie : *Alii vitrum conflant* (Flavius vopiscus verbo Saturninus).

*** Je possède un joli scarabée égyptien moulé, sur lequel des hiéroglyphes ont été empreints en creux, et de très-petits tubes en verre colorié en bleu, qui faisaient partie du collier d'une momie.

fabrique régulière de cette espéce ; et Flavius Vopiscus dit, en parlant de la ville d'Alexandrie, qu'elle est très-riche, que personne n'y vit dans l'oisiveté, les uns y faisant du verre, les autres du papier. Si l'on en croit l'antiquité classique, les Egyptiens, ainsi que le dit Champollion-Figeac, auraient excité à un haut degré l'étonnement des Grecs et des Romains par des productions réellement merveilleuses de l'art de traiter le verre et les émaux. Trebellius Pollion cite une lettre de Gallien qui énumère beaucoup d'objets précieux offerts à l'empereur Claude, et entr'autres : *Calices ægyptios, operis que diversi decem.* On lit dans la lettre de l'empereur Hadrien, adressée au consul Servianus : *Calices tibi alassontes versicolores transmisi quos mihi sacerdos templi obtulit tibi et sorori meæ specialitùs dedicatos, quos tu velim diebus festis adhibeas. Caveas tamen ne his Africanus noster indulgenter utatur.* Enfin Flavius Vospiscus nous apprend que l'empereur Aurélien établit un impôt de verre sur l'Egypte : *Vectigal ex Ægypto, urbi Romæ, Aurelianus vitri, chartæ, lini, stupæ atque anabolicas species æternas constituit.*

Les Egyptiens employèrent le verre et l'émail à l'embellissement des temples et des palais, qui étaient pavés de carreaux du plus vif éclat. (L'*Egypte*, par Champollion-Figeac, *Univers*, p. 200.)

D'après un passage de Strabon (lib. 16), on voit que des verres très-beaux, très-transparents et très-variés étaient fabriqués à Alexandrie.

Sésostris avait fait couler, en verre de couleur d'émeraude, une statue qu'on dit avoir existé à Constantinople jusqu'au temps de Théodose. Appien dit qu'un colosse de même matière se voyait dans le labyrinthe d'Egypte. (L'*Egypte* par Champollion, l'*Univers*, p. 200.)

Il existait aussi, dans le temple d'Héliopolis, une statue de Ménélas en verre noir imitant le jayet ; ayant été enlevée de ce temple, elle y fut renvoyée par Tibère (Même auteur, p. 201) *.

On fabriqua en Egypte des vases de verre très-transparents et très-beaux, dont la couleur imitait l'hyacinthe, le saphir, le rubis (Même auteur, p. 200). Il en fut de même des vases murrhins artificiels, imitant ceux qui provenaient de la Perse. Ces vases murrhins, suivant M. de Rozières, cité par Champollion, étaient de spath-fluor; suivant Mongez, ils étaient de cacholong; et suivant l'opinion de plusieurs autres auteurs, et d'après une dissertation savante insérée dans la traduction par La Grange du *Traité des Bienfaits*, de Sénèque, ils étaient de porcelaine peinte.

La verroterie de Coptos, expédiée par la Mer-Rouge, était recherchée par les peuplades d'Afrique et d'Arabie.

Des documents importants font connaître qu'on employa dans l'antiquité le verre pour des cercueils. Hérodote (*Thalie*, § 24), enseigne que Cambyse, ayant envoyé, en 458 avant J.-C., des Ichtiophages chez les Ethiopiens, on leur montra les cercueils de ce peuple, faits, à ce qu'on disait, de verre. On desséchait d'abord le corps à la façon des Egyptiens, ou de quelqu'autre manière; on l'enduisait ensuite entièrement de plâtre, qu'on peignait de sorte qu'il ressemblât autant qu'il était possible à la personne même. Après cela, on le renfermait dans une colonne creuse et transparente de *verre fossile*, aisé à mettre en œuvre et qui se tirait en abondance des mines du pays **. On apercevait le mort à travers cette

---

* Je crois devoir, à cette occasion, communiquer l'observation suivante : On voit dans les cabinets d'antiquités, des statuettes égyptiennes de couleur verte ou bleue, dont la surface ressemble à un émail et dont l'intérieur est du sable très-fin. Je pense que ces statuettes ont été faites dans des moules où l'on comprimait ce sable. Celui-ci se vitrifiait à la surface et formait une couche assez épaisse pour donner de la solidité à ces objets d'art, qui étaient probablement coloriés au moment même de la vitrification.

** Hérodote, en disant que le verre fossile se tirait en abondance

colonne au milieu de laquelle il était placé : il n'exhalait aucune mauvaise odeur et n'avait rien de désagréable. Les plus proches parents du défunt gardaient cette colonne un an entier dans leur maison. Pendant ce temps ils lui offraient des victimes et les prémices de toutes choses, et ils la portaient ensuite au-dehors et la plaçaient quelque part autour de la ville.

Clésias, cité par Diodore de Sicile, liv. 2, § 12, dit, en parlant du même sujet, qu'on salait les corps et qu'on ne les voyait point à nu dans une niche de verre : comme ils avaient été altérés par le feu où on les avait fait passer, ils ne pouvaient conserver la ressemblance du défunt. On faisait une statue d'or qui le représentait et dans laquelle le cadavre était enfermé ; c'était cette statue que l'on posait dans une niche, et qu'on voyait à travers du verre. Au reste ce n'était que les plus riches qu'on ensevelissait ainsi ; on faisait faire des statues d'argent pour ceux qui l'étaient moins et des statues de terre cuite pour les pauvres. Suivant Diodore de Sicile, le verre était très-commun en Ethiopie ; il n'y avait personne qui ne pût en avoir.

Strabon (liv. 17) dit que le corps d'Alexandre, ravi à Perdiccas, par Ptolémée, fils de Lagus ou Soter, qui le fit transporter et inhumer à Alexandrie, y était encore de son temps ; mais il n'était pas dans le même cercueil, qui alors était de verre, tandis que celui dans lequel Soter avait fait placer le corps d'Alexandre était d'or.

des mines du pays, n'a voulu sans doute parler que de la matière siliceuse propre à fabriquer le verre : ce qui le confirme, c'est que le verre était en colonne, transparent et ne laissait passer aucune odeur. Cette opinion est encore confirmée par Théophraste, qui, en parlant du sable employé pour la fabrication du verre, se sert des mots : *terra vitraria;* et d'ailleurs Strabon, parlant des Ethiopiens dans le 17ᵉ livre de sa *Géographie*, dit : « Mortuos alii in flumen præcipitant, *alii circumfuso vitro domi servant,* alii in fictilibus alveolis eos circum templa defodiunt. »

Enfin Elien (liv. 13, chap. 3.) rapporte que le corps du vieux Belus était dans un cercueil de verre rempli d'huile.

Les Chinois, dont l'industrie en porcelaine est si ancienne, connurent probablement le verre à une époque très-reculée; cependant on manque de documents à cet égard, et, suivant l'opinion de Paw, il paraîtrait qu'ils auraient fait peu de progrès dans cet art. Dans un passage cité dans le volume de l'*Univers*, qui traite de la Chine, on lit que sous le règne de Taïwow-ti, de la dynastie des Wey (de 422 à 451 de notre ère), un marchand du pays des grands Youëtchi ou Scythes, vint à la cour de cet empereur et promit de fabriquer en Chine le verre de différentes couleurs, que l'on recevait auparavant des pays occidentaux et qu'on payait extrêmement cher. D'après ses indications on fit des recherches dans les montagnes et on découvrit en effet des matériaux propres à cette fabrication. Le marchand parvint à faire du verre colorié de la plus grande beauté.

L'empereur l'employa pour faire construire une salle spacieuse qui pouvait contenir cent personnes. Elle était si magnifique et si resplendissante qu'on aurait pu la croire l'ouvrage d'êtres surnaturels. Depuis ce temps, le prix de la verrerie diminua considérablement en Chine.

Cependant l'industrie de la porcelaine ayant pris un grand développement dans ce pays, et ce genre de produit pouvant sous beaucoup de rapports, remplacer le verre et même lui être supérieur pour divers usages, on conçoit qu'on y sentit moins la nécessité de s'occuper de la fabrication du verre.

Il en a été de même en Perse, où, suivant Chardin, on fait de la très-bonne porcelaine et du verre qui n'est pas beau.

L'art de la fabrication du verre chez les Grecs, a été mis en doute; mais n'est-il pas constant que ce peuple emprunta à l'Egypte, à la Phénicie, ainsi qu'aux autres pays qui l'avoisinaient, lui ou ses colonies, les différents arts que ceux-ci mettaient en pratique et qu'ensuite ces arts firent chez lui des progrès remarquables ? Cet art dut donc être chez les Grecs à-peu-près ce qu'il fut chez les Phéniciens et chez les Egyptiens, qui d'ailleurs, fondèrent des colonies chez les Grecs, et durent y apporter leur industrie.

Aristote, qui est né l'an 384 avant J.-C., dit dans son *Meteorologicorum: Aurum itaque et argentum et œs et stannum et plumbum et vitrum et lapides multi aquæ sunt: omnia enim hæc liquefiunt calido.*

Et Théophraste, son disciple, dans son *Traité des pierres*, s'exprime ainsi : *Lapidum igitur differentia et vires; in his penè sunt terræ autem pauciores quidem, sed magis propriæ, nam et liquari et alterari et rursus durari terræ quoque accidit. Liquescit enim cum fossilibus quemadmodum et lapis, mollitur etiam et ex eâ massas faciunt, ex quibus et quæ compositæ sunt et variæ. Omnes enim urentes et mollientes componunt quodsi et vitrum, ex terrâ vitrariâ fit, ut multi dicunt et ipsum densatione fit, maximâ vero insignis quæ cum aere commista est. Nam præterquàm quod liquescit et commiscetur facultatem excellentem habet ut coloris species differentiam constituat* (traduction latine de Théophraste par Heinsius). A ce sujet, on pourrait citer la fameuse sphère en verre d'Archimède, dont parle Claudien dans le vers suivant :

Jam meus in fragili luditur orbe labor.

Un joli lacrymatoire en verre bleu, émaillé de dessins de couleur jaune, rapporté d'Athènes par M. de Saulcy, membre de l'Institut et de notre académie, qui a eu la bonté de me le donner, indique l'état avancé de l'art de la fabrication du verre ; il est à regretter qu'on ne puisse dire à quelle époque de l'antiquité ce bel objet appartient.

On sait d'ailleurs que les Grecs étaient très-avancés dans l'art de la fabrication des émaux, et que, dans les localités où ils s'établirent, on trouva des ouvrages en verre fort remarquables.

A l'époque romaine, l'art de fabriquer le verre prit la plus grande extension.

Suivant Batissier, il paraît que la première verrerie à Rome fut établie près du cirque Flaminien, dans le voisinage du mont Cœlius (*Hist. de l'art monumental*, par Batissier, p. 637). Suivant le même auteur, il paraîtrait aussi que les Romains n'auraient connu les ouvrages de verre qu'à la suite de leurs conquêtes en Asie, à l'époque de Cicéron ; mais il semble qu'ils purent connaître cet art beaucoup plus tôt par les colonies phéniciennes et les colonies grecques. Ce qui le confirmerait encore, c'est que Pétrone, parlant du repas de Trimalcion, dit : *Statim allatæ sunt amphoræ vitreæ diligenter gypsatæ quarum in cervicibus pittacia erant adfixa cum hoc titulo : falernum opimianum annorum centum.* On sait que Pétrone vivait du temps de Néron et qu'Opimius était consul 152 ans avant Jésus-Christ.

Le sable employé par les Romains pour la fabrication du verre provenait aussi, suivant Tacite, de l'embouchure du fleuve Belus, parce qu'il était mêlé de nitre et que l'endroit d'où on le tirait, quoique petit, en fournissait toujours ; mais suivant Pline, on employa aussi du sable du sol de l'Italie, que l'on recueillait entre Cumes et Literne.

Les Romains soufflaient le verre *, ils le gravaient **, le moulaient ***, le tournaient, le ciselaient, le décoraient de dorures, de filigranes et de bas-reliefs, les uns appliqués,

---

* On lit dans Sénèque, lettre 90 : « *Cuperem Posidonio aliquem vitrarium ostendere, qui spiritu vitrum in habitu plurimos format qui vix diligenti manu effingerentur.* »

** Apulée a dit : « *Vitrum fabrè sigillatum idest eleganter cœlatum.* »

*** Ceci est attesté par un passage de la deuxième satire de Juvénal : « *Vitreo bibit ille Priapo.* »

les autres soufflés ; ils en fabriquèrent de différentes couleurs* et imitèrent, avec le verre, l'agate et le spath-fluor.

Flavius Vopiscus, en parlant de l'empereur Tacite, dit : « *Vitreorum diversitate atque operositate vehementer est delectatus.* »

Suivant Pline (liv. 36, chap. 26), les Romains firent des plats et d'autres vaisselles de table avec l'obsidienne artificielle ou verre obsidien.

Le verre fut aussi employé par ce peuple pour l'imitation des pierres précieuses ; le passage suivant de Sénéque, lettre 90, l'indique : *Quemadmodum decoctus calculus in smaragdum couverteretur. quâ hodièque cocturâ inventi lapides colorantur.* Un passage de Trebellius Pollion, parlant de l'empereur Gallien, est encore plus positif : *Cùm quidem gemmas vitreas pro veris vendidisset ejus uxori, atque illâ re prodità vindicari vellet, surripi quasi ad leonem venditorem jussit.*

A l'aide de cette matière, on imita les pierres gravées d'une manière tellement exacte, qu'on en reproduisit, non-seulement la gravure, mais aussi les couleurs et les veines.

Les formes des vases fabriqués avec le verre étaient extrêmement variées. On peut encore juger combien le verre était commun par les urnes et les vases découverts de nos jours ; par un passage de Columelle qui recommande de faire usage, pour les provisions de bouche, de vases en terre cuite et en verre ; et, enfin, par ce passage de Trebellius Pollion qui, parlant de l'empereur Gallien, dit : « *Bibit in aureis semper poculis, aspernatus vitrum, dicens nihil eo esse communiùs.*

Sous le règne de l'empereur Néron on commença à fabriquer du verre blanc ; Pline, en parlant du cristal de roche,

---

* Pline dit, en parlant de cette industrie, liv. 36, ch. 26 : « *Ex massis rursus funditur in officinis, tingitur que. Et alind flatu figuratur, aliud torno teritur, aliud argenti modo cœlatur.* »

dit : *mirè ad similitudinem accessere vitrea*. Peut-être
que Pétrone, qui naquit sous ce règne, voulait parler de
verre semblable lorsqu'il dit, dans le récit du repas donné par
Trimalcion : *et vasa omnia cristallina comminuit*.

Les vases à boire furent l'objet de l'attention toute spé-
ciale des artistes ; ils fabriquèrent des rythons imitant divers
sujets. Mais rien en ce genre ne donne une idée plus exacte
de l'état avancé de l'art que la coupe décrite par Vinkelmann : le récipient était en verre blanc, le verre qui la
doublait était de couleur brune, à jours ronds, et fixé à la
coupe par une multitude de petites aiguilles en verre. Cette
même coupe était ornée d'une inscription également en
verre de couleur portant : *vivas multis annis*. (Vinkelmann
Histoire de l'art, 1er vol., p. 23.)

Il existe à la bibliothèque de Strasbourg une coupe semblable trouvée, il y a quelques années, dans les environs de
cette ville.

Les Romains étaient aussi très-habiles pour des ouvrages
de verre destinés à la décoration des appartements. Ce
sujet sera traité à l'article des mosaïques.

Si, dans l'antiquité, on eut le talent de produire avec du
verre une multitude d'objets ordinaires, il paraît bien constant aussi qu'on fabriqua des pièces qui, par leurs dimensions,
étonneraient nos verriers actuels : telle est la fameuse sphère
d'Archimède déjà citée, telles sont les colonnes du théâtre
de Scaurus *, et celles d'une grandeur et d'une grosseur
extraordinaire que Saint-Pierre admira dans l'île d'Arad.
(Goguet, 2e vol., p. 113) ** ; telles sont aussi des statues

---

* Des auteurs pensent que ce n'était point des colonnes, mais
des tables de verre. Quel qu'ait été ce mode de décoration, Pline
(liv. 36, chap. 15), dit qu'il fut inouï jusqu'alors et depuis.

** Je citerai, à ce sujet, la proposition faite en 1804 par
M. Giraud, architecte de Paris, de créer pour cette ville un cimetière
avec portique dont toutes les colonnes en verre auraient été produites à l'aide des ossemens des morts.

d'Auguste et les quatre éléphans en verre obsidien que cet empereur offrit au temple de la Concorde. (Pline, liv. 36, chap. 26.)

Des documens authentiques font connaître que les Romains savaient fabriquer du cristal; le 12e volume, page 181 du *Bulletin monumental de la société française pour la conservation et la description des monuments historiques*, contient, à cet égard, des documents fort utiles. En 1843, on trouva à Quatre–Mars un vase qui remontait au temps de Constantin; la pâte en était blanche et fine, on eût dit du cristal de roche dont le temps avait terni l'éclat et l'avait revêtu d'une pellicule argentée; quoique petit, il avait un poids extraordinaire. Ce verre, d'après l'examen qui en fut fait par M. Girardin, professeur de chimie, contenait du plomb en proportions notables, avec une trace de cuivre. C'était donc, ainsi que le fait observer M. Girardin, un véritable cristal préparé avec du minium, renfermant, comme celui qu'on emploie dans nos ateliers, une faible quantité de cuivre. A ce sujet on peut se demander si Pétrone, se servant de l'expression *vasa cristallina*, ne voulait point plutôt parler de vases en cristal artificiel que de vases en verre blanc. Ce qui engagerait à admettre cette dernière opinion, c'est que Sénèque, disant que l'empereur Auguste fit briser en sa présence tous les vases, se sert, comme Pétrone, des mots *omnia cristallina*. (Voyez Sénèque de Irâ, livre 3, chap. 40; voyez aussi l'*Abrégé de Dion*, par Xiphilin, règne d'Auguste.)

Le volume précité du *Bulletin monumental* contient des documents intéressants sur la coloration du verre; je crois qu'il est utile de les reproduire ici :

M. Deville rapporta d'Italie un vase étrusque colorié en bleu, trouvé dans la partie des états romains, répondant à l'ancienne Etrurie. La pâte se composait de lames en verre enrubannées, se repliant sur elles–mêmes, de couleur bleue et rouge-brun et fondues avec une netteté et en même temps une douceur et une délicatesse admirables; le tout semé de taches jaunes et blanches : un filet bleu et blanc formait le bord de la coupe. Suivant l'auteur de cet article, les modernes, qui, depuis quelques années, ont fait de si grands progrès dans l'art du verre colorié, n'ont encore rien produit qui approche de la beauté de ce verre.

L'analyse chimique des fragments de ce vase curieux a démontré à M. Girardin que sa belle couleur bleue est due à de l'oxide de cobalt; ce fait est très-intéressant et confirme ce que sir Humphry Davy avait déjà observé en 1815. Voici ce que dit ce célèbre chimiste dans son *Mémoire sur la couleur des anciens :*

Les vases d'un verre bleu transparent, qu'on trouve dans les tombes de la grande Grèce, sont teints avec le cobalt; en analysant différents anciens verres bleus transparents que M. Millingen a eu la bonté de me donner, j'ai trouvé qu'ils contenaient tous du cobalt. Il ajoute que tous les verres bleus transparents, grecs et romains qu'il a examinés, contenaient du cobalt, tandis que tous les verres bleus opaques devaient leur couleur à du cuivre.

Il est très-probable que les Grecs prenaient le cobalt pour une espèce de cuivre; Théophraste, partageant la même erreur, en traitant de la fabrication du verre, parle comme d'un ouï dire, du cuivre dont on se servait pour donner une belle couleur à ce verre. Ce qu'il y a de certain, c'est que cette confusion a duré jusqu'en 1742.

M. Girardin examina aussi deux morceaux de verre transparent d'une belle couleur bleu-d'azur, trouvés à Jort, près Falaise, et qui lui avaient été envoyés par M. de Caumont, en 1844. Ce savant chimiste crut, au premier abord, avoir affaire à un verre teint par le cobalt, mais il fut fort surpris de n'y trouver que du cuivre pour principe colorant métallique. C'est la célèbre fritte d'Alexandrie * qui a été employée pour la fabrication de ce verre azuré.

Sir Humphry Davy s'est donc trompé en disant que tous les verres bleus transparents anciens doivent leur couleur à du cobalt. Mon analyse, dit M. Girardin, prouve que la fritte d'Alexandrie ou l'oxide de cuivre servait aussi à teindre les verres transparents, et il est probable même qu'elle servait plus souvent que le minerai du cobalt, parce qu'elle était mieux connue, qu'on la préparait en grande quantité, sans doute à très-bas prix et qu'on l'utilisait partout dans la peinture.

L'examen chimique des urnes cinéraires du midi serait donc intéressant à faire; je suis persuadé, ajoute M. Girardin, qu'on y trouvera du cuivre et non du cobalt.

D'après un passage de Dion, il paraitrait que sous le règne de Tibère on aurait découvert l'art de raccommoder le verre. Voici ce passage : *Is aliquanto tempore post ad Tiberium revertitur atque interim dùm eum vehementer obsecrat, consultò poculum vitreum quod gerebat clàm de manibus abjicit, fractumque primò et collisum mox integrum illœsumque in suis manibus ostendit, cùmque ob eam rem se veniam consecuturum putaret, eum Tiberius interfici jussit.*

---

* Vitruve, en parlant de cette fritte, dit : la préparation du bleu fut primitivement inventée à Alexandrie, et Nestorius en a depuis établi une fabrique à Pouzzolles. L'invention en est admirable : on broie ensemble du sable avec de la fleur de Natrum, carbonate de soude, aussi menu que de la farine; on la mêle avec de la limaille de cuivre et on arrose le tout avec un peu d'eau, de manière à en faire une pâte. On fait ensuite avec cette pâte plusieurs boules que l'on fait sécher. On les chauffe dans un pot de terre placé sur un fourneau, de manière que par la violence du feu la masse entre en fusion et donne naissance à une couleur bleue. (Vitruve, liv. 7, chap. 2. Traduction de Perrault).

30

Faire l'histoire du verre sous les Romains, c'est dire que l'usage en fut très-commun dans les Gaules, sous la domination romaine; car on a lieu d'être étonné de l'influence artistique que ce peuple exerça uniformément dans tous les pays qu'il soumit à sa domination. Qu'on examine des objets d'art en poterie, en verre ou en tout autre genre, provenant de pays éloignés, l'on verra que partout on a traduit la même pensée artistique pour la matière, pour les formes et pour l'ornementation*.

C'est donc sous l'influence de la pensée romaine que nos artistes verriers travaillèrent dans les Gaules. Pline nous l'atteste quand, en parlant du verre, il dit: *Jam verò per Gallias, Hispanias que simili modo arenæ temperantur* (liv. 6., chap. 26.) Aussi les vases, les urnes, les lacrymatoires trouvés dans nos pays, présentent-ils le même mode de fabrication en tout genre.

Les nombreux objets en verre découverts dans différents pays des Gaules, prouvent combien ce genre de fabrication y était avancé. On peut en juger par la pureté de la matière, par ses formes variées et élégantes, par du verre imitant l'agathe, le spath fluor, le lapis lazuli, l'obsidienne; par des pâtes de verre reproduisant des pierres

---

* A ce sujet, je citerai des grains en verre, les uns blancs moulés, les autres verts unis et un autre bleu, sur lequel des couleurs sont appliquées. Ils ont été trouvés en 1841, à Nicolaef en Crimée, l'ancienne Chersonèse Taurique, par M. de Résimont, général au service de Russie, sous un tumulus, dans un tombeau en pierre, avec une petite fibule en bronze à charnière semblable à celles que nous trouvons dans notre pays. Cet ensemble de choses semble bien indiquer une sépulture romaine. Ces objets, qui m'ont été communiqués en 1833, par ce savant d'honorable mémoire, m'ont été donnés, après son décès, par son neveu M de Résimont, docteur en médecine à Metz. Il est à remarquer que, quoiqu'ils aient été trouvés dans un pays éloigné, ils ont la plus grande ressemblance avec ce que nous trouvons dans nos contrées.

gravées, soit en creux, soit en relief. Enfin, après m'être
livré à un examen attentif d'objets d'art recueillis dans notre
pays, j'ai été amené à penser que les procédés mécaniques
employés de nos jours durent être mis en usage à cette
époque reculée.

Parmi les principaux objets en verre, trouvés la plupart
dans nos contrées, je citerai des urnes de couleur d'aigue-
marine avec des anses de très-bon style, deux vases en
verre blanc trouvés près de Toul, l'un représente, en relief
très-saillant, deux têtes d'éphèbes opposées, formant le galbe
de ce vase ; l'autre porte en relief l'inscription : *rorem t....,*
pour *tulit* (cabinet de notre confrère M. Dufresne) *; les fragments d'un vase trouvé près de Metz, orné de médaillons moulés
et de filigranes appliqués ; plusieurs vases de formes variées,
ornés de filigranes ; un charmant petit lacrymatoire en verre
blanc trouvé près de Metz, et dont les anses sont d'une très-belle
couleur verte ; un rython en verre blanc, orné de filigranes,
trouvé dans un tombeau près de Longwy ; un phallus en verre
de couleur rose, orné de filigranes, trouvé à Metz ; une partie
d'un vase en verre bleu, couleur de lapis lazuli, agatisé par
des veines blanches, trouvé à Augst, en Suisse ; une partie
d'un vase blanc, trouvé près de Scarpone, et décoré de
larmes, les unes vertes, les autres brunes ; la coupe en verre
doublé, trouvée près de Strasbourg, dont j'ai déjà parlé
plus haut ; deux bouteilles de formes élégantes, ornées de
filigranes et trouvées à Metz ; une empreinte sur verre
blanc, trouvée près d'Amiens, représentant en relief divers personnages offrant un sacrifice ; une autre empreinte,
trouvée près de Châlons-sur-Marne, représentant en creux
la tête de Diaduménien, avec une légende dont les lettres

* Voyez pour plus de détails sur ces deux vases, la notice
sur quelques. antiquités trouvées dans l'ancienne province Leuke,
évêché de Toul, par M. Dufresne ; *Mémoires de l'Académie nationale de Metz*, année 1848 — 1849.

sont reproduites avec une netteté parfaite ; une tête en
relief du style grec le plus pur ; des pièces hémisphériques
en verre noir (couleur de l'obsidienne), et en verre couleur d'émeraude, qui avaient probablement servi à décorer des appartements.

Si l'on pouvait concevoir quelques doutes sur la fabrication du verre dans les Gaules, la grande quantité de
produits en ce genre, trouvée de nos jours, les dissiperait
complétement. D'ailleurs peut-on supposer, qu'alors que l'art
romain se reproduisait dans ce pays d'une manière si remarquable par l'architecture, par l'art plastique en tout genre,
même avec des émaux appliqués, par la décoration des
édifices et des habitations au moyen de marbres très-variés,
par de riches peintures et de riches mosaïques, telles que celles
de Lyon, d'Autun, de Metz, de Nasium et de Trèves ;
peut-on, dis-je, supposer qu'à cette même époque, on aurait
fait venir d'Italie des objets d'art extrêmement fragiles et la
plupart d'un usage ordinaire? Ceci n'est point admissible et
se trouve contredit par un passage de Strabon, qui, en
parlant des Bretons, dit : *Vectigalia gravia tolerant.....*
hœc autem sunt eburnea vasa....... et vitrea supellex et
alia hujus generis mercimonia (liv. 4.) Je ne doute pas
qu'un examen attentif ne fasse découvrir l'emplacement d'anciennes fabriques de ces sortes de produits.

Je ne connais, dans nos contrées, qu'une seule localité
où l'on aurait procédé à ce genre de fabrication. Il y a
quelques années on découvrit, rue du Lancieu, à Metz,
quelques médailles romaines et une certaine quantité de
verre blanc amorphe et opalisé par sa décomposition ; dans
ce même lieu on voyait des parties de colonnes composées
de briques plates et rondes. Tous ces débris me parurent
être les restes d'une verrerie antique ; mais malheureusement il était arrivé là ce qui a lieu le plus ordinairement :
quand je fus averti de cette découverte, tout était détruit.

Au moyen-âge, l'art de la fabrication du verre, quoique très-répandu, paraît cependant avoir donné des produits moins beaux ; ainsi les vases en verre, trouvés dans les tombeaux, sont d'une pâte moins blanche, les formes en sont moins élégantes. Néanmoins les ouvriers paraissent avoir conservé leur habileté dans la fabrication ; et à cette époque, comme dans l'antiquité, on fit usage de grandes coupes en verre dans lesquelles on buvait à la ronde *.

Les vases et les patènes employés pour les cérémonies du christianisme étaient de verre, du temps de Grégoire de Tours. A cette époque on avait aussi conservé l'art de colorier le verre, ainsi qu'on peut en juger par les verroteries, notamment d'un beau rouge grenat, qui étaient employées dans la bijouterie ; par les grains en verre de couleur qui, avec d'autres grains ornés de couleurs appliquées et des grains recouverts d'émaux, composaient des colliers, trouvés dans des sépultures que l'on considère comme appartenant au 5e siècle ; enfin si le miroir, dit de Virgile, conservé à Saint-Denis depuis la formation de son trésor, n'était pas antique, cet objet d'art, du poids du 15 kilog., de couleur verte jaune, poli sur les deux faces et qui contenait au moins la moitié de son poids d'oxide de plomb, serait une preuve de la fabrication du cristal au moyen-âge.

Parmi les objets d'art en verre de cette époque que j'ai recueillis, je citerai des bijoux ornés de verroteries rouges, trouvés dans des tombeaux ; des coupes en verre sans pied ; des colliers composés en grande partie de grains de verroteries. Je reviendrai sur ces colliers en parlant des émaux et de la peinture sur verre.

---

* Les grandes coupes furent en usage chez les Hébreux, les Grecs et les Romains, ainsi qu'au moyen-âge. Un hanap de la table de Charles V, qui est au musée Dusomerard, pouvait désaltérer trente convives.

Il paraît que l'art de la verrerie avait considérablement
dégénéré vers le 12e siècle, et il ne fallut pas moins que
l'expédition des croisades pour le faire renaître en Italie,
puis dans les Gaules ; malgré les troubles que les Phéniciens
avaient éprouvés, la pratique de l'art de la verrerie s'y était
conservée. Tyr* renfermait plusieurs verreries fameuses. Cette
industrie était favorisée dans cette ville, par la circonstance
que le sable qui couvre ses environs est propre à donner
une grande transparence à la matière vitrifiée dont on fabriquait des vases admirables. C'est de là, dit Loysel, que cette
industrie passa heureusement en Europe du temps des croisades aux 12e et 13e siècles, cent ans à peu près avant
l'invasion des Mammelucks, qui ravagèrent tout le pays.
(*Essai sur l'art de la verrerie*, discours prélim., p. 2.)

Venise, suivant le même auteur, profita particulièrement
de l'émigration des artistes réfugiés de l'Asie. Elle eut des
verreries à l'instar de celles de la Phénicie. Malgré l'exemple
donné par cette ville, il paraîtrait que l'art de la verrerie
demeura très-stationnaire en France** et que l'on n'y fabriqua que des objets communs jusqu'au 15e siècle, où
cet art, comme bien d'autres, dut subir l'influence de l'art
italien.

Il serait difficile de dire dans quels lieux on commença à
perfectionner l'art de la verrerie à cette époque ; mais il
est constant qu'on trouve dans notre pays un grand nombre
d'objets en verre, du style de la renaissance, d'un travail

* *De l'Influence des Croisades sur l'état des peuples de
l'Europe*, par Maxime de Choiseul Daillecourt, p. 136.

** Les objets en verre des 12e et 13e siècles, me semblent être
très-rares ; un heureux hazard m'en a procuré, en 1848. En fouil-
lant dans sa maison, rue du Haut-Poirier, à Metz, M. Jacquin,
docteur en médecine, découvrit un vase en argile contenant des
médailles de Philippe II et de Louis IX et des fragments de vases
en verre de couleur verte, d'un travail très-délicat et offrant des
dessins moulés d'une très-grande finesse.

excellent pour la pureté et la légéreté de la matière et pour la netteté des bas-reliefs qui les décorent. Je citerai pour exemple, les beaux débris de verre blanc trouvés, en grand nombre, à Vaudrevange, près Sarrelouis et dans le sol où l'on creusa les fondations de la caserne du génie, à Metz. Je citerai aussi une cruche en verre du 17e siècle, imitant parfaitement l'agathe ; elle est ornée d'une multitude de pierres gravées, montées sur argent doré. On voit sur le couvercle le portrait du donateur, Philippe IV, roi d'Espagne. Ce bel objet d'art, qui était la propriété du prince de Lœvenstein ; appartient aujourd'hui à son neveu M. Charles Vandenbruck, procureur de la République, à Thionville.

Une concession faite par Humbert Dauphin de Viennois, pour établir une verrerie en Dauphiné, nous donne des renseignements intéressants sur la fabrication du verre au 14e siècle. Ce prince exigea, pour cette concession, un certain nombre de pièces de verre qui fait connaître ce que l'on fabriquait en ce genre ; c'était « des verres en forme de cloche, de petits verres évasés, des hanaps ou coupes à pied, des amphores, des urinals, de grandes écuelles, des plats, des pots, des aiguières, de petits vaisseaux appelés gottefles, des salières, des lampes, des chandeliers, des tasses, de petits barils, une grande nef et six grandes bouteilles pour transporter du vin. » Il est à noter, ainsi que le fait observer Legrand d'Aussy, auquel j'emprunte ce document, que dans tout ceci il n'est pas question de bouteilles pour la table. Suivant ce même auteur, on n'avait point non plus de bouteilles pour la table au temps de Charlemagne et de Philippe de Valois ; on faisait alors usage d'outres que l'on plaçait sur les buffets.

Murano, étant devenu célèbre dans l'état vénitien* par ses manufactures de glaces, de cristal et de verroteries ordi-

* Voyez Legrand d'Aussy, histoire de la *Vie privée des Français*, 3e vol., page 222.

naires *, les verreries françaises tombèrent. Henri IV, voyant
combien le manque d'objets en verre faisait passer de capitaux à l'étranger, attira en France un italien nommé Thisco
Mutio, qui avait le secret de ces verreries étrangères, et
l'établit à Saint-Germain-en-Laye, où Mutio éleva une
manufacture à l'imitation de celle de Venise. Pendant les
malheurs des guerres civiles cette fabrique fut anéantie;
mais en 1603, Henri IV en établit d'autres à Paris et
à Nevers. Néanmoins elles languirent.

· Cependant je crois devoir faire observer que les sortes
de produits dont il s'agit étaient certainement des verres
fins, car Legrand d'Aussy serait en contradiction manifeste avec Bernard de Palissy qui, né en 1499 et mort
en l'année 1589, disait dans son *Traité de l'art de terre*:
« N'est-ce pas un malheur advenu aux verriers des pays
  de Périgord, Limousin, Xaintonge, Angoumois, Gas-
  cogne, Béarn et Bigorre auxquels pays les verres sont
  méchanisés en telle sorte, qu'ils sont vendus et criés par
  les villages, par ceux mêmes qui crient les vieux dra-
  peaux et la vieille ferraille, tellement que ceux qui les
  font et ceux qui les vendent travaillent beaucoup à vivre. »
Sous Louis XIV les verreries, suivant Legrand d'Aussy,
tombèrent dans une telle détérioration, qu'en 1759, l'A-
cadémie des sciences proposa pour prix les moyens d'y porter
à la fois l'économie et la perfection. L'auteur couronné fut

---

* Agricola, dans son ouvrage intitulé *De re metallicá*, publié en
1620, après avoir décrit l'art de la fabrication du verre qui, suivant M. Dumas, était, sauf quelques modifications de détail, ce
qu'il est aujourd'hui, dit: *Vitrarii, autem, diversas res effi-
ciunt: etenim cyphos, phyalas, urceos, ampullas, lances, pa-
tinas, specularia, animantes, arbores, naves : qualia opera
multa præclara et admiranda cùm quondàm biennio agerem
Venetiis contemplatus sum: in primis verò anniversariis diebus
festis Ascensionis Dominicæ, cùm venalia essent apportata
Murano.*

Bosc d'Antic, et à partir de cette époque nos verreries changèrent de face; il s'en forma beaucoup qui fabriquèrent du verre blanc tant pour vitres que pour la table; toutefois ces sortes de fabriques étaient bien loin d'être arrivées au point de perfection qu'elles auraient pu atteindre et il est à noter qu'il n'y avait alors en France que trois fabriques où l'on faisait de bonnes bouteilles : à Sèvres, près de Paris, à Folembray, dans la forêt de Coucy et Anor, dans le Hainault. La France tirait un grand nombre de produits de verreries établies en Saxe, en Bohême, en Franconie, dans le Palatinat et en Angleterre. Ce dernier pays fournissait surtout des lustres, car il excellait particulièrement dans l'art d'en polir, d'en tailler, d'en disposer les pièces et par conséquent de faire produire, aux bougies, tous ces pétillements de lumière, tous ces reflets étincelants qui charment nos yeux *.

Suivant Legrand d'Aussy, l'industrie verrière n'existait pas en Auvergne au 18e siècle; car en 1788, lorsqu'il voyagea dans ce pays, il n'y avait pas une seule verrerie et cependant, comme il le fait observer, les matières premières n'y manquaient pas. Il se demandait pourquoi cette industrie n'existait point dans ce pays qui a tant de basalte et qui, au défaut de bois, possède des mines de charbon minéral, et pourquoi l'on ne faisait pas dans le voisinage de quelqu'une des mines de ce combustible un établissement de cette nature. A cette occasion il conseille de couler des statues en basalte. Dumas, dans son *Traité de chimie*, confirme l'opinion de Legrand d'Aussy; il pense que l'on pourrait employer le basalte, certaines laves, les ponces, le pechstein et autres productions volcaniques pour la fabrication du verre.

Examinons maintenant ce qui se passait dans nos contrées.

---

* J'emprunte ces documents à Legrand d'Aussy : *Histoire de la vie privée des Français*, 3e vol., p. 222 et suiv.

Suivant une charte citée par notre confrère M. Beaupré, dans sa notice intitulée : *Les Gentilshommes verriers* ou *Recherches sur l'industrie et les priviléges des verriers dans l'ancienne Lorraine aux* 15ᵉ, 16ᵉ *et* 17ᵉ *siècles* (Nancy, 1847), c'est seulement au milieu du 15ᵉ siècle que la fabrication du verre en Lorraine aurait date certaine ; mais, comme ce savant archéologue le fait observer, ce document reporte cette fabrication à des temps bien antérieurs qu'il croit pouvoir faire remonter à plusieurs siècles.

Suivant le même auteur, on fit en Argone du verre fin et du verre commun ; il y eut une grande fabrique à Darnay où l'art était avancé ; on fabriquait aussi du verre dans d'autres localités de la Lorraine *.

L'écoulement de ces produits était considérable en Allemagne, en Suisse et autres contrées de l'Europe. L'ordonnance de 1557, citée par M. Beaupré, dit : *quasi par tout le monde.*

Je crois devoir reproduire ici le chapitre 4 de l'ouvrage de Volcyr sur la Lorraine, imprimé en 1530, et qui a été pour M. Beaupré, le sujet d'une notice fort intéressante qu'il a publiée en 1842. Ce chapitre est intitulé : *Forges à faire mirouers, voirres* (verres) *fins et communs, avec voirreries de gros voirres.* En voici le texte :

» Pareillement les voirrières sont partout les quantons
» dudit parc d'honneur (il nommait ainsi la Lorraine) à
» grosse abondance et diverses especes de besongnes, comme
» premièrement appert ès bois d'Argonne, au balliage de
» Cléremont, près des limites de Champaigne en Gaule, là
» où l'on faict de plusieurs sortes de voirres fins en la sem-
» blance de christallins et d'autres voirres communs, autant

---

* Consultez pour de plus amples renseignements le mémoire de M. Henri Lapage, intitulé *Recherches sur l'Industrie en Lorraine.* (Mémoire de la Société des lettres, sciences et arts de Nancy, année 1849).

que l'on pourrait soubhaicter; et pour chose nouvelle,
vue de notre tems, au lieu du Pont à Mousson, quinziesme
jour de juing ou environ, le maistre voirrier fit présent
au prince, moderateur dudit parc, d'ung crucifix mis sur
une grande croix de voirre, en grosseur de la cuisse d'un
» homme, accoustré si richement de couleur que l'on estait
aveuglé de la beauté et lueur. Joinct semblablement que
à Raon, au pays de Vosge et à Sainct Quirin, l'on faict
» des mirouers qui se transportent par toute la chrestienté.
» Ce que l'on racompte avoir été faict au lieu de Bainville,
» surnommé aux mirouers, assis sur la rive de Mezelle, entre
» Charmes et Bayon.

» Et se forgent les voirres en la fournaise ardente par un
merveilleux artifice avec un fer attaché au bout d'un baston
» percé par le moyen duquel il tire la matte embrasée,
laquelle à force de souffler et rouler sur une planche, vient
à s'arrondir et enfler tant et si longuement qu'elle a prins
» la forme et grosseur des mirouers, grans, moyens ou
» petits, comme bon semble au maistre ouvrier et les
acoustre en forme de bouteilles et phiolles, puis après il
» applique le plomb par grant subtilité pour donner le lustre
et reverbération des choses lesquelles sont apposées et
mises au-devant desditz mirouers, qui depuis avoir été
» desjointz et séparés du dit cannal de fer, sont mis en
» pièces pour en répartir tous ceux qui en veulent avoir.

» Outre ces choses, l'on besongne au dict pays, en
» matiére de voirres si ingénieusement et en tant de sortes
» et avec apposition de couleurs divers et images, pour-
» traitz, figures et blasons, que bien long serait à ra-
» compter.

» Sans oublier les voirrières de gros voirres auprés de
» Darney, sur les bords et lieux limitrophes du duché de
» Lorraine, où l'art et fabrique est exécutée si abondam-
» ment que toutes autres nations, territoires et pays en

» sont sortis (pourvus) et recouverts ; ce qui aurait été
» réservé au dict lieu comme par prérogative et don de
» nature, veu que autre part on en besongne aucunement,
» à cause de la matière qui se trouve seulement en cette
» marche et contrée selon le jugement de plusieurs. »

J'engage à consulter le commentaire de M. Beaupré sur
ce chapitre si intéressant pour l'histoire des arts dans nos
contrées. Je me bornerai à dire que Volcyr voyagea en
Lorraine, en 1525.

La notice publiée par M. Beaupré, en 1841, contient un
autre document fort intéressant sur l'industrie verrière en
Lorraine ; il est extrait d'une description statistique de ce
pays, présentée à Charles III, en 1594, par Thierry
Alix, président en la cour des comptes de Nancy ; en voici
le texte :

« Ne sont aussi à obmettre les grandes tables de verres de
» toutes couleurs qui se font ez haultes forêts des Vosges,
» ez quelles se trouvent à propos les herbes et aultres choses
» nécessaires à cet art, qui ne se rencontrent que rarement
» ez aultres pays et provinces, dont une bonne partie de
» l'Europe est servie par le transport et trafic continuel qui
» s'en fait ez Pays Bas et Angleterre, puis de là aux autres
» régions plus remotes et esloignées, sans aultrement faire
» état d'une quantité et nombre infini de petits et menus
» verres. Les grands miroirs et bassins et toutes aultres
» façons qui ne se font ailleurs en tout l'univers..... »

Si de la Lorraine nous passons au pays messin, nous
voyons que Turgot dans son *Mémoire général* rédigé en 1698,
sur le département de la ville de Metz et pays messin,
entre dans des détails sur l'industrie de ce pays et ne dit
rien de l'industrie du verre.

Naturalisée dans le département de la Moselle depuis
le commencement du 18e siècle, elle a pris de nos jours
un accroissement rapide. En 1761, on fonda l'établissement

de Gœtzenbruck, et en 1767, celui de Munzhall ou de Saint-Louis. Dans le premier, une colonie, composée d'abord de quatre maîtres ouvriers, s'est étendue au point de former un village considérable. On y fabriqua surtout des verres de montre, dont on exportait plus de 200000 douzaines par année.

A Saint-Louis, on se borna d'abord à une faible imitation des verres blancs de Bohême * ; mais en 1783, on parvint à composer un cristal approchant du *flint-glass*, et à enlever ainsi à nos rivaux d'outre-mer une branche de commerce fort importante et fort lucrative. On sait à quel degré de prospérité cet établissement est parvenu et combien ses produits sont aujourd'hui riches et variés. Les différents rapports faits sur cet établissement, à l'occasion des expositions des produits de l'industrie nationale à Paris, et de celles de l'industrie départementale, suffiraient pour faire apprécier la richesse des productions de cette fabrique, qui, on peut le dire, résume et même, sous certains rapports, surpasse ou au moins égale, tout ce que l'antiquité et le moyen-âge ont produit de plus beau. Il en est de même aujourd'hui de la verrerie de Baccarat, dans le département de la Meurthe ; et les manufactures de Saint-Quirin et de Cirey, dans le même département, se font remarquer par les grandes et belles glaces qu'elles pro-

* Le verre de Bohême se fait remarquer par la légéreté et en même temps par l'absence complète de la coloration, quand il est fabriqué avec des matières pures. Suivant M. Dumas, tous les anciens auteurs l'ont confondu avec le cristal. C'est un silicate de potasse dans lequel il n'entre que de petites quantités de chaux ou d'alumine, et la gobleterie en verre de Bohême est certainement plus belle, plus légère et plus durable que celle qu'on fait au moyen de verre à base de soude. Voyez pour la fabrication des verres de Bohême et leur comparaison avec les verreries françaises, le rapport de M. Eugène Peligot, sur l'*Exposition des Produits de l'industrie autrichienne*, en 1845.

duisent. C'est ici le lieu de citer la verrerie des Ilettes (Meuse), renommée depuis longtemps pour la fabrication d'excellentes bouteilles. * On fabrique aussi dans le département de la Moselle des bouteilles et du verre de vitres de bonne qualité.

Parmi les productions en verre à notre époque, le *crown-glass* et le *flint-glass* sont sans contredit les plus remarquables pour leur pureté et notamment pour la confection des objectifs achromatiques.

Le *crown-glass* offre une limpidité parfaite, au point qu'une lentille très-épaisse ne présente aucune trace de coloration. Ce verre n'est pas sans intérêt pour Paris à cause de la fabrication des lunettes de spectacle, des lentilles grossissantes et des instruments d'astronomie. M. Dumas, auquel j'emprunte ces documents, pense que le *flint-glass* doit subir une préparation analogue à celle du cristal ou du strass, et il fait connaître que des recherches suivies ont été faites par MM. Thibeaudeau et Bontems, dans la belle verrerie de Choisi, pour reproduire le *crown-glass*.

GENTILSHOMMES VERRIERS.

Parmi les documents historiques sur. la fabrication du verre, l'institution des gentilshommes verriers est sans contredit une des choses les plus remarquables.

M. Beaupré s'est livré à des recherches sur cette matière et a publié trois notices fort intéressantes, qui doivent être consultées par toute personne qui désire se procurer des documents sur l'industrie du verre **, en Lorraine ; une

---

* Le verre à bouteilles, suivant M. Dumas, est formé de silice, d'alumine, de chaux, de potasse, de soude, d'oxide de fer et de manganèse. Ces derniers oxides colorient ce verre, qui doit toutefois une partie de sa couleur au charbon.

** Voir la notice précitée; celle qui a pour titre: *Recherches sur l'industrie verrière dans l'ancienne Lorraine, Nancy*, 1841,

charte. de 1469, dont il donne le texte, fait connaître combien étaient grands les privilèges accordés à cette industrie.

Haudicquer de Blancourt, dans son *Traité de la verrerie*, s'est aussi occupé de ce sujet. On voit dans cet ouvrage que tous les ouvriers qui travaillaient le verre étaient gentils-hommes, et que ceux-ci n'en recevaient aucun qu'ils ne le connussent pour tel. Ce même auteur nous apprend que ces privilèges furent donnés aux ouvriers des grosses verreries, encore bien qu'elles fussent postérieures de plusieurs siècles aux petites. Cette sorte d'estime accordée à cette profession n'était point nouvelle, car déjà sous l'empire romain, les verriers avaient été affranchis des charges de l'état. Voici ce que porte un texte de loi, qui fournit aussi des renseignements précieux sur les autres industries qui jouissaient de semblables privilèges. On lit au *Code*, liv. 12, titre 64, *de excusationibus. Artifices artium brevi subdito comprehensarum per singulas civitates morantes ab universis muneribus vacare præcipimus : si quidem in discendis artibus otium sit accomodandum : quo magis cupiant et ipsi peritiores fieri, et suos filios erudire.*

ET NOTITIA EST ISTA :

Architecti, medici, pictores, statuarii, marmorarii, lecticarii, seu arcarii, clavicarii, quadrigarii, vel quadratarii (quos græco vocabulo τηκτας *appelant), structores (edificatores id est), sculptores ligni, musearii, deauratores, albini quos græci* κονιατας *appellant, argentarii, barbaricarii, diatretarii, œrarii, fusores, signarii, fabricarii, bracharii, particarii, atque libratores, figuli (qui græcè dicuntur* κεραμεις*) aurifices, vitrarii, plumbarii, specularii, eborarii, pelliones, fullones, car—*

et une troisième intitulée : *Recherches sur l'industrie verrière et les privilèges des verriers dans l'ancienne Lorraine, Nancy,* 1841, 1842.

pentarii, sculptores, dealbatores, cusores, trigarii, cisiarii, bractearii (id est πιταλουργοι).

Des discussions se sont élevées pour savoir si l'art de fabriquer le verre anoblissait ceux qui le travaillaient ; et il fut décidé que cette profession ne conférait point la noblesse mais seulement qu'elle n'y dérogeait pas.

Diverses concessions furent faites à des familles nobles pour la fabrication du verre. Parmi celles que cite Haudicquer de Blancourt, il en est une de 1453 et une autre de 1458. Dans le Dauphiné, la Provence, le Languedoc et dans d'autres provinces, l'industrie verrière était exercée par des gentilshommes, et de nos jours encore les ouvriers des Ilettes, près de Ste-Menehould, sont connus sous le titre de gentilshommes verriers.

A l'époque où ces concessions furent faites, on établissait une distinction entre les grosses et les petites verreries *. Dans les grosses on fabriquait des plats pour faire les vitres et des bouteilles pour le vin et autres liqueurs. On couvrait celles-ci d'osier pour les mieux transporter.

Dans les petites verreries on faisait des glaces, des verres à boire, des cristaux, des tasses, des gobelets, des bouteilles et d'autres ouvrages.

Les gentilshommes, dans les grosses verreries, travaillaient douze heures, et dans les petites les ouvriers travaillaient six heures de suite, puis d'autres venaient les remplacer.

Par ce moyen on travaillait nuit et jour.

* Consultez, pour de plus amples détails, le *Traité de l'art de la verrerie*, par Haudicquer de Blancourt, chap. 3, 1er vol., p. 36. Ce chapitre donne en outre des détails intéressants sur les instruments alors en usage.

FENÊTRES AU MOYEN-AGE.

Les vitraux jouant un rôle important dans l'histoire du verre au moyen-âge, je vais d'abord appeler l'attention sur les dimensions que prirent successivement les fenêtres dans les monuments religieux; puis je m'occuperai des vitraux blancs et des vitraux peints.

On vit au moyen-âge, les fenêtres des églises s'agrandir en quelque sorte suivant les progrès de l'art. Ainsi, selon de Caumont* et l'abbé Bourrassé**, de 400 à 1000 les fenêtres étaient petites, étroites, peu ornées, et quelquefois si resserrées qu'elles ressemblaient à de véritables meurtrières.

De 1000 à 1100 les fenêtres étaient encore rares, mais plus ornées.

De 1100 à 1200 elles subirent des modifications : elles furent décorées de riches archivoltes, de colonettes, de bas-reliefs, de sculptures et même quelquefois de statues.

De 1200 à 1300 on fit les fenêtres étroites et alongées ; on les nommait fenêtres à lancettes ; elles étaient seules ou accolées deux à deux, quelquefois surmontées d'une rosace ; on voit à cette époque des roses gracieuses, des trèfles et des quatre-feuilles.

De 1300 à 1400, les fenêtres sont généralement très-larges et divisées par plusieurs meneaux en pierres cintrés à leur partie supérieure, pour porter plusieurs compartiments compliqués. C'est le règne des trèfles, des quatre-feuilles, des rosaces; la solidité se trouve jointe à la légèreté, les conditions de durée à l'élégance. Les roses prennent un aspect plus pittoresque.

De 1400 à 1550, on voit naître le style flamboyant et le style fleuri. La simplicité sublime du 13e siècle est perdue, la gravité élégante du 14e siècle est altérée,

* *Cours d'antiquités monumentales*, IVe partie.
** *Archéologie chrétienne.*

l'ornementation s'appesantit, on est sous l'empire du goût de tours de force et de l'affectation de la science.

Les fenêtres au 15e siècle, ont généralement plus de largeur et moins de hauteur qu'au 14e, et le triangle formé par l'arcade en tiers-point depuis les impostes jusqu'au sommet, a souvent plus de la moitié de l'élévation totale. Le réseau qui en remplit le tympan est formé de lignes ondulées, prismatiques, présentant quelqu'analogie avec la flamme droite et renversée : c'est ce qui a fait donner à ces ouvertures le nom de fenêtres flamboyantes.

La rose ogivale, malgré ses nombreuses transformations, conserve toujours sa grandeur et sa magnificence.

Au 16e siècle, on adopta l'architecture de la renaissance, et, suivant M. de Caumont et M. l'abbé Bourassé, une des principales causes de ce changement fut la publication des œuvres de Vitruve et le goût qui se manifesta à cette époque pour l'antiquité classique.

Si l'on en juge par ce qui nous reste de fenêtres de constructions civiles des 12e, 13e, 14e, 15e et 16e siècles, ces fenêtres étaient basses et étroites ; souvent plusieurs étaient accolées les unes aux autres et ne nécessitaient que des vitres de petites dimensions. Metz et les campagnes qui l'environnent offrent de nombreux exemples de ces petites fenêtres.

VITRES.

On a agité la question de savoir si les anciens avaient des vitres en verre. Des personnes très-versées dans l'antiquité, ont même nié que les anciens eussent employé autre chose que des pierres transparentes ; mais je pense qu'après un examen plus attentif et des recherches plus approfondies, cette question n'aurait jamais dû être agitée.

A la vérité, ainsi que le fait observer Winckelmann dans ses remarques sur l'architecture des anciens, les temples recevaient ordinairement la lumière par l'entrée ; quelques-uns étaient même éclairés par la partie supérieure ;

beaucoup de maisons avaient leurs fenêtres placées fort haut, comme sont celles des ateliers de nos sculpteurs et de nos peintres. Par ce moyen on était à l'abri du vent et de l'air*. Aussi les anciens se bornaient-ils à fermer ces fenêtres par des rideaux et à y placer des barreaux.

Mais il est incontestable qu'il y avait dans les monuments et dans les habitations, des fenêtres dont les unes, suivant l'usage antique, étaient closes avec des pierres transparentes, telles que le gypse** et le talc, et dont les autres étaient closes par du verre***. Il est constant aussi qu'on décora des maisons de grandes fenêtres qui descendaient depuis le plafond jusqu'à terre. Ceci nous est attesté par le passage suivant de la lettre 86 de Sénèque : *at nunc blattaria vocant balnea si qua non ita aptata sunt, ut totius diei solem fenestris amplissimis recipiant, nisi et lavantur simul et colorantur, nisi ex solio agros et maria prospiciant.* Dans sa 90ᵉ lettre, Sénèque dit que de son temps on inventa aussi l'usage de ces vitres faites de pièces transparentes qui laissaient un passage libre à une brillante lumière : *et speculariorum usum perlucente testâ clarum transmittentium lumen.* Dans son traité *de Providentiâ*, chap. 4, il dit qu'on se garantissait du vent par les vitres : *quem specularia semper ad flatu vindicarunt.* En effet, peut-on douter qu'alors même que les anciens lambrissaient les appartements avec du verre, ainsi que l'enseigne le même auteur, ils n'aient pas eu l'idée d'employer cette matière pour les fenêtres?

* L'église d'Olley, Moselle, qui date du 11ᵉ siècle, est éclairée de cette manière.

** On tirait ce gypse en grands morceaux principalement des environs de Spichia-Juola, dans le territoire de Volterra; on en trouve aussi près de Marradi. (*Voyage de Lalande en Italie*, 2ᵉ vol., p. 229.)

*** Voyez ce que j'ai dit précédemment des fenêtres du temple de Salomon.

Si l'on pouvait avoir encore quelque doute à cet égard, il suffirait de recourir aux autorités de Philon et de Lactance. Philon, dans son ambassade à Caïus, dit que « l'empereur sauta vitement dans une grande salle » où, se promenant, il commanda que les fenêtres fussent » closes par du verre blanc semblable aux pierres luisantes » au travers desquelles on voit, qui n'empêchent pas la » lumière de passer, mais qui garantissent seulement du » vent et de l'ardeur du soleil* »·et Lactance, au chap. 7, *De opificio Dei*, dit : *et manifestius est mentem esse quæ per oculos ea quæ sunt opposita, transpiciat quasi per fenestras lucente vitro aut speculari lapide obductos.*·

Falconieri, cité par Winckelmann, prétend avoir vu sur une peinture, qu'il fait remonter au temps de Constantin, des édifices avec un grand nombre de fenêtres ouvertes placées les unes à côté des autres.

Winckelmann fait aussi connaître que l'on trouva à Herculanum des restes de vitres; on en trouva aussi à Pompeia.

Enfin en 353, la ville d'Antioche était éclairée par des lanternes publiques, et, pour que ces lanternes répandissent une lumière suffisante, il fallait qu'elles fussent en verre.

De quelle dimension étaient les verres des fenêtres? Étaient-ils petits et assemblés par du plomb comme ceux de nos églises, ou bien, pour les habitations les plus ordinaires, étaient-ils ronds et fixés par du plâtre, ainsi que cela existe encore en Orient? Il est certain que, suivant l'autorité de Pline le jeune, liv. 2, lettre 17, et celle de Sénèque, lettres 86 et· 90, ces vitres laissaient un passage très-libre au soleil et à la lumière, et qu'à travers on voyait la mer et les campagnes des environs. D'après les documents que nous trouvons dans Batissier, *Histoire de l'art monumental*, page 646, les vitres romaines étaient

---

* *Traité des vertus et des ambassades*, traduction de Belicr, revue par Morel. Paris, 1612, p. 1129.

posées dans une rainure et retenues de distance en distance par des boutons tournants , qui se rabattaient pour
les fixer. Leur largeur était de $0^m,54$ environ, sur $0^m,76$
de haut, et leur épaisseur de $0^m,005$. Enfin Payen, dans
son *Précis de chimie industrielle*, dit que des vitres
trouvées à Herculanum, étaient évidemment faites par un
procédé de soufflage.

Ainsi, il est positif que dans l'antiquité, les fenêtres
étaient closes avec du verre.

Il en était de même pour le moyen-âge, où l'art de les
employer suivit les progrès de l'architecture. En effet,
après avoir vu dans les monuments du haut empire de
grandes fenêtres, l'art bizantin n'en présenta que de petites garnies d'abord de petites pièces en verre que, suivant Félibien, on appelait *cives ;* elles étaient assemblées
avec du plomb. Il en existait encore dans quelques endroits, du temps de cet auteur.

Saint Jérôme, qui vivait au 4e siècle, fait connaître
qu'à son époque les fenêtres étaient fermées avec des verres
en lames peu étendues et très-minces : *fenestræ quæ vitro
in tenues laminas fuso abductæ erant.*

Saint Grégoire, parlant de l'église Saint-Martin de
Tours, raconte qu'en 525 des soldats de l'armée de Théo-
doric, pénétrèrent dans l'église Saint-Julien de Brioude,
en Auvergne, par une fenêtre dont-ils fracassèrent le vitrage : *Effractâ vitreâ sunt ingressi.*

Suivant ce même auteur, les vitres de son temps étaient
montées en bois : *fenestras ex more habens quæ vitro lignis incluso clauduntur.*

Meurisse, dans son *Histoire des évêques de Metz*, nous
donne un renseignement sur ce qu'étaient les fenêtres des
églises de cette ville en 750 ; il dit que Grodegand, après
avoir fait abattre l'oratoire de Saint-Etienne, y substitua
une autre église fort ample et magnifique pour le temps.,

bâtie, pavée et voûtée de grosses pierres grises, massive, médiocrement élevée et éclairée de *vitres* assez basses, petites et épaisses.

En Angleterre, on faisait usage du verre pour les fenêtres en 1177, et on en fabriqua dès 1558. Il paraît qu'en France, il y a environ 400 ans, l'usage de vitres n'était pas général dans les habitations; il en était de même en Espagne et en Italie. On voyait en France aux croisées de quelques particuliers, des volets de bois avec quelques carreaux de papier ou de la toile. Suivant Félibien, on préféra pour les appartements aux vitraux de couleurs, des vitraux blancs, élégants par les dessins qu'ils représentaient et qui avaient les noms suivants que cet auteur nous a conservés : *Pièces carrées, losanges, borne, double borne, bornes de bout, borne en pièces couchées, borne en pièces carrées, bornes couchées en tranchoir pointu, bornes doubles et simples, bornes couchées doubles, bornes longues en tranchoir pointu, tranchoirs en losanges, tranchoir pointu à tringlette double, tringlettes en tranchoirs, chesnons, moulinets en tranchoirs, moulinets doubles, moulinets à tranchoirs évidés, croix de Lorraine, molette d'éperon, feuilles de laurier, bâtons rompus, du dé, façon de la reine, croix de Malthe.*

Le verre blanc, le meilleur qu'on employât du temps de Félibien, né en 1616, se fabriquait dans la forêt de Gastine, par-delà Montoire; il était de pure fougère, ce qui signifie que la cendre employée provenait uniquement de cette plante, qui contient beaucoup d'alcali. On en faisait à Chambray, près de Conches, en Normandie; mais il n'était pas si blanc; on en faisait encore de la même sorte, près de Lyons, situé aux environs de Rouen.

On le fabriquait par tables, soit par pièces rondes ou longues.

. Félibien fait encore connaître qu'entr'autres espèces de

verre, celui dit de Lorraine se faisait à Nevers; il était par tables, et par pièces longues et un peu étroites au bas, c'est-à-dire qu'il n'avait point de nœud au milieu. Il se coulait sur le sable, au lieu que les autres verres étaient soufflés avec une verge de fer creuse, ce qui faisait qu'ils étaient ronds et avaient un nœud qu'on appelait œil de bœuf.

Peu à peu les verres de vitres prirent des dimensions plus grandes; de nos jours ce genre de fabrication a fait des progrès très-importants pour la pureté de la matière et pour les dimensions. Outre les verres plats je citerai les verres bombés qu'on fabrique en Allemagne et en Angleterre; ils produisent un très-bon effet et ont surtout l'avantage de ne pas permettre de voir du dehors dans l'intérieur des appartements. Ils sont connus sous le nom de *halb-mund-glass.*

MIROIRS-GLACES.

Dans l'antiquité, on faisait communément usage de miroirs; cela nous est attesté par différents documents.

On lit dans l'*Exode*, chap. 38, v. 8, que Beleseel fit un bassin d'airain avec sa base, des miroirs des femmes qui veillaient à la porte du tabernacle.

Nous voyons des miroirs représentés sur des vases étrusques et sur d'autres peintures non moins anciennes.

Lucrèce, dans le quatrième livre de son *Poëme sur la nature des choses,* entre sur ce sujet, dans de grands détails. Sénèque donne encore des détails plus nombreux dans le livre premier des *Questions naturelles.* On y voit que la forme circulaire parut la plus propre pour les miroirs et que dans les premiers temps on ne connaissait pas le poli de l'argent. Suivant ce même auteur, dans la suite, sous le règne de la noblesse, des miroirs de la grandeur du corps *

* C'était sans doute des miroirs de cette dimension qu'on employait pour prendre à la chasse des bêtes fauves. (Notes sur le *Traité de la chasse d'Appien,* traduit par Belin de Ballu.)

furent ciselés en or, en argent et ornés de pierreries ; le prix auquel une femme achetait un de ces ustensiles excédait la dot que le public accordait anciennement aux filles de ses généraux indigents. Il termine ce chapitre en disant que le miroir qui ne servait que pour la parure, devint l'instrument nécessaire d'une multitude de vices : tels étaient les miroirs grossissant dont ce même auteur parle avec détails dans le chapitre seizième du livre premier, de ses *Questions naturelles.*

Juvénal, dans sa deuxième satire, vers 99, en parlant du miroir, a dit : *Speculum civilis sarcina belli.*

Les Indiens, les Péruviens et les Chinois firent également usage de miroirs métalliques.

Les miroirs antiques que l'on a trouvés sont communément de petites dimensions ; suivant une analyse que Caylus en a fait faire, un de ces miroirs était composé d'un alliage de cuivre, d'antimoine et de plomb. Un miroir trouvé dans un tombeau antique à Nimègue, fit connaître qu'on en fabriqua aussi en acier. (*Description du musée d'Herculanum*, p. 80, t. 3.)

L'usage, dit-on, qu'Archimède et Proclus Diadocus firent de miroirs ardents, l'un pour brûler la flotte romaine qui assiégeait Syracuse, sous la conduite de Marcellus, et l'autre pour brûler la flotte de Vitalien, lorsqu'il assiégeait Byzance, dénoterait combien les anciens auraient été avancés dans l'art de la fabrication de ces sortes d'instruments. Suivant Diodore de Sicile, Archimède aurait brûlé les vaisseaux romains à la distance de trois stades, et selon d'autres, à la distance de trois mille pas.

On ignore quelle était la forme des miroirs dont Archimède et Proclus se servirent ; étaient-ils composés d'un assemblage de petits miroirs plans que l'on pouvait mouvoir à l'aide de charnières ? Il est du moins constant que Buffon, par un assemblage analogue à celui qui est indiqué par

Tretzés et qu'il ignorait, brûla à environ 66 mètres de distance, et par là même, ce savant auteur donna un certain degré de vraisemblance à ce que l'on dit des miroirs d'Archimède et de Proclus.

On sait, d'ailleurs, que dans les cours de physique on enflamme, à quelque distance, des corps à l'aide de miroirs métalliques réflecteurs.

Sans pouvoir préciser à quelle époque on commença à se servir de miroirs de verre, il paraît bien constant que leur usage remonte à une date très-reculée. Strabon, dans son douzième livre, cite une pierre que l'on exportait pour en faire des miroirs ; mais il ne dit pas si l'on se bornait à polir cette pierre ou si on la mettait en fusion : *alias verò ad specularia facienda, glebas magnas ferebat, ut etiam extrà exportaretur.*

Sénèque, dans le livre premier de ses questions naturelles, dit que la matière du miroir était vile et fragile. Ce mot fragile et le mot *specularia* ne signifieraient-ils pas qu'on employait de son temps le verre pour les miroirs ? et, si le miroir de Saint-Denis, déjà cité, était véritablement antique, il attesterait qu'on aurait fabriqué des miroirs même en cristal artificiel.

D'après Pline, il paraîtrait qu'on aurait employé du verre noir imitant l'obsidienne pour en faire des miroirs qu'on incrustait dans les murailles des appartements. Le même auteur dit aussi, en parlant de la ville de Sidon et de l'invention des miroirs en verre : *Sic quidem etiam specula excogitaverant.*

On sait que la ville de Sidon était célèbre par l'industrie du verre, et d'après le document précité, il paraît assez constant que les premiers miroirs en cette matière seraient sortis des verreries de cette ville.

Les Egyptiens se servirent indubitablement de miroirs de verre. On en conserve deux, en cette matière, au Musée

33

égyptien de Turin; l'un est encastré au moyen d'un cercle
de bois dans le siége d'une petite statue en pierre blanche;
l'autre, pareillement encadré, dut avoir la même desti-
nation. (*Peintures antiques inédites*, par Raoul-Rochette,
p. 380.)

D'après les documents que j'ai reproduits en parlant de
l'usage du verre chez les Hébreux, il paraît aussi bien
constant que ce peuple eut des miroirs de verre.

Venise, après avoir eu des relations avec la Phénicie, introduisit en Italie l'industrie verrière de ce pays, et dès-lors
cette ville ne tarda pas à fonder la première manufacture
de glaces qui ait existé en Europe; cette branche d'industrie
y resta exclusivement pendant plus de quatre siècles.

En France, l'art de faire des glaces ne fut introduit qu'au
commencement du dix-septième siècle. Entr'autres fabriques,
celles du verre fixèrent principalement l'attention du grand
Colbert *; il voulut que les fabriques de France ne le cé-
dassent en rien à celles des Vénitiens **. Des artistes français
établis à Venise eurent occasion de prendre, à Murano, une
connaissance exacte des procédés qu'on y employait pour la
fabrication des glaces; ils vinrent apporter leurs connaissances en France. En 1665, ils se fixèrent à Tourlaville,
près de Cherbourg (Manche); les plus grandes glaces qu'ils
soufflaient étaient d'environ un mètre de côté ***.

Vingt ans après, un artiste français, Abraham Thevart,
inventa le coulage des glaces au moyen duquel il put en
faire d'environ trois mètres de hauteur. Il forma son premier

---

* Ces documents historiques sont extraits de l'ouvrage de Loysel
intitulé: *Essai sur la verrerie.*

** Delalande, dans son *Voyage en Italie*, tome 7, p. 83, donne
des détails intéressants sur la verrerie de Venise et sur la fabrication
des glaces de ce pays.

*** Je crois devoir faire observer que d'après le quatrième
chapitre de l'ouvrage de Volcyr, on fabriquait des miroirs en
verre dès 1625 dans plusieurs localités de la Lorraine.

établissement dans le faubourg Saint-Antoine ; mais bientôt le haut prix du combustible et de la main-d'œuvre le déterminèrent à aller s'établir à Saint-Gobain (Aisne), où il se fixa en 1691.

Le coulage des glaces resta pendant plus de soixante ans dans l'état où son inventeur, sans rivaux, l'avait laissé ; mais d'autres fabriques s'étant établies en France, à Leutenbach ou Saint-Quirin, à Saint-Gobain, à Montluçon, en Espagne, en Allemagne et en Angleterre *, on fut obligé d'introduire de nouveaux changements qui conservèrent à Saint-Gobain la supériorité sur ses concurrents.

On sait à quel degré de perfectionnement cette industrie s'est élevée de nos jours, où l'on se procure à des prix très-modérés des glaces de grandes dimensions, d'un verre très-pur **, exempt de bulles, d'une épaisseur uniforme et d'un étamage parfait.

PEINTURE SUR VERRE.

Dans l'acception générale du mot *peinture,* on a compris le verre représentant des objets d'une manière quelconque, soit que les sujets qu'on a voulu reproduire aient été fondus dans la masse du verre, soit qu'ils aient été représentés en bas-relief, soit que les couleurs en émail aient été imprimées à l'encaustique dans des traits gravés en creux, soit enfin que les couleurs ou les émaux aient été appliqués au pinceau sur des surfaces unies.

Dans l'antiquité, on a connu l'art de fixer des couleurs sur le verre ; on a aussi exécuté des dessins à l'aide de verre de couleur fondu ou encastré dans la masse du verre. Je parlerai de ces procédés lorsque je m'occuperai des mosaïques.

Comme exemples de peinture sur la surface du verre, je

---

* On y coula, en 1675, des glaces pour les voitures.
** Le verre à glaces, d'après Dumas, est à base de soude et de chaux.

citerai les objets indiqués par Raoul-Rochette dans l'appendice de son ouvrage intitulé : *Peintures antiques inédites.* Ils consistent en un groupe de l'Amour et Psyché sur un vase publié par Middleton ; en un plat en verre trouvé dans un tombeau, à Cumes, en Campanie et à l'intérieur duquel un paysage était peint ; en un vase de verre blanc sur lequel sont représentées des figures égyptiennes dessinées au trait en noir, au pinceau, avec des couleurs rouge et jaune appliquées en teintes plates, et des portraits de personnages peints sur médaillons.

Raoul-Rochette indique encore une plaque carrée de verre bleu, peinte au moyen de couleurs imprimées à l'encaustique, dans des traits gravés en.creux, et des plaques de cristal de roche avec des figures d'hommes et d'animaux gravées en creux et dorées. Enfin, je rappellerai le lacrymatoire rapporté d'Athènes par M. de Saulcy ; une peinture des premiers temps chrétiens citée par Buonarotti et par Millin, et représentant un personnage tenant à la main un poisson. Je mentionnerai encore les colliers en verre dont j'ai déjà parlé ; quelques-uns de leurs grains sont uniquement peints à la surface, d'autres offrent des dessins produits par des émaux, et d'autres ont des cannelures remplies de couleurs.

Au moyen-âge, la peinture sur verre joua un .très–grand rôle pour la décoration des vitraux des églises ; mais il paraît bien constant qu'avant.de peindre sur verre on fit usage de verres de couleur.

Il paraît que c'est de vitraux de ce dernier genre que Sidoine Apollinaire a parlé dans le passage suivant (liv. 2, lettre 10) :

> *Ac sub versicoloribus figuris*
> *Vernans herbida crusta saphiratos*
> *Flectit per prasinum vitrum lapillos.* `

Depuis Grégoire de Tours jusqu'au XIIe siècle, on manque,

suivant M. de Caumont, de renseignements sur les vitraux, et on doute que la peinture sur verre fût connue au VIIIe et au IXe siècle.

Anastase, le bibliothécaire, rapporte que vers la fin du VIIIe siècle, le pape Léon III fit placer des vitres de diverses couleurs à l'église Saint-Jean-de-Latran.

L'historien de Saint-Bénigne de Dijon, qui écrivait vers l'an 1052, assure qu'il existait encore de son temps, dans l'église de ce monastère, un très-ancien vitrail représentant sainte Paschasie et que cette peinture avait été retirée de la vieille église restaurée par Charles-le-Chauve; mais suivant Lenoir, qui cite ce fait, ce n'était probablement que du verre teint.

Au XIe siècle, plusieurs églises furent vitrées en couleur.

Enfin, suivant M. de Caumont, tout porte à croire que du Ve au XIIe siècle, on se borna à faire des mosaïques transparentes par l'assortiment de pièces de verre de différentes couleurs, et on ne connaît pas une seule vitre peinte qui puisse avec certitude être reportée au-delà du XIIe siècle.

Les vitraux peints que l'on cite comme appartenant certainement au commencement du XIIIe siècle, sont ceux que l'abbé Suger donna à Saint-Denis; ils sont signés de son nom.

La première période de la peinture sur verre cesse à la fin du XIIIe siècle; mais on distingue bien difficilement les vitraux du XIIe siècle de ceux du XIIIe.

Les limites de la deuxième période répondent au XIVe siècle.

Celles de la troisième, au XVe et aux premières années du XVIe.

La quatrième, correspondant au temps de la renaissance, s'étend jusqu'au XVIIe siècle.

Les dessins subirent des modifications suivant les diffé-

rentes époques ; il paraît qu'au XIIIᵉ siècle un grand nombre
d'artistes fut employé à la confection de vitraux peints.

Si des vitraux étaient donnés par des corporations, par
des abbés, des seigneurs, ou par d'autres personnes, on
les indiquait au bas des vitraux par leurs attributs, ou on
représentait les donateurs en personne avec leurs armoiries.

Suivant M. de Barthelemy (voyez le 15ᵉ vol. du *Bulletin
monumental de la Société Française pour la conservation
et la description des monuments nationaux*), les familles
dont les armoiries étaient représentées sur des verrières
étaient tenues de veiller à l'entretien et à la réparation de
ces verrières ; et quand elles les négligeaient, le chapitre,
après les avoir mises en demeure, pouvait adjuger les
chapelles où se trouvaient ces vitraux à d'autres familles
dont les écussons venaient remplacer ceux des fondateurs
déchus.

Ces armoiries doivent être examinées comme documents
historiques, car outre qu'elles indiquent les familles, elles
désignent aussi, par la place qu'elles occupent, les préséances
des personnes.

Au XIIIᵉ siècle, on fit usage de cartons qui permirent de
faire des vitraux semblables pour des églises différentes ; mais
il était d'autant plus difficile d'ajuster les verres que ce ne
fut qu'au XVIᵉ siècle qu'on employa le diamant pour les
couper *. Après avoir ajusté les couleurs, on donnait des
traits noirs pour les membres et les plis des vêtements, puis
on recuisait.

Il est à noter que les vitraux du XIIIᵉ siècle sont toujours
de petites dimensions ; ces vitres sont très-solides et ont
des armatures en fer.

A mesure qu'on s'écarte du XIIIᵉ siècle, époque si bril-

---

* Félibien indique les procédés qu'on employait avant l'usage
du diamant pour couper le verre. (Voyez son *Traité d'architecture*. p. 267.)

lante aussi pour l'architecture, les productions des peintres verriers perdent de leur mérite.

Des vitraux du xiv° siècle montrent qu'il y avait dès-lors une disposition évidente à substituer le dessin à la couleur.

A partir du xiv° siècle, on peignit les figures beaucoup plus grandes qu'au xiii°, et souvent de grandeur naturelle ; on s'étudia à mieux exprimer les ombres, à donner plus de relief aux draperies, on fit un plus grand usage des tons jaunes et des vert-pâle.

Vers la fin du xiv° siècle, on introduisit des émaux dans les entailles pratiquées dans le verre.

Les principaux caractères du xv° siècle et de la première moitié du xvi° sont d'avoir plus d'ornements, des frontons, des pinacles, et les peintures sur phylactères se multiplient ; à cette époque, les couleurs subissent des modifications : on fait des peintures en grisaille et l'emploi des couleurs diminue l'effet des vitraux.

Au xv° et au xvi° siècle, il y avait un nombre prodigieux de peintures dans les églises, les palais, les maisons des grands et les lieux d'assemblées publiques.

Ces nombreux produits de l'art durent, suivant Hau-dicquer de Blancourt, résulter surtout des encouragements donnés par tous les princes et par plusieurs de nos rois qui accordèrent aux peintres, qui autrefois étaient tout ensemble peintres et verriers, les mêmes privilèges que ceux dont jouissaient les personnes nobles.

C'est principalement à Albert Durer, né à Nuremberg en 1470, qu'on doit d'avoir imprimé à la peinture sur verre une nouvelle direction qui, ainsi que le dit M. de Caumont, ne fut qu'une sorte d'intermédiaire ou de transition entre l'école ogivale et l'école italienne laquelle fit invasion sous François I°.

A cette époque, ainsi que le dit M. de Caumont, on

voulut imiter en tout la peinture à l'huile, peindre avec perspective, avec détails; au milieu de ce siècle, les vitraux présentent de l'architecture de la renaissance et du style ogival; on remarque une plus grande perfection dans les figures, dans le dessin; les pièces de verre sont plus grandes qu'auparavant, l'emploi de la grisaille devient général, et on peint ainsi des vitres entières. Le temps de la couleur et de la véritable peinture est passé.

Au XVIIe siècle, les grandes entreprises de peinture sur verre étaient devenues rares, et vers la fin de ce siècle cet art fut presqu'abandonné; au XVIIIe siècle, il n'y avait plus de peintres, mais seulement des vitriers qui ne firent que des frises ou bordures autour de grands panneaux de verre blanc.

Ce serait ici le lieu de dire quelques mots sur l'art des vitraux peints dans notre pays; mais je me bornerai à indiquer sur ce sujet l'*Histoire de la cathédrale de Metz* par M. Bégin, et à dire avec cet auteur que cet édifice contient des vitraux des douzième, quatorzième et seizième siècles, et que les artistes cités pour y avoir travaillé sont Hermann de Munster et Valentin Bousch. Je citerai aussi l'atelier de MM. Maréchal et Gugnon, qui ont peint sur verre tant de sujets remarquables et, tout récemment, les vitraux de l'église Sainte-Ségolène de notre ville.

Suivant M. de Caumont, la cause de la chute de l'art de la peinture sur verre fut le retour aux idées payennes, aux idées du nu et à l'architecture de la renaissance.

L'imprimerie, suivant ce savant archéologue, fit disparaître les peintures sur manuscrits qui étaient pour les peintres verriers des sujets d'inspiration. Lisant plus communément dans les églises, on se plaignit de leur obscurité; les artistes manifestèrent du dédain pour les œuvres du moyen-âge. Le clergé aidant, on détruisit un grand nombre de vitraux remarquables, on monta alors simplement des carreaux en petit plomb. Cependant on n'aurait pas dû oublier que les vitraux peints étaient le complément des monuments d'architecture ogivale, que c'était des catéchismes illustrés.

On ne peut, ainsi que le fait observer ce même auteur, admettre pour les vitraux, comme pour l'architecture, des écoles correspondant aux anciennes divisions du sol français ; mais les vitraux deviennent de plus en plus rares à mesure qu'on avance vers le midi, et cela s'explique par ce que le style ogival n'a jamais pris dans le midi le même développement que dans le nord, qu'il y a presque toujours été exotique, et que les fenêtres romanes n'ont pas été favorables aux vitraux peints, vu qu'elles avaient peu d'étendue.

Les anciens vitraux du midi ne remontent, suivant ce même auteur, qu'au quatorzième siècle, et ce n'est qu'à partir de cette époque qu'on peut suivre dans ce pays la marche de la peinture sur verre jusqu'au seizième siècle. Ce fait est d'autant plus curieux que le style ogival primitif existe à peine, ou qu'il n'existe pas du tout dans le midi, et qu'il y est remplacé par le roman de transition ; ce qui prouve combien est intime la connexion qui existe entre le développement de la peinture sur verre et celui de l'architecture ogivale.

J'engage à consulter, pour l'histoire des vitraux de couleur et des vitraux peints, le sixième volume du *Cours d'antiquités* de M. de Caumont, auquel j'ai emprunté une partie des détails que j'ai donnés sur ce sujet si intéressant.

ÉMAIL.

L'émail, dans l'acception que M. Dumas donne à ce mot, ne signifie que l'espèce de matière vitreuse dans la composition de laquelle on fait entrer l'acide stannique ; mais toute matière vitrifiable peut servir à émailler, et si l'émail constitue une matière particulière parmi les corps vitreux, ce n'est pas en raison des usages techniques, mais bien en ce que l'émail commun, celui dont on se sert le plus souvent, se sépare nettement de tous les autres verres par la présence de l'acide stannique.

L'art d'émailler est certes un des plus anciens; il fut connu des Phéniciens, des Egyptiens, des Babyloniens, des Grecs, des Etrusques, des Gaulois, des Chinois et des Persans. Parmi les peuples actuels, la France est le pays où cet art fut le plus cultivé, et où il fit sous tous les rapports plus de progrès.

Les différents modes d'application des émaux se font sur pierres, sur briques, sur faïence, sur les poteries en général, sur lave, sur verre, sur cuivre, sur argent et sur or.

Les Egyptiens fabriquèrent des émaux monochromes qu'ils appliquèrent sur des pierres *; leur couleur ordinaire était le vert, le bleu, le jaune, le rouge, le violet et le blanc.

Les Babyloniens firent des briques émaillées destinées à l'ornementation des façades des maisons; les Persans, les Arabes, les Chinois en émaillèrent aussi. Du temps de l'occupation de l'Espagne par les Arabes, plusieurs monuments élevés par eux dans ce pays, furent ornés de briques émaillées.

L'art de fabriquer des émaux était très-avancé chez les Grecs; ils l'employèrent dans la bijouterie, ils fabriquèrent des émaux roulés et fondus dans le verre dont ils formèrent des dessins qui, divisés par plaques, étaient d'un effet très-remarquable et dont on peut aujourd'hui prendre une idée par des produits récents des verreries de Saint-Louis et de Baccarat.

Cet art fut aussi très-répandu chez les Romains, qui l'employèrent pour la bijouterie et pour la décoration des appartements. — Flavius Vopiscus nous apprend que la

* Les Egyptiens, si forts dans l'art de la verrerie coloriée, avaient déjà appliqué des émaux sur plusieurs pierres, des grès, des schistes, des stéatites dures, etc. (*Rapport sur l'exposition des produits de l'industrie à Paris; 1844.*)

maison de Firmus était ornée de plaques de verre. *Nam et vitreis quadraturis bitumine, aliis que medicamentis domum induxit.* (Vopiscus in Firmo.) Et Raoul-Rochette, dans son appendice aux peintures antiques inédites, nous enseigne qu'on trouve à Rome quantité de morceaux de verre peint, consistant en oiseaux, masques, figures d'animaux, motifs d'arabesques, et que ces peintures, qui traversent le verre, sont une espèce de mosaïques fondues dans la masse (p. 382 et suiv.).

L'art des émaux fut non moins en honneur à Constantinople. Cette ville ayant été prise, ce genre de fabrication fut transféré en Russie où on le cultiva avec succès.

Si nous en jugeons par les nombreux objets d'art trouvés dans le sol des Gaules, l'application des émaux sur les métaux y aurait été communément mise en pratique.

Dans le moyen-âge, l'art d'émailler fut prospère en Italie; la couronne d'Agiluff, roi des Lombards, qui régnait au VIᵉ siècle, avait une inscription dont les caractères étaient émaillés de bleu. Parmi les émaux fabriqués en Italie, on doit citer principalement ceux des XIVᵉ, XVᵉ, XVIᵉ et XVIIᵉ siècles, et surtout ceux de Venise qui n'avaient pas d'égaux pour leur délicatesse, leur grâce et leur régularité.

L'art de l'émailleur fut aussi beaucoup en honneur chez les Francs; on leur attribue les colliers que j'ai déjà cités précédemment et qui sont composés de grains d'ambre, de verroterie, de jayet, d'émail et de grains en verre, complètement ou en partie recouverts d'émail; ils appliquèrent aussi des émaux sur des terres cuites : telles sont celles que l'on voit dans les églises de Mousson et de Lattre-sous-Amance * (Meurthe). Dès le temps de saint Éloi et au Xᵉ siècle, les châsses,

---

* Voyez la note sur des carreaux de terre cuite employés au pavage de deux églises du XIᵉ siècle, par M. Digot, 14ᵉ vol. du *Bulletin monumental de la société française, pour la conservation et la description des monuments nationaux*, pag. 712.

les crosses, les tombeaux, les armes et armures, la bijouterie et même les ustensiles domestiques en étaient décorés, ainsi que nous pouvons le voir par un certain nombre d'objets qui heureusement ont été conservés. Des mosaïques de mon cabinet, composées d'émaux et de pierres dures en grandes pièces réunies par des filigranes en or et que j'ai déjà décrites dans une notice publiée en 1838, doivent, je pense, être attribuées à cette époque.

La localité la plus célèbre en France pour les émaux est certainement Limoges qui, d'après Dussieux *, avait déjà une fabrique au xii° siècle. Cette ville, on peut le dire, doit être considérée, en France, comme la localité classique des émaux, car la splendeur de ses produits fut poussée au plus haut degré. Après le rétablissement de sa fabrique sous François Ier, Léonard de Limoges ou le Limousin en fut nommé le directeur; on y fabriqua, entre autres choses, à cette époque, des peintures qui étaient la reproduction des chefs - d'œuvre de Raphaël, de Jules Romain, de Jean Cousin et du Primatice.

Néanmoins, l'art d'émailler ne se borna pas à cette seule localité: Bernard de Palissy, qui écrivait en 1580, nous apprend qu'à cette époque la peinture en émail sur cuivre n'était pas un secret, mais qu'au contraire elle était si répandue qu'on en vendait les produits à vil prix.

Du temps de cet artiste on fabriqua des boutons en émail qui d'abord se vendirent trois francs la douzaine; ils devinrent ensuite tellement communs qu'on ne les vendait plus qu'un sol la douzaine, et n'étaient plus portés par les personnes aisées.

Plus tard, en 1630, Jean Toutin, secondé par Isaac Grisblin ou Grisbalin, son élève, trouva le moyen d'appliquer des émaux épais et opaques sur or, et fit faire un pas considérable à l'art de peindre sur émail; dès cette époque, on y fit les peintures les plus fines et des portraits fort remar-

* *Recherches sur l'histoire de la peinture sur émail*, 1841.

quables : telles sont les peintures faites par Toutin, l'orfévre Dubié, Morliére, Vauquer, Chartier, par Jean Petitot et Pierre Bordier sous Louis XIV ; par Seguin, sous Louis XV, et par Augustin, sous Napoléon.

M. Alluaud, lors des séances générales de la Société française pour la conservation et la description des monuments historiques, tenues à Limoges en 1847, a donné sur l'art de la fabrication des émaux des documents intéressants dont j'extrais ce qui suit :

« Les émailleurs employaient le cuivre le plus pur : on le faisait chauffer par plaques et on le refrodissait subitement en le plongeant dans l'eau ; c'était une sorte de trempe qu'on lui donnait. Avant d'employer ces plaques, on le découpait soigneusement, puis on y appliquait du silicate de plomb.

» On voit cet enduit derrière tous les émaux. Sur cette première couche plombifère, on appliquait les émaux qui renferment encore quelque partie de silice et d'arsenic.

» Lorsque la plaque était destinée à recevoir un tableau qui l'occupait toute entière, l'artiste y plaçait cet enduit blanc, mais comme il y avait des parties de vêtements coloriés, on employait des émaux de Venise coloriés eux-mêmes, qui étaient appliqués directement. Pour obtenir divers tons, il fallait mettre plusieurs couches, ce qui nécessitait autant d'opérations de cuisson et par conséquent donnait lieu à beaucoup d'accidents. »

M. Alluaud fait aussi connaître que la palette des anciens émailleurs n'était pas riche, elle n'avait que quatre ou cinq couleurs ; ils avaient le cobalt pour le bleu, l'acide de cuivre pour le vert, l'acide d'antimoine pour le jaune ; le manganèse pour le violet ; les rouges et les tons de chair étaient obtenus au moyen de l'oxide de fer.

Parmi les couleurs employées, deux ne souffraient pas de mélange ; c'étaient les jaunes d'antimoine et les oxides de cuivre.

Il y avait donc deux procédés de peinture sur émail ; l'un qui consistait en une juxtà-position de couleurs sans qu'elles se confondissent ; c'était une sorte de mosaïque : l'autre consistait à peindre sur l'émail blanc qu'on recouvrait par fois de lustres métalliques.

L'art de l'emploi des émaux continuant au xvii° et au xviii° siècle, avait faibli dans ce dernier. Le gouvernement l'encouragea ainsi jusqu'au xix° ; ce bel art reprit une nouvelle existence, et des artistes français furent appelés à l'étranger pour le cultiver.

En parlant de la peinture sur verre, j'ai dit qu'au xvi° siècle on avait fixé sur cette matière des émaux qui ajoutaient à sa magnificence.

Enfin, depuis quelques années, on a inventé l'art d'appliquer des émaux sur lave afin de pouvoir peindre dessus. M. Morteleque s'est occupé de cette importante application. On doit à cet artiste un blanc d'émail dont il couvre les plaques de lave et de porcelaine. Elles sont alors, ainsi que le dit M. Dussieux, comme des espèces de toiles sur lesquelles on peut, avec des couleurs vitrifiables qu'il a préparées, exécuter tous les genres de peintures.

Cette sorte d'émaillage et de peinture sur pierres naturelles a été aussi exécuté par M. Hachette, qui en a mis à l'exposition nationale de 1844.

La peinture sur émail appliquée sur la lave permet de composer de grandes pièces pour la décoration intérieure ou extérieure des habitations et de remplacer la mosaïque.

Déjà des productions importantes ont été faites en ce genre ; on a orné la cour d'honneur de l'école des beaux-arts de quatre médaillons de lave émaillée représentant les quatre grands protecteurs des arts : Périclès, Auguste, Léon X et François I°r. On a employé le même procédé pour fabriquer des cadrans et faire une partie des indicateurs des rues de Paris.

Enfin, à la même exposition de 1844, on a vu des émaux appliqués, par MM. Gautier et Morel, sur grès provenant des Vosges, qu'ils ont nommé grès psammite. Ces artistes avaient peint en couleurs vitrifiables sur cet émail.

L'application de l'émail sur la faïence est une des choses les plus importantes pour l'économie domestique. Cet art fut connu dans l'antiquité. En Egypte, on appliqua des émaux monochromes sur les poteries. En Chine et en Egypte, la fabrication de la porcelaine, qui est un émail, remonte à une haute antiquité.

En Italie, du temps de Porsenna, roi des Etrusques, environ cinq cents ans avant Jésus-Christ, on fabriquait dans les états de ce prince des vases de terre émaillés de différentes couleurs, qu'on admirait et qu'on estimait beaucoup. Martial en fait l'éloge dans son épigramme 54, liv. 1, et dans l'épigramme 98, liv. 14.

Il paraît que dans les Gaules, à l'époque romaine, on fit usage de poteries aussi fines et aussi brillantes que celles de la Chine. Ce fait nous est attesté par de Colonia qui dit, dans son *Histoire littéraire de la ville de Lyon*, que l'on en a trouvé dans cette ville, parmi d'autres débris romains.

Il paraît bien certain que dans l'antiquité on sut, dans les Gaules, appliquer sur la poterie un émail très-solide. Plusieurs échantillons, que j'ai recueillis dans nos contrées parmi des débris romains, me semblent attester ce fait d'une manière positive. La pâte grossière de ces poteries et l'épaisseur de leur émail, divisé par une multitude de fissures, indiquent néanmoins la naissance de l'art; mais on a lieu de s'étonner de ce que, dans l'antiquité, l'on n'ait pas employé plus généralement et perfectionné davantage ce genre de fabrication, vu surtout que les poteries de cette époque indiquaient une perfection si remarquable par la finesse de leurs terres et l'élégance de leurs formes, et qu'on les décorait avec des émaux.

Parmi des débris de monuments du VIII° siècle, on a trouvé dans nos contrées des poteries communes recouvertes d'un émail de plomb et de couleur verte.

Au XIV° siècle, Faenza et Castel Durante s'approprièrent l'art de fabriquer des faïences émaillées et leurs manufactures devinrent célèbres ; au XV° siècle, ces faïences furent ornées de peintures remarquables.

A cette époque il n'existait pas, en France, de fabrique de faïence émaillée ; car si Bernard de Palissy en avait connu, il n'aurait pas été dans l'admiration à la vue d'une coupe en terre tournée et émaillée ; il ne se serait pas, pendant quinze années, livré à des recherches pour découvrir la manière de faire de pareils vases.

Cet artiste remarquable peut donc être regardé, avec juste raison, non-seulement comme le premier qui ait voulu imiter en France les vases de Faenza, mais aussi comme celui qui a forcé, après des peines infinies, la nature à lui dévoiler le secret des émaux et la manière de les employer utilement.

Les émaux, ainsi qu'il l'indique, étaient composés d'étain, de plomb, de fer, d'acier, d'antimoine de safre *, de cuivre, d'arène, de salicor **, de cendre gravelée, de litharge, de pierre de Périgord ou de manganèse.

Les rustiques figulines de cet habile artiste, qui ornaient autrefois les dressoirs ou buffets des personnes les plus fortunées, sont aussi de nos jours recherchés par les amateurs.

Vers 1604, on fabriqua, à Nevers, des faïences émaillées

---

* Le safre est un oxide de cobalt impur que l'on obtient par le grillage de la mine de cobalt et qui, mêlé à une quantité suffisante de silice et fondu avec un sous-carbonate de potasse, donne un verre bleu connu aussi sous le nom de *smalt* ; c'est ce verre qui, réduit en poudre, donne l'azur.

** Le salicote ou salicor était le nom donné à la soude en pierre ; il provenait du nom d'une plante appelée *salicornia* dont on obtenait de la soude.

qui étaient une imitation de la *majolica* que les français appellent la faïence. Delalande, dans son *Voyage en Italie* (6ᵉ vol., pag. 361), nous enseigne qu'un Italien, qui était venu en France accompagner un duc de Nevers, ayant aperçu une terre argileuse ou du moins mêlée de glaise et de sable, telle qu'on l'employait à Faënza, occasionna le premier établissement de faïence qu'il y ait eu dans le royaume.

En Hollande, on fabriqua des faïences émaillées qui étaient une imitation des porcelaines chinoises. Ces faïences étaient communes, mais recherchées pour leurs peintures; les principales, dont l'origine remonte au xviiᵉ siècle, étaient de Delft.

Après avoir parlé de la faïence, il convient de dire quelques mots des poteries fabriquées en Flandre; ce sont des vases et des pots ornés d'émaux en relief; il est de ces pots de couleur brune qui sont décorés d'or et d'émaux de couleurs très-variées; j'en possède un de grande dimension qui représente des divinités du paganisme, il est daté de 1665; sur un autre plus petit et non moins riche d'émaux que le premier, on a appliqué simplement un buste de femme.

D'autres poteries connues sous le nom de grès, sont à fond gris; parmi ces productions il en est de fort élégantes qui sont ornées de bas-reliefs très-variés de couleur bleue ou violette.

Dans le xvᵉ et le xviᵉ siècle, on fabriquait à Beauvais des poteries azurées; on en employait pour orner les maisons.

Les poteries de Beauvais étaient ce que sont les grès de Flandre avec lesquels on les confond souvent. En examinant un vase de ma collection, qui est entièrement couvert de fleurs de lis, je pourrais dire comme M. Dussieux, qui en examinait un semblable: *Ce vase est évidemment de Beauvais.*

Après avoir traité de ces divers émaux, il me resterait

à dire un mot de l'état de l'art de la faïencerie dans les temps modernes, des progrès qui ont été faits dans les émaux et les couleurs vitrifiables, il suffit de rappeler combien les terres qu'on employait autrefois laissaient à désirer; leur couleur, le plus ordinairement rougeâtre, paraissait dès que l'émail était enlevé, et ces faïences étaient très-fragiles. Quant aux émaux, ils se gerçaient généralement et permettaient aux matières grasses de pénétrer dans les plats et les assiettes, et d'autres émaux trop tendres avaient le grave inconvénient de se laisser rayer facilement.

Je pourrais aussi parler des avantages qui résultent de l'application de l'émail sur des ustensiles de cuisine en fer et des beaux produits que l'on obtient par la fabrication de grès cérames dont quelques-uns sont couverts d'émaux très-fins et très-brillants, tels sont ceux de Mettlach (Prusse-Rhénane); mais mon but dans ce travail est principalement de m'occuper des produits de l'art antérieurs à notre époque.

J'engage, pour obtenir plus de détails sur cette matière, à consulter l'ouvrage précité de Dussieux, intitulé : *Recherches sur l'histoire de la peinture sur émail* (1841), et la sixième partie du *Cours d'antiquités monumentales* par de Caumont.

MOSAIQUES.

L'art de la mosaïque remonte à une époque très-éloignée et se rattache aussi à l'histoire du verre; les Phéniciens, les Perses, les Assyriens, les Egyptiens, les Grecs et les Romains en décoraient leurs maisons, et des auteurs arabes parlent de pavés incrustés de pièces de verre.

Dans la Bible, au livre d'Esther, chap. 1, v. 6, il est parlé d'un pavé à compartiments embelli de plusieurs figures avec une admirable variété. Si ces figures n'étaient pas des mosaïques, il est très-probable qu'elles étaient des plaques d'émaux incrustées.

Lucain, en parlant du luxe de Cléopâtre, dit :

..... *totâ que effusus in aulâ*
Calcabatur onix.

A l'époque romaine on fit des mosaïques composées de fragments de pierre, de marbre, de pierres fines, de pierres factices, de verre de couleur et d'émail. Celles dont les pièces étaient d'une certaine grandeur s'appelaient *lithostroton, opus sectile,* celles que l'on faisait avec des petits cubes s'appelaient *opus tesselatum* ou *vermiculatum;* elles étaient plates et quelquefois en relief. Une troisième espèce, destinée à paver les salles à manger, représentait des aliments qui semblaient être tombés de la table et s'appelait *asaroton.*

Il paraît constant que les Romains tirèrent des Grecs l'art des mosaïques. Pline dit : *pavimenta originem apud Græcos habent elaborata arte picturæ ratione donec lithostrata expulere eam,* l. 36, c. 25. Suivant le même auteur (même chapitre) ils commencèrent à en fabriquer du temps de Sylla, qui fit exécuter dans le temple de la Fortune, à Prœneste aujourd'hui Palestrine, une mosaïque célèbre que l'on croit être celle qui existe encore aujourd'hui en partie ; suivant l'abbé Barthelemy, qui l'a décrite et en a publié un dessin, celle-ci appartiendrait au règne de l'empereur Hadrien.

L'emploi du verre, à Rome, dans ces sortes de produits, remonte au temps d'Auguste.

Dans les Gaules on fit des mosaïques avec un grand succès ; celles qu'on a découvertes à Lyon, à Autun, à Nasium et près de Trèves sont des preuves de la perfection que cet art avait atteinte. Metz eut aussi dans l'antiquité des mosaïques. Celle du temple de Diane était composée en partie de verre.

Celle qui fut trouvée à Nasium, en 1834, était très-remarquable. Notre confrère M. Denis, ancien maire de Commercy, a bien voulu me donner des détails sur cette mosaïque intéressante, à la découverte de laquelle il présida. Elle était en partie de verre et représentait l'enlèvement d'Europe. Cette jeune fille, ainsi que son ravisseur, étaient figurés par des cubes de cette matière ; le corps d'Europe était nu et de couleur de chair ; les cubes composant ses yeux, ses oreilles et ses seins étaient couverts d'une lame d'argent, et ceux de ses cheveux et de sa ceinture l'étaient d'une lame d'or ; le taureau, de couleur grise, avait des yeux d'argent ; des cubes de verre de différentes couleurs composaient les autres dessins de cette mosaïque. Il est à observer que ni l'or ni l'argent ne se trouvaient entre deux lames de verre. Cette précieuse antiquité, que le savant M. Denis avait appréciée à sa haute valeur, devait être conservée ; mais malheureusement elle fut détruite par malveillance, dans la nuit qui suivit cette découverte.

On ne se borna pas dans l'antiquité à faire avec les mosaïques uniquement des pavés : on les employa aussi à en décorer les murs des appartements. Senèque (livre 13, lettre 87) dit : « *Nisi vitro abscondatur camera,* » et Pline (liv. 36, chap. 15) s'exprime ainsi : « *Pulsa deinde ex humo pavimenta in cameras transiere è vitro.* »

Les mosaïques destinées à la décoration des appartements, n'étaient point uniquement composées de dés en pierre ou en verre ; on en fesait aussi, comme je l'ai déjà fait observer précédemment, avec des plaques de verre dans lesquelles des émaux ou des verres de couleur étaient fondus ou encastrés * et présentaient des dessins riches et variés. L'épaisseur de ces pièces de verre permettait de les diviser en plusieurs plaques qui offraient les mêmes dessins**.

On doit ranger parmi les mosaïques divers autres objets

---

* Je possède une plaque de verre de couleur blanche, dans laquelle on a encastré une rosace en verre jaune ornée d'une peinture bleue et noire. Cet objet d'art qui me paraît être ancien, produit un très-bel effet.

** Consultez, à ce sujet, le *Recueil d'Antiquités de Caylus*, tome I, page 293.

remarquables en verre qui nous restent des Romains. Je citerai un cachet décrit par Caylus ; il est à fond noir, son cadre et ses lettres, de couleur blanche, occupent toute l'épaisseur du verre ; je citerai aussi deux autres objets qui ont fait l'admiration de Winckelmann.

L'un de ces morceaux offre, sur un fond obscur et diapré, un oiseau qui ressemble à un canard et dont les couleurs sont très-vives et très-variées ; le second représente des couleurs verte, jaune et blanche sur un fond bleu (Winckelmann, liv. 1, chap. 2). Ces deux pièces ont environ chacune vingt-huit millimètres de longueur et un centimètre d'épaisseur. On a reconnu que ces dessins sont composés de différentes lames de verre colorié qui, mises en fusion, se sont unies en se fondant. Aussi le revers de ces peintures offre-t-il les mêmes sujets, sans qu'on puisse y remarquer la plus petite différence dans les moindres détails. J'ai déjà dit, en parlant des émaux, que des productions de ce genre avaient été imitées avec succès dans les verreries de Baccarat et de Saint-Louis.

Il convient de classer accessoirement avec les mosaïques, les tables de verre de couleur, décorées de figures blanches, qui rappellent les plus beaux camées antiques. Je possède une tête charmante en verre blanc, appliquée sur verre bleu, qui a été trouvée à Lyon et qui donne une idée parfaite de ce genre de travail.

Les pièces les plus remarquables en ce genre, citées par Raoul-Rochette, dans son appendice aux peintures antiques inédites, sont le célèbre vase de Portland, dont les figures se détachent aussi en blanc et en très-bas-relief sur un fond bleu ; un bas-relief blanc sur fond d'azur représentant une scène dionisiaque, et un autre bas-relief d'environ un mètre de longueur, représentant un taurobolium avec inscription ; il appartenait à Passeri et il fut publié par Olivieri (*Peintures antiques inédites ;* appendice, p. 385, 386).

Au moyen-âge l'art des mosaïques fut très-répandu; on en faisait avec du verre; on en fit aussi avec des pierres fines. Elles furent la décoration la plus riche des monuments religieux; les pavés, les murs, les voûtes, les colonnes en étaient ornés.

A Sainte-Sophie, à Constantinople, des mosaïques en verre offraient des doublets; une feuille coloriée de différentes manières était couverte d'une pièce de verre collée par dessus (voyez le *Traité de la fabrique des mosaïques*, par Fougeroux de Bondaroy). A l'église Saint-Marc de Venise, des mosaïques citées par le même auteur, qui sont l'ouvrage d'artistes grecs et qui datent du 11e siècle, ont des verres dorés qui sont recouverts d'une autre lame de verre qui a été soudée au four de verrerie.

Les Grecs qu'on avait fait venir du levant pour travailler à l'église de Saint-Marc, firent en Italie un grand nombre de mosaïques; mais, ainsi que le fait observer Delalande dans son voyage en Italie, elles étaient de beaucoup inférieures à ce que l'on fait aujourd'hui.

Il paraît certain que les basiliques de Saint-Arnould et de Saint-Clément de Metz, furent enrichies de mosaïques en verre. Cela nous est attesté par de petits dés de cette matière de couleur bleue, verte et jaune que l'on trouve en assez grand nombre à l'emplacement que ces monuments occupaient auprès de notre ville.

Quoique cet art existât en France, au moyen-âge, il paraîtrait cependant que ses produits étaient inférieurs à ceux de l'Italie, puisque le pape Hadrien envoya en 784, à Charlemagne les mosaïques et les marbres dont les murailles et les planchers du palais de Ravenne étaient revêtus. Cet empereur lui en avait fait la demande pour orner sa nouvelle ville d'Aix-la-Chapelle*. Il est encore à observer que dans le temps où l'on détachait ces mosaïques du palais de

* Abrégé chronologique de l'histoire d'Italie, p. 406.

Ravenne, on en fabriquait à Rome. En effet, on lit dans les *Recherches curieuses d'antiquités de Spon :* « Les mosaïqnes devinrent si communes à Rome que les papes en firent faire dans une grande partie des églises, comme nous l'apprend le bibliothécaire Anastase en disant que Léon IV en fit faire dans l'église de Saint-Pierre, Sergius II dans celle de Saint-Martin, Grégoire IV dans celle de Latran et que ces mosaïques étaient dorées en quelques endroits. » (2ᵉ dissertation), p. 37.) Ces trois papes vivaient du temps de Charles-le-Chauve et Grégoire IV monta sur le trône pendant le règne de Louis-le-Débonnaire, en 827.

Une mosaïque décrite par Bergier fait connaître que l'on en fabriquait encore en France, en 1049 (*Histoire des grands chemins de l'empire Romain,* p. 201).

Cette mosaïque occupait tout le pavé du chœur de l'église de Saint-Remy, à Rheims. Elle représentait des sujets religieux et profanes. Bergier, en parlant de ce pavé, dit qu'il est un assemblage de petites pièces de marbre, les unes en leur couleur naturelle, les autres teintes et émaillées à la mosaïque si bien rangées et mastiquées ensemble qu'elles représentaient une infinité de figures. Cet auteur donne le détail des sujets nombreux que ce travail important représentait. Il eût été bien intéressant de savoir si cette mosaïque était l'œuvre d'artistes français.

On continua aussi, au moyen-âge, de fabriquer des mosaïques en grandes pièces ; telles sont celles de mon cabinet que j'ai déjà citées en parlant de l'émail. L'une d'elles représente un personnage religieux chrétien : toutes deux ont, ainsi que je l'ai dit, leurs pièces jointes par un filet d'or et elles sont fixées sur un mastic placé dans un caisson de fer. Ces mosaïques ont une grande analogie avec les vitraux de couleur des premiers temps et rappellent aussi un temple de Cizique, qui était construit en pierres lisses dont toutes les jointures étaient unies par un filet d'or (Pline, liv. 36, chap. 15).

Les mosaïques furent aussi employées au moyèn-âge pour la décoration de différents objets d'art religieux et des monuments funèbres ; tels sont des reliquaires, des châsses, tel est le tombeau de Frédégonde.

Au 15e et au 16e siècle, on vit naître une autre industrie de ce genre, non moins remarquable : on fabriqua à Florence des mosaïques en marqueterie et en relief, qui diffèrent essentiellement des mosaïques antiques ou romaines.

Les mosaïques florentines de marqueterie se composent de plaques ou panneaux de marbre, ou de pierres dures de diverses couleurs, découpées suivant les dessins qu'on veut produire ; et les mosaïques en relief se font avec des agathes, des jaspes et toutes pierres de diverses couleurs, taillées et polies pour représenter des oiseaux, des fleurs, des feuillages, appliqués sur des tables de marbre blanc, noir, jaune, vert, etc. (Rapport du jury central, exposition à Paris, 1844.)

De nos jours, la matière des mosaïques consiste, comme le dit Delalande, en une multitude d'émaux ou de matières vitrifiées de toutes couleurs et de toutes nuances, qu'on prépare à bon compte ; on conçoit que par ce moyen on peut obtenir des teintes infiniment plus variées.

Pour obtenir ces émaux, on en coule des tables plates que l'on coupe ensuite en espèce de chevilles ou d'aiguilles. Après avoir taillé une pierre en creux, on y applique un mastic sur lequel l'artiste fixe les émaux. La mosaïque terminée, on en remplit les joints et on la polit.

Ce genre de décoration a été surtout employé pour l'église de Saint-Pierre de Rome, où l'on a reproduit les tableaux les plus fameux de cette ville. Ces tableaux en mosaïque, dit Delalande, reviennent à plus de 60 000 francs chacun, et quelquefois plusieurs personnes y ont travaillé plus de trois ans ; mais ils ont jusqu'à 5ᵐ,30 de hauteur. Consultez, pour plus de détails, le *Voyage en Italie de Delalande*, 4ᵉ vol., p. 379 et suivantes.

Actuellement, on exécute encore des mosaïques destinées à la bijouterie ; elles ressemblent à des peintures fines et ne laissent rien à désirer pour la manière dont les sujets qu'elles représentent sont rendus. On en fait à Rome ; on en a fait aussi de ce genre dans l'école que le gouvernement impérial avait fondée à Paris pour y naturaliser ce bel art. Aujourd'hui, on fabrique en cette capitale des mosaïques du style romain antique ; des mosaïques florentines de marqueterie, des XVᵉ et XVIᵉ siècles ; des mosaïques florentines en relief, du XVᵉ siècle, et des mosaïques de bijouterie en pierres dures et en pierres précieuses pour la joaillerie.

Pour ne rien omettre, je rangerai aussi parmi les mosaïques cette marqueterie que l'on compose à l'aide de grains en verre de couleur et dont on fait des bourses et autres jolis ouvrages.

Enfin, je citerai les mosaïques composées de matières fondues ou vitrifiées par les volcans ; telles sont celles de Saint-Paul-d'Issoire, en Auvergne.

A ce sujet, je ferai remarquer que l'on pourrait, à l'aide des roches volcaniques des bords du Rhin, des roches des Vosges, des matières vitrifiées de nos forges et des roches de couleurs variées de notre pays, former des mosaïques qui décoreraient admirablement l'intérieur et l'extérieur de nos édifices. On pourrait surtout composer avec du verre de couleur ou avec de la lave des inscriptions monumentales beaucoup plus durables que celles en bronze ou en fer, parce qu'elles ne tenteraient jamais la cupidité. Que de documents historiques nous eussent été conservés si dans l'antiquité on eût employé ce moyen pour les transmettre à la postérité !

LOUPES ET LUNETTES.

A la vue de pierres dures sur lesquelles on a gravé dans l'antiquité des sujets très-compliqués, qui ont été reproduits avec un art admirable et dans des dimensions tellement petites qu'ils ne peuvent être vus sans le secours de la loupe, on est amené à dire que les anciens ont fait usage de cet instrument. En effet, puisqu'ils fabriquaient du cristal, n'ont-ils pas pu, comme dans les temps modernes, utiliser dans ce but celui qui offrait le plus de limpidité ?

Il paraît que l'instrument dont il est parlé dans les *Nuées* d'Aristophane, et qui servait à brûler, était de verre ou de quartz hyalin. Pline nous apprend (liv. 37, chap. 2), que les médecins de son temps croyaient qu'il n'y avait pas de meilleur cautère qu'une boule de cristal placée à l'opposite des rayons du soleil. Ce même auteur et Lactance disent qu'un verre sphérique plein d'eau *, et exposé au soleil produit du feu (Pline, liv. 36, chap. 26), et il est à noter qu'un verre de cette forme et rempli d'eau grossit les objets.

D'après divers documents consignés dans l'ouvrage de Charles Chevalier, qui a pour titre : *Des Microscopes et de leur usage*, les anciens auraient connu les verres gros-sissants ; des globes de verre remplis d'eau leur auraient aussi servi de loupes **.

_____

* Il existe chez les graveurs et chez les cordonniers, un usage qui me semble être fort ancien : ils placent une lumière près d'une boule de verre remplie d'eau, qui réfléchit les rayons lumineux sur l'objet auquel ils travaillent. Ce procédé ingénieux pour une époque où l'art d'éclairer était bien moins perfectionné que de nos jours, rappelle les boules dont parlent les deux auteurs que je viens de citer.

** Depuis très-peu de temps on confectionne de petites boules en verre remplies d'eau, qui donnent un grossissement assez fort pour qu'elles puissent être employées comme des loupes. Chaque

Ces documents seraient sans doute bien suffisants pour établir que l'usage de la loupe était connu des anciens, et d'ailleurs, il paraît certain qu'on en a trouvé à Pompeïa.

Des boules de quartz hyalin trouvées dans notre pays, et de nos jours, dans des tombeaux, offrent par le grossissement des objets l'idée d'une loupe; elles étaient très-convenables pour brûler des objets aux rayons du soleil; on ne peut supposer, d'après leurs faibles dimensions, qu'elles aient été du nombre de celles qui servaient à rafraîchir les mains.

Ce serait ici le lieu de parler des différents usages auxquels les verres grossissants ont dû être employés dans l'antiquité; mais ces études ne rentrant point directement dans le sujet que je traite, j'ai pensé devoir m'en abstenir.

Il est cependant un fait qui, je crois, ne doit pas être passé sous silence. On a prétendu que les vestales fesaient revivre le feu sacré au moyen d'une loupe. Sans vouloir combattre cette assertion, je dirai cependant que Festus et Plutarque indiquent deux autres moyens. Festus dit que les vestales obtenaient du feu au moyen du frottement d'un vilebrequin dans une table jusqu'à ce que cet instrument y engendrât du feu; une vestale le recevant dans un crible, le portait dans le temple. Plutarque, dans la *Vie de Numa Pompilius,* enseigne qu'il n'était pas permis de rallumer le foyer des vestales d'un autre feu vulgaire et commun; il fallait en faire un tout nouveau en tirant du soleil une flamme pure et nette par le moyen de certains vases d'airain concaves et taillés selon la section conique, en triangle rectangle, de manière que toutes les lignes de la circonférence aboutissent à un point de centre. *On les expose au soleil; tous les rayons se rassemblent et se réunissent dans ce seul*

boule est fixée sur une tige à laquelle est attaché un petit fil de laiton qui sert à placer, d'une manière fixe et à une distance convenable, l'objet que l'on veut observer.

point et, prenant corps et force de feu par la réverbé-
ration, ils subtilisent et enflamment si fort l'air, qu'il
embrâse très-parfaitement la matière sèche et aride
qu'on lui présente (tom 1er, page 341, traduction par
M. Dacier). Ce savant traducteur pense que les deux moyens
précités peuvent être vrais, car ils sont indiqués à des temps
différents. L'invention des miroirs ardents étant due à Archimède, qui florissait environ 500 ans après Numa, auparavant
les vestales se servaient, dit-il, vraisemblablement de la manière rapportée par Festus.

Charles Chevallier, dans son ouvrage précité et publié
en 1839, fait observer que Ptoloméo parle de la réfraction
dans son *Discours sur l'optique* qu'il traduisit de l'arabe.
Il fait aussi connaître que l'optique fut presqu'oubliée jusqu'au XIe siècle, et que ce fut Alhazen qui ramena cette
science de chez les Arabes et reconnut le pouvoir amplifiant
des sphères.

L'invention des lunettes ou besicles ne paraît pas remonter
au-delà du 13e siècle; d'après un document fourni par Delalande, dans son *Voyage en Italie*, 2e vol., page 331,
elles auraient été inventées à Florence. Ce document est une
inscription funéraire qui était à Sainte-Marie-Majeure, à
Florence, et qui portait ces mots : *qui giace Saivino degli*
armati, inventore degli occhiali; Dio gli perdonni le
peccati.

Toutefois Delalande ne nie pas qu'on ait aussi attribué
cette invention à Spina, autre florentin et à Bacon; comme
il le dit, la date des découvertes faites dans les siècles de
mystère et d'ignorance sera toujours équivoque.

Quant aux lunettes d'approche, si déjà elles n'étaient pas
connues dans l'antiquité, elles auraient été inventées, en
1609, par un ouvrier de Hollande, qui faisait les lunettes
ordinaires pour les vieillards. Mais, ainsi que le fait observer
Delalande, on peut dire à l'occasion des lunettes d'approche

que Galilée en fut pour ainsi dire le second inventeur, puis-qu'avant d'en avoir vu il en construisit lui-même à l'aide desquelles il fit les premières découvertes dans le ciel.

PETITS OBJETS D'ART EN VERRE,

ET AUTRES PRODUITS REMARQUABLES.

Les anciens ont fabriqué en verre de petits objets d'agré-ment, tels qu'on en produit de notre temps. J'ai déjà cité un scarabée égyptien, moulé avec hiéroglyphes en creux ; un collier de momie, composé de tubes très-fins de couleur bleue ; des pâtes représentant des sujets, les uns en creux, les autres en relief ; des lacrymatoires ; des grains de ver-roterie très-petits et moulés ; des têtes en relief, qu'on appliquait sur des vases. Je citerai en outre un anneau ou *armilla**; une bague en verre blanc avec un chaton brun entouré d'une émaillure jaune qui se continue en spirale sur tout l'anneau, et deux autres bagues, dont une porte sur son chaton l'empreinte en relief d'une tête de très-bon style. On sait que l'on faisait aussi en verre des dés à jouer et des jeux d'échecs. Je rappellerai ici ce que j'ai dit d'objets cités par Caylus pour la finesse de leur travail. Enfin, le n° 2 du quinzième volume du *Bulletin monumental* fait connaître qu'on trouva à Cany, dans des sépultures romaines, des boules en verre blanc et en émail bleu assez semblables aux billes avec lesquelles nos enfants jouent, et une poire en verre jaune, d'une imitation assez parfaite de forme et de couleur. Une inscription antique, trouvée à Rome, nous

---

* M. Dufresne possède un anneau de même dimension qui offre une particularité remarquable; il est composé de pièces de verre d'environ 0m,04 de longueur qui sont soudées bout à bout. Sa sur-face extérieure est ornée de filigranes bleus.

apprend que l'on se servait aussi de boules de verre pour certain jeu ; elle porte :

> *Ursus togatus vitrœa qui primus pila,*
> *Lusi decenter cum meis Lusoribus.*

Pitiscus, qui reproduit cette inscription dans son *Dictionnaire des antiquités romaines*, au mot *Pila*, indique en quoi consistait ce jeu, en usage chez les Grecs et chez les Romains.

Il est constant que les anciens surent filer le verre. Ils durent aussi employer un procédé analogue à l'usage de la lampe d'émailleur et à celui du chalumeau.

En 1621, ainsi que nous l'apprend Agricola dans un passage déjà cité, on fabriquait dans l'île de Murano des animaux, des arbres, des vaisseaux, et autres petits objets en verre.

De nos jours, on voit produire des objets d'art de ce genre, qui sont merveilleux par leur variété et par la promptitude avec laquelle on les obtient. Ainsi, à l'aide d'une lampe d'émailleur et d'un chalumeau, de petits bâtons de verre et d'émaux de couleurs très-variées, on voit faire en un instant des chevaux, des chiens, des vaisseaux, des oiseaux et une multitude d'autres objets charmants. On file aussi le verre, au rouet, avec une rapidité extraordinaire et on obtient des fils très-fins, très-longs, très-chatoyans et très-flexibles. A l'aide de ces fils on est parvenu à fabriquer des étoffes magnifiques et des perruques ; de tels produits n'appartiennent, il paraît, qu'aux temps modernes.

A l'occasion de l'art de filer le verre, je crois devoir reproduire ici des documents très-intéressants sur l'extrême ductilité de cette matière. Réaumur avait observé que quand on tire un morceau de verre creux, le trou se conserve toujours quelle que soit la finesse du fil. A ce sujet, Dumas, dans son *Traité de chimie*, a cité M. Duchar, qui prit un morceau de tube de thermomètre dont le diamètre intérieur était très-petit et le tira en fil. La roue dont il se servit avait un mètre de circonférence et comme elle faisait 500 tours par minute, on obtenait par heure 30000 mètres de fil, d'une finesse extrême et dont le diamètre intérieur était à peine calculable. Ce fil était pourtant creux, car étant coupé par morceaux de quatre centimètres de longueur et étant placé sur le récipient d'une machine pneumatique, un bout en dedans l'autre en dehors, il a laissé passer le mercure en petits filets lorsqu'on a fait le vide dans le récipient.

Parmi les objets remarquables obtenus aussi par le verre, j'indiquerai les yeux imitant ceux d'animaux de toute espèce et qui ont une ressemblance telle qu'on croirait qu'un animal empaillé est vivant. Les anciens employèrent l'émail pour le même objet. Une statue de Sénèque et une statue d'Hercule que Delalande a vues à Rome, avaient des yeux d'émail; Fougeroux de Bondaroy, dans ses *Antiquités d'Herculanum,* cite plusieurs bustes extraits de ce lieu qui ont des yeux d'émail incrustés; à cette occasion je citerai un oiseau en bronze dont les yeux sont en verre ordinaire; il a été trouvé aux environs de Metz.

Les anciens employèrent aussi d'autres matières pour les yeux de leurs statues. Caylus cite des figures égyptiennes qui avaient des yeux d'or; Pausanias, dans son *Voyage en Attique,* parle de statues qui avaient des ongles et des yeux en argent; Delalande indique, à Rome, une tête avec des yeux d'argent, et une statue dont les yeux également antiques sont d'une matière différente de celle de la statue. Enfin j'ai vu une tête antique en bronze qui a des yeux en argent : elle a été trouvée récemment à Bainville sur le Madon (Meurthe).

Au moyen-âge on mit des yeux de verre à des statues. Parmi les objets intéressants qui composent le cabinet de M. Dufresne, notre savant confrère m'a fait remarquer un Christ dont les yeux sont en verre et de couleur verte.

Dans l'antiquité et au moyen-âge, on employa aussi des pierres précieuses pour le même usage.

Il est un autre genre de production non moins remar-

quable, qui consiste dans l'art d'imiter les pierres précieuses ;
l'imitation est tellement exacte que, sans le secours de la lime,
on ne pourrait dire si l'on a en main une pierre vraie ou
une pierre fausse. Cet art, je l'ai dit précédemment, était
connu des anciens ; j'ai dit aussi avec quel art on imitait
les pierres gravées.

Plusieurs auteurs ont donné des recettes plus ou moins
praticables pour obtenir des pierres artificielles ; suivant
M. Dumas, on connait depuis au moins soixante ans, la composition du strass qui est actuellement la base de toutes les
pierres. On prépare le strass avec la silice, la potasse, le
borax et l'oxide de plomb auxquels on ajoute quelquefois
l'acide arsénieux. On le colore par des silicates à bases
métalliques et l'on obtient par ces moyens les imitations
des pierres colorées.

Quant aux aventurines factices, elles étaient produites par
un homme de Murano qui, suivant Delalande (*Voyage en
Italie,* tom. 7, p. 84) avait seul le secret de cette fabrication. Les fausses perles étaient fabriquées à Venise.

Cette dernière ville, lors de l'exposition des produits de
l'industrie autrichienne, en 1845, était encore seule en
possession de la fabrication des aventurines factices. L'éclat
de ces pierres artificielles est dû à de petits cristaux octaédri-
ques de cuivre qui se sont formés dans la masse du verre
pendant sa fusion. Le prix de ce verre est fort élevé ; il varie
entre 45 et 115 fr. le kilog., selon que l'aventurine est
plus ou moins veinée (*Rapport de M. Péligot sur l'industrie autrichienne,* p. 95).

C'est ici le lieu de citer aussi divers procédés employés
à l'aide du verre : telle est la soudure au moyen de cette
matière, la fabrication du verre soi-disant dépoli composé
de cristal et d'émail, les larmes bataviques et la fiole
philosophique qui, lorsqu'elles volent en éclat, produisent
une détonation.

Je ne dois pas non plus omettre de faire mention de la malléabilité du verre ; plusieurs auteurs, notamment Pline, prétendent que sous Tibére on découvrit le moyen de donner au verre cette propriété. Suivant Haudicquer de Blancourt, cet art fut retrouvé sous le cardinal de Richelieu, qui aurait fait arrêter l'inventeur au lieu de le récompeuser.

Néanmoins, malgré ces documents, il paraît constant que cette matiére ne peut avoir cette propriété.

Enfin je citerai la découverte de M. Fuchs qui est parvenu à obtenir un verre qui, à quelques-unes des propriétés générales du verre ordinaire, réunit une parfaite solubilité dans l'eau bouillante. Suivant M. Dumas, c'est un simple silicate de potasse ou de soude. Quand la dissolution de ce verre a été appliquée sur d'autres corps, elle sèche rapidement à la température de l'air et elle forme un enduit analogue au vernis ; cet enduit est solide et très-durable, il ne s'altère point *. On l'emploie à cet état pour préserver les matiéres combustibles des atteintes du feu. Tout le théâtre de Munich a été couvert d'une couche de ce verre.

DÉVITRIFICATION DU VERRE.

La dévitrification du verre est, ainsi que nous l'enseigne Dumas dans son *Traité de chimie*, une cristallisation de cette matiére due à la formation de composés définis, infusibles à la température actuelle, au moment de la dévitrification. Tantôt cette infusibilité s'obtient par la volatilisation de la base alcaline ; tantôt par un simple partage; celle-ci passant alors dans la portion du verre qui conserve l'état vitreux.

Ce procédé est un des phénomènes les plus remarquables dans le changement d'état des substances; il doit fixer d'une

* Consultez le *Traité de Chimie* de Dumas, pour la fabrication et l'emploi de cet enduit.

manière toute particulière l'attention des naturalistes et des industriels.

En effet, les géologues pourront, par ce moyen, comprendre le mode de formation et de modification de certaines roches, et l'industriel pourra employer le verre à des fabrications autres que celles qui sont actuellement en pratique.

Il paraîtrait que ce procédé n'aurait pas été ignoré des anciens : les colliers attribués aux Francs, que j'ai déjà cités plusieurs fois, ont des grains dévitrifiés, opaques et de couleur blanche.

Réaumur, frappé des avantages que l'on pourrait retirer du verre dévitrifié, s'est livré à des recherches sur cette matière importante ; et, de son temps, on en a fabriqué une vaisselle dite porcelaine de Réaumur.

En effet, suivant M. Dumas, ce verre peut remplacer la porcelaine dans presque tous ses usages. Il résiste au feu non moins aisément que les vases de porcelaine ; il est aussi peu perméable que le verre ordinaire ; il résiste fort bien aux acides ; et, enfin, on peut obtenir d'une seule pièce, sous mille formes variées, des produits que le moulage de la porcelaine ne fournirait qu'avec peine.

Tous les verres peuvent se dévitrifier ; mais on opère la dévitrification principalement sur des verres à plusieurs bases terreuses, et, plus difficilement, sur les verres plombifères ou sur les verres simplement alcalins. L'opération réussit mieux sur le verre à bouteille que sur les autres.

On produit presque toujours la dévitrification en fondant le verre et en l'abandonnant à un refroidissement très-lent, ou bien on chauffe le verre au point de le ramollir, au moyen d'une chaleur prolongée, et on le soumet à un refroidissement gradué. Par le procédé actuel de dévitrification, la potasse est réduite à plus du tiers ou de la moitié de la quantité ordinaire ; par le procédé de Réaumur, elle se volatilise presqu'en entier.

M. Darcet, qui s'est aussi livré à des recherches sur cette matière, a trouvé que le verre à bouteille se dévitrifiait sans changer de poids, et M. Dumas, qui cite ce fait, en indique aussi la cause.

Je me borne à ces documents succincts et j'engage, pour de plus amples détails, à consulter sur ce sujet l'ouvrage de M. Dumas, cité plus haut.

Je possède plusieurs échantillons de verre dévitrifié produits par M. Jaunez, directeur de la faïencerie de Vaudrevange, près de Sarrelouis.

Le premier échantillon est une masse de verre qui a pris l'aspect du quartz; il est blanc, et à sa surface il s'est formé des cristaux violets, colorés par le manganèse. Ce fait a un grand rapport avec ce que nous voyons dans les géodes d'agathes où la calcédoine est blanche et les cristaux qui tapissent leur intérieur sont violets.

Le second échantillon présente à sa base l'aspect d'un quartz blanc très-compacte; au-dessus est une zone brune, et la partie supérieure est un verre jaune, très-translucide et très-brillant, qui imite la topaze.

Enfin, le troisième échantillon est une bouteille qui a perdu complètement sa transparence et a pris une couleur brune claire, due à la présence d'un peu de manganèse et de fer.

La dévitrification du verre m'amène à faire une observation qui concerne la géologie. Il est très-remarquable que les diverses roches d'origine ignée se ressemblent dans tous les pays par leur aspect, leur densité et leur composition, et que, cependant, ces substances soumises au four donnent un verre qui ne ressemble en rien à ces roches. Tel est le basalte duquel on obtient du verre pour les bouteilles; tels sont aussi les trapps et les amphiboles : encore bien que les circonstances ne soient pas les mêmes, il est néanmoins difficile de se rendre compte de cette différence.

Ne serait-on pas amené à dire que les roches de fusion et d'épanchement qui sont d'une même espèce, ont eu leur origine à un même foyer ; que leur matière, ayant été soumise à une même action, s'est comportée de la même manière, et par conséquent ces roches ont dû se ressembler après leur refroidissement ?

Ces observations, qui n'ont pas échappé à quelques savants, méritent une attention toute particulière, et je ne doute pas que les recherches auxquelles on se livrera sur ce sujet ne soient très-fécondes en résultats pour la géologie et pour l'industrie.

CONSTRUCTIONS EN VERRE.

Parmi les divers modes d'emploi du verre, on doit considérer comme un des plus remarquables les constructions faites avec cette matière en Ecosse, en Irlande et en Lusace.

Ces monuments qui, il paraît, remontent à des temps antiques, ont, à juste titre, fixé l'attention des archéologues.

Par suite de recherches faites en France, on en découvrit aussi à Péran, département des Côtes-du-Nord, et à Sainte-Suzanne, département de la Mayenne.

Ceux de Péran ont été décrits par M. Geslin de Bourgogne, et ceux de Sainte-Suzanne par M. Mérimée, dans le 8e volume (1846) *Nouvelle série des Mémoires de la Société des antiquaires de France.*

A Sainte-Suzanne, c'est *un opus incertum* noyé dans du verre qui a pénétré dans les plus petites fissures ; d'où l'on peut conclure, ainsi que le dit M. Mérimée, que toute la masse a été soumise à l'action d'un feu très-violent pendant un temps assez considérable. Ce mode de construction aurait été employé du 5e au 10e siècle.

A Péran, d'après M. Geslin, on avait placé alternativement des couches de bois et des couches de pierres qui étaient du granit, du quartz et du grès ; les cendres ayant servi de fondant, avaient réduit ces roches soit à l'état de verre, soit à l'état de scorie, et formé des bancs d'une grande dureté qui étaient soudés les uns aux autres. Sur une hauteur de 1ᵐ,25, M. Geslin compta quatre couches de pierres parfaitement distinctes, ce qui donnait à chacune environ 0ᵐ,30 d'épaisseur.

M. Geslin considére que cette construction doit être reportée à une époque bien antérieure à l'occupation romaine, et il fait observer que sa conservation a été due à la circonstance qu'étant recouverte d'une masse de terre assez considérable qui faisait partie de l'enceinte du camp de Péran, elle fut par-là, même, mise à l'abri de tous les agens de destruction.

Il est probable que si on se livre à la recherche de monuments de cette nature dans des pays offrant des matériaux vitrifiables, on parviendra à en découvrir d'autres.

Tel est en résumé l'ensemble des documents, sans doute encore incomplets, que j'ai recueillis sur l'histoire du verre.

A notre époque, cet art a fait de grands progrès; la géologie a aidé puissamment dans la recherche des matiéres premiéres; la physique et la chimie ont mis dans une voie beaucoup plus facile et plus large pour leurs combinaisons et pour la fabrication. Mais aussi, à son tour, le verre a été un puissant auxiliaire pour les progrès de la chimie, de la physique et de l'astronomie.

A la vue des expositions de cristaux, on est émerveillé de la transformation de la matiére en une multitude d'objets de formes élégantes, et richement ornés de gravures, de filigranes, de doublés et de triplés, et surtout de couleurs admirables.

La peinture sur verre, qui était presqu'entiérement abandonnée, reparaît avec une nouvelle splendeur et contribue richement à la décoration des monuments religieux et des habitations.

L'art d'émailler, la peinture sur émail et l'art de la mosaïque obtiennent des succès non moins importants pour l'exécution ; mais il est à regretter qu'ils ne soient pas employés plus généralement.

La fabrication de la faïence a fait aussi des progrès très-notables ; à aucune époque on n'a étudié les propriétés des terres et des roches plus qu'actuellement. Les émaux et les peintures des porcelaines et des faïences sont d'une finesse, d'une pureté et d'une solidité remarquables.

Aujourd'hui, on peut se procurer, à peu de frais, en verrerie, en glaces, en cristaux, en faïence et même en porcelaine, des objets qui surpassent de beaucoup en qualité tout ce que l'on n'obtenait qu'à grand prix, il y a à peine un siècle.

De telles considérations sont bien importantes au point de vue philosophique, puisque des arts qui, d'abord, ne s'exerçaient guère qu'en faveur du luxe, se sont simultanément perfectionnés en faveur de la consommation journalière de toutes les classes de la société, et ont si puissamment contribué à en augmenter le bien-être.

ADDITION ET CORRECTIONS.

Page 228, *ligne* 5, *lisez :*

Suivant des documents indiqués par Batissier (*Histoire de l'art monumental, livre onzième, histoire du verre*), la première verrerie établie à Rome aurait été fondée près du cirque Flaminien ; il y en aurait eu aussi dans le voisinage du mont Cœlius, auprès du quartier occupé par les charpentiers.

Page 236, *ajoutez à la* 5e *ligne :*

Enfin, M. Namur, dans un rapport à la *Société pour la recherche et la conservation des monuments historiques du grand-duché de Luxembourg*, donne la description et le dessin de vases en verre très-remarquables qui ont été trouvés, en 1849, sur les hauteurs septentrionales de Steinfort, dans des tombes belgo ou gallo-romaines chrétiennes du quatrième siècle. Ce rapport est suivi d'une analyse chimique de deux morceaux de verre antique de cette localité, par M. le professeur Reuter, et de considérations sur la fabrication du verre chez les anciens, par M. Boch-Buchmann. Parmi les objets en verre retirés des tombes de Steinfort, rien n'a paru plus curieux à M. Namur que les calottes ou couvercles en verre dont quatre têtes étaient recouvertes.

Ajoutez au bas de la page 236 :

M. l'abbé Cochet, dans une *Notice sur un cimetière romain en Normandie*, donne des détails intéressants sur des objets antiques en verre, trouvés dans ce pays et dont plusieurs portent les noms de ceux qui les ont fabriqués ; il est porté à croire que l'industrie verrière existait dès la plus haute antiquité dans le comté d'Eu qu'il considère comme la terre classique des gentilshommes verriers de la Normandie. (*Mémoires de la Société des antiquaires de Normandie publiés en* 1850.)

Cabinet de Mr Dufresne.

hauteur 188 mill.
largeur 116 _id_

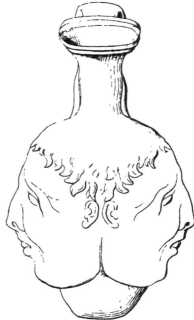

Saint-Mansuy. (Meurthe).

Bibliothèque de Metz.

hauteur 200 mill.
largeur 180 _id_

haut. 107 mill.
ouvert. 78 _id_

Metz.

107 mill.
78 _id_

Metz.

Metz

SCIENCES.

RAPPORT

SUR

LE TÉLÉGRAPHE ÉLECTRIQUE

DE MM. SCHIAVETTI ET BELLIÉNI,

PAR M. E. DE SAULCY.

MESSIEURS,

Qui n'a point entendu parler de télégraphe électrique, et qui ne s'en est entretenu depuis 1845[*], époque où les

[*] Il y avait en France, dès le commencement de 1845, deux lignes de télégraphes électriques fonctionnant d'après le système de M. Wheatstone : la première sur le chemin de fer de Paris à Versailles, rive droite, et la seconde de Paris à Orléans, mais pour les deux premières stations seulement. Ce n'était encore, à vrai dire, que des essais pour notre pays, et, bien que les fils de ces deux lignes aient été posés incontestablement avant ceux dont nous parlons, nous avons pensé néanmoins ne devoir mentionner que la ligne de Rouen, parce que c'est réellement la première qui ait offert un intérêt sérieux au point de vue pratique, en raison de l'éloignement et de l'importance de la ville qu'elle reliait avec Paris.

premiers fils conducteurs ont été posés dans notre France, le long de la voie ferrée, qui faisait dés-lors de Rouen comme un faubourg de Paris? Quel plus intéressant sujet d'entretien que cette étonnante invention qui, mettant un jour aux mains de l'homme l'agent universel de la toute-puissance créatrice, lui permit de transmettre mystérieuse-ment sa pensée, quels que fussent les espaces à parcourir, avec cette effrayante rapidité devant laquelle toutes les dis-tances mesurées sur la surface de notre planète s'effacent comme un point disparaît dans l'infini des cieux.

Cet agent merveilleux, ce messager invisible pour lequel il n'y a ni temps ni espace, quel était-il? Chacun disait son nom. L'électricité voltaïque circulant en effet sur un fil con-ducteur, se mouvait à sa surface avec une vitesse de cent quinze mille lieues par seconde*. Mais par quel moyen portait-elle la pensée sur son aile? Comment lui était-il donné de transmettre, à l'extrémité de son parcours, la volonté de l'homme? Bien peu le savaient, et particulièrement en province, où un si petit nombre se tient constamment au niveau de la science, au courant de ses progrès les plus éminents comme de ses pas les plus incertains; il est permis de dire que, pour presque tous, la télégraphie électrique était lettre close.

Honneur donc à MM. Schiavetti et Belliéni, dont le talent et la persévérance, s'inspirant des leçons de M. Deguin, ont réussi à construire un appareil simple autant qu'élégant, dont la vue parle mieux à l'esprit que la description la plus exacte, et qui nous ont révélé ce mystère de la science moderne, sur lequel chacun de nous, et votre rapporteur plus peut-être que tout autre, appelait la lumière.

Sur quel principe repose tout le système de télégraphie électrique dans l'appareil que les deux artistes dont je viens

* Vitesse de l'électricité circulant sur un fil métallique de deux millimètres de diamètre, déterminée par M. Wheatstone.

de citer les noms ont fait fonctionner sous vos yeux? Dire
que cet appareil agit sous l'influence d'un courant galvanique, ce ne serait point répondre, ou plus exactement,
ce serait ne faire qu'une bien minime partie de la réponse.
Mais dire que l'électricité mise en mouvement, forme de
deux cylindres en fer doux qu'elle embrasse de ses innombrables anneaux, un aimant que l'on peut à volonté rendre
nul ou très-énergique, c'est vous faire comprendre que
l'électricité est devenue un moteur; un moteur soumis qui
obéit avec la rapidité de l'éclair, un moteur enfin qui
obéit de loin avec la même fidélité que de près. C'est ce
moteur que vous avez vu agir et désigner à vos yeux, avec
une précision prestigieuse, les signes et les lettres, au fur
et à mesure que la pensée leur ordonnait de paraître.

L'appareil sorti des ateliers de MM. Schiavetti et Belléni,
se compose de deux cadrans, l'un horizontal à la station
de départ, et l'autre vertical à la station d'arrivée.

Le cadran horizontal communique d'un côté avec le pôle
négatif d'une pile de Bunsen, à deux éléments. Quant au
cadran d'arrivée, il est mis en rapport avec la même pile
par un fil qui part du pôle positif et vient, par derrière,
s'enrouler sur une bobine verticale dont l'arbre est en fer
doux : il l'enveloppe de bas en haut, en tournant de gauche
à droite, d'une hélice de soixante et quelques tours, descend
pour monter encore, et redescendre successivement, jusqu'à
ce qu'il y ait sur la bobine huit hélices superposées d'un
égal nombre de circonvolutions. Le même fil passe ensuite
à une seconde bobine parallèle et de tout point semblable à
la première; il l'enveloppe à son tour dans toute sa hauteur,
de huit couches superposées, mais en tournant, cette fois,
de droite à gauche, et de manière que la direction du
courant soit renversée, après quoi il va rejoindre le cadran
horizontal de la station de départ.

Les deux arbres en fer doux des bobines, sont réunis,

à leur extrémité inférieure, par une armure également en fer doux, qui sert tout à la fois à les relier entre eux et à les fixer au support du cadran. Leur position par rapport au fil multiplicateur qui est recouvert d'une couche mince de soie dans toute sa longueur, est telle que, lorsque le circuit voltaïque est fermé, la vertu magnétique se développe en sens inverse dans chacun d'eux, comme elle ferait dans les branches d'un aimant en fer à cheval, et détermine aux deux extrémités libres, des pôles d'une très-grande énergie.

Ces deux arbres, ainsi animés d'une force magnétique remarquable et dont les pôles opposés sont en présence, forment ce qu'on appelle un électro-aimant, bien différent d'un aimant artificiel ordinaire dont la vertu est persistante, en ce que toute sa puissance s'évanouit à l'instant même où le courant électrique est rompu.

Au-dessus de l'électro-aimant, se trouve une lame ou armure en fer doux, mobile par une de ses extrémités autour d'un axe horizontal perpendiculaire au plan du cadran. Dès que les pôles magnétiques l'attirent, elle s'en approche vivement, sans toutefois qu'il lui soit permis d'arriver au contact. Cette condition est indispensable pour que la machine fonctionne avec la rapidité désirable*. Un ou deux millimètres d'écartement suffisent pour produire tout l'effet qu'il convient d'obtenir. L'extrémité libre de cette lame s'articule avec un levier qui imprime le mouvement alternatif à la queue d'une ancre qui fait engrenage avec une roue d'échappement à quatorze dents. L'arbre de cette roue qui tourne au centre

---

* Quand une lame de fer doux est en contact avec un électro-aimant, si l'on vient à ouvrir le courant, l'adhérence persiste encore quelques instants après la rupture; mais une fois la séparation faite, il est impossible d'obtenir une nouvelle adhérence de la lame tant qu'on ne rétablit point le circuit électrique en fermant le courant.

du cadran, porte une aiguille dont la pointe peut s'arrêter successivement devant chacune des divisions du limbe.

La tête de l'ancre, au point où elle s'ajuste à l'arbre qui lui sert de pivot, porte une branche dont l'extrémité inférieure coudée à angle droit s'articule avec le levier qui lui transmet le mouvement de l'armure mobile; tandis que l'extrémité supérieure de cette même branche, est traversée par une goupille contre laquelle une lame de ressort presse constamment, de manière à maintenir l'armure aussi écartée qu'il est possible quand elle n'est point attirée par l'électro-aimant.

D'après cette disposition, on comprend aisément que lorsque le courant galvanique est fermé, l'armure mobile est sollicitée de haut en bas par l'électro-aimant, tandis qu'au contraire la lame de ressort la rappelle de bas en haut, quand le courant est rompu.

Ce mouvement alternatif qui règle lui-même son amplitude, en faisant appuyer successivement les chevilles de l'ancre contre les plans inclinés des dents de la roue d'échappement, dégage à chaque alternance une demi-dent, ce qui donne sur le cadran vertical vingt-huit temps d'arrêt de la pointe de l'aiguille, correspondant à vingt-huit divisions du limbe.

Il y a donc sur le limbe un nombre pair de divisions, égal au double du nombre des dents de la roue d'échappement; et le repos de l'appareil, qui a lieu naturellement quand le courant électrique est rompu, correspond à la station d'en haut de l'armure de l'électro-aimant.

Quand l'appareil est au repos, la détente d'une sonnette à ressort peut être amenée à buter contre la cheville qui traverse l'extrémité supérieure de la branche verticale de la tête de l'ancre. Il est bien évident que si, dans cette position, on vient à fermer le courant, l'électro-aimant, appelant à lui son armure, forcera la branche verticale à s'éloigner de sa position de repos, ce qui rendra brusquement la liberté à la sonnette dont le tintement préviendra l'observateur, qu'on veut entrer en relation avec lui.

Pour en finir avec cette portion de l'appareil, disons que la position de repos se trouve indiquée sur le limbe du cadran par une division blanche correspondant à l'extrémité supérieure du diamètre vertical. L'avertissement y est marqué par une étoile sur la première division à droite; viennent ensuite, en descendant à droite pour remonter à gauche, les vingt-cinq lettres de l'alphabet, et enfin un *é* accentué qui complète les vingt-huit divisions que nous avons signalées sur le cadran de la station d'arrivée.

Nous avons dit qu'à la station de départ il y a un cadran ho.izontal : ce cadran, comme celui de la station d'arrivée, porte vingt-huit divisions marquées des mêmes signes ou lettres, mais dans l'ordre inverse, à partir de la division blanche ou du repos. Il est mobile autour de son centre et dans le plan de son limbe. Dans son mouvement de rotation, il entraîne une forte virole en cuivre qui fait corps avec lui et dont l'axe vertical passe par le centre même du mouvement. Cette virole, divisée en vingt-huit parties égales, est découpée dans sa partie inférieure où elle présente quatorze créneaux. Le creux de la virole est occupé par un noyau ou cylindre en bois entaillé de manière à remplir les créneaux, de telle sorte que la virole représente parfaitement une roue inférieure au cadran, faisant système avec lui, et dont la circonférence serait partagée en vingt-huit espaces égaux et alternants, dont quatorze en métal et quatorze en bois. Une division de bois correspond exactement à la division blanche ou de repos du cadran.

Au-dessus du limbe du cadran se trouve une alidade mobile indépendamment du cadran lui-même, mais qu'on peut y fixer à l'aide d'une cheville qui vient se loger dans une petite entaille pratiquée à la circonférence du limbe, vers le milieu de chacune des vingt-huit divisions. Un arrêt servant de repère empêche le cadran de franchir un point de position invariable, lorsqu'on le fait mouvoir en l'entraînant avec l'alidade. Un encliquetage intermédiaire entre le cadran et la couronne bois et métal, permet à tout le système un mouvement de rotation de droite à gauche, en passant entre l'instrument et l'observateur, mais il s'oppose invinciblement à tout mouvement rétrograde.

Le fil venant de l'électro-aimant, ou fil de retour, est en communication avec l'appareil de la station de départ, au moyen d'une lame de cuivre faisant ressort, qui presse sur la couronne bois et métal : quant à l'appareil lui-même, il communique d'une manière permanente, ainsi que nous l'avons dit au commencement, avec le pôle négatif de la pile.

D'après ce que nous venons d'exposer, il est clair que quand la lame de cuivre pressera sur une division de métal, le circuit voltaïque sera fermé, et qu'il sera rompu au contraire toutes les fois que le contact aura lieu sur une division de bois.

Maintenant si nous amenons avec l'alidade la division de repos devant l'arrêt de repère ; si nous plaçons également l'aiguille du cadran de la station d'arrivée sur sa division de repos ; si enfin nous bandons la détente de la sonnette, l'appareil sera d'accord et prêt à fonctionner.

En effet, portons l'alidade sur le signal d'avertissement qui n'est écarté que d'une seule division, et amenons-le devant le repère ; par ce mouvement nous aurons fait marcher la couronne précisément d'une division, la lame de cuivre portera sur une division de métal, et le courant se trouvera fermé. Instantanément l'électro-aimant agira en appelant à lui son armure ; la sonnette se trouvera libre, et la cheville inférieure de l'ancre, en venant presser un des plans inclinés de la roue d'échappement, fera dégager une demi-dent et marcher l'aiguille d'une division sur le cadran vertical où elle viendra s'arrêter sur l'étoile.

Si nous remarquons actuellement que, quelle que soit la lettre ou signe du cadran horizontal que nous allions chercher avec l'alidade, il est écarté du point de repère d'un nombre de divisions précisément égal à celui qui sépare la lettre ou signe correspondant sur le cadran vertical, du point où l'aiguille est arrêtée; il est bien clair, qu'en amenant l'alidade devant le point de repère, nous aurons une série d'attractions et d'inerties de l'électro-aimant qui feront marcher l'aiguille d'un nombre de pas tout-à-fait égal, et infailliblement elle viendra se fixer devant la division voulue.

Pour répéter un signe ou doubler une lettre, il suffit d'abaisser l'arrêt de repère de manière que l'alidade puisse le franchir, et de faire décrire au cadran la circonférence entière.

Tels sont les principaux organes de l'appareil construit par MM. Schiavetti et Belliéni : deux cadrans, dont un mobile, un électro-aimant, une pile de Bunsen à deux éléments, et deux fils conducteurs. On conçoit que pour correspondre avec réciprocité, il faille deux appareils semblables ; c'est-à-dire dans chaque station un cadran de départ et un cadran d'arrivée, une pile et ses deux fils conducteurs.

Pour que la machine fonctionne régulièrement et ne soit pas mise en désaccord, il est indispensable qu'en amenant avec l'alidade devant le repère, la lettre ou le signe qu'on veut faire apparaître à l'observateur de la station d'arrivée, on ne fasse point un mouvement trop brusque, trop instantané, sans quoi l'échappement n'aurait pas le temps matériellement indispensable pour dégager les dents de la roue à rochet; l'aiguille serait en retard, et il s'en suivrait nécessairement entre les deux cadrans une discordance qui se reproduirait sur tous les signes suivants et rendrait toute correspondance inintelligible. Néanmoins le mouvement peut être encore assez rapide pour que chaque lettre soit signalée avec précision dans le laps de temps qui suffirait à quelqu'un qui n'est point très-habile, pour les transcrire.

Maintenant que nous avons dit tout ce qu'il importe de connaître pour l'intelligence de l'appareil qui a été soumis à votre examen, nous ajouterons encore un mot au sujet de la télégraphie électrique, car nous regarderions comme incomplet le travail que votre commission nous a confié, si nous n'appelions un moment votre attention sur la singulière découverte de M. Matteucci et les modifications remarquables qui en ont été la conséquence, dans une science qui ne date pourtant que d'hier.

Vers 1844, M. Matteucci a reconnu que lorsque l'on considère un fil métallique parfaitement isolé dans lequel on a fait entrer un électro-moteur (un ou plusieurs éléments d'une pile de Bunsen, par exemple), si on fait communiquer avec le sol une de ses extrémités en la conduisant au fond d'un puits, l'aiguille aimantée n'éprouve aucune déviation sur tout le trajet de ce fil, ce qui dénote l'absence complète de tout courant électrique ; mais que si l'on vient à perdre en même temps, dans un puits aussi, à l'autre bout du cordon, l'extrémité qui était précédemment isolée, immédiatement l'aiguille aimantée s'éloigne de sa direction et manifeste par son écartement l'action d'un courant électrique, qui persiste aussi longtemps que les deux extrémités du conducteur restent en communication avec le sol. De cette expérience capitale, qui a puissamment excité l'attention des savants, il a fallu conclure que la terre elle-même peut former la seconde branche d'un circuit voltaïque, et remplacer avec avantage un conducteur en métal.

Les expériences de M. Bréguet sur la ligne de Rouen, en août 1845, ont pleinement justifié les remarquables observations de M. Matteucci, et dès-lors il a été possible de supprimer, dans chaque appareil télégraphique, le fil de retour, ce qui s'effectue en perdant dans un puits *, à la

* M. Bréguet, tenant compte de la difficulté que l'on pourrait

station d'arrivée le bout du fil sortant de l'électro-aimant, et
à la station du départ celui qui correspond à la lame qui presse
sur la couronne bois et métal.

On conçoit facilement toute l'importance d'économie qui
résulte de la suppression d'un fil sur deux, dans chaque
appareil, si l'on considère l'immense étendue de développement que ces fils doivent parcourir, et les dimensions
qu'il convient de leur donner, pour rester dans de bonnes
conditions, puisque leur section ne saurait être d'un diamètre au-dessous de quatre à cinq millimètres. Au point de
vue pratique, le phénomène signalé par M. Matteucci présente incontestablement un intérêt immense; mais combien
cet intérêt ne s'augmente-t-il pas encore quand on songe à
toute l'étrangeté du fait qu'il est venu révéler à la science?

En construisant l'appareil qu'ils ont soumis à votre examen, MM. Schiavetti et Belliéni n'avaient d'autre but que
de vulgariser une chose dont chacun parlait sans la connaître,
de faire toucher en quelque sorte au doigt et à l'œil le mystère
de la télégraphie électrique, et finalement de produire un
instrument propre à fonctionner dans un cabinet de physique.
Ces messieurs n'avaient donc point à se préoccuper d'une
construction à-peu-près irréalisable pour un espace restreint
et déterminé. Il n'est pas surprenant dès-lors, bien qu'il
soit permis de le regretter, qu'ils ne vous aient point montré
l'appareil dans les conditions qui vous eussent rendu sensible
le dernier pas de la science.

Quoi qu'il en soit, vous avez vu fonctionner un appareil

avoir à creuser des puits dans certains terrains, a essayé de perdre
l'un des bouts du fil de retour en le mettant en communication
avec les rails du chemin de fer. L'expérience lui a démontré que,
même dans ce cas, le courant se trouvait parfaitement établi par
la terre, et que son intensité mesurée au galvanomètre, était sen-
siblement la même que lorsqu'il plongeait le fil dans l'eau du
puits qu'il avait à sa disposition.

d'une admirable simplicité; vous avez pu remarquer avec quelle élégance, nous pourrions dire avec quelle coquetterie, il est construit. Sans examiner ici tout le parti qu'on peut tirer d'un semblable instrument, soit qu'on écrive directement avec les lettres de l'alphabet, soit qu'à l'aide de tableaux ou de dictionnaires, on combine les signes deux à deux, trois à trois, etc., en attribuant à chaque combinaison un sens déterminé qui permette d'abréger encore le temps indispensable pour la transmission des dépêches, nous nous bornerons à appeler votre attention sur le mérite particulier de cette œuvre de MM. Schiavetti et Belliéni.

Nous vous dirons qu'ils ont l'incontestable mérite d'avoir initié, des premiers probablement en province, le public à cette merveilleuse invention, qui affranchit la pensée des conditions du temps et de l'espace. Et, en ne parlant que de la ville de Metz, nous dirons qu'ils ont droit à sa reconnaissance pour lui avoir rendu palpable un de ces mystères que la science ne révèle d'ordinaire qu'à ses plus fidèles adeptes.

Nous dirons encore que c'est avec une obligeance et une urbanité parfaites qu'ils permettent à tous, et à toute heure, de voir, d'examiner, d'étudier leur appareil, dont ils se font un plaisir de détailler les organes en indiquant avec netteté la fonction de chacun.

Nous ne pouvons nous empêcher non plus de signaler à votre appréciation tout ce qu'il a fallu d'intelligence et même d'opiniâtreté pour parvenir à construire avec la perfection que vous avez pu juger vous-mêmes, un instrument dont ces messieurs n'avaient jamais vu l'analogue, sans autre guide qu'un traité de physique, et sans autre contrôle que l'adresse et la sagacité qui distinguent, je ne dirai pas ces deux opticiens, vous savez à quoi peut équivaloir ce titre en province, mais bien ces deux artistes.

Nous ajouterons enfin que ces deux messieurs, dont la

modestie rehausse le talent, n'élèvent en aucune sorte la moindre prétention sur une invention qui n'est point la leur.

Votre commission pense donc que MM. Schiavetti et Belliéni ont bien mérité de la science et de la ville de Metz; c'est pourquoi elle vous propose de leur donner un témoignage tout particulier de la haute approbation que vous accordez à leur mérite, et de l'estime que vous professez pour tous les artistes dont le talent ennoblit le travail.

RAPPORT

SUR

LE DAGUERRÉOTYPE,

PAR M. VINCENOT.

———

MESSIEURS,

L'Académie, dans sa séance publique du 20 mai dernier, relative à la distribution des médailles aux industriels du département, adressa à M. Oulif, l'un des exposants, des félicitations conçues en ces termes :

« M. Oulif, de Metz, qui a obtenu une médaille de deu-
» xième classe, en 1843, a déclaré se mettre hors de
» concours cette année ; cependant pour répondre à l'appel
» de l'Académie, il a exposé quelques produits en épreuves
» de daguerréotype.

» M. Oulif, qui n'a rien négligé pour être à la hauteur de
» tous les perfectionnements apportés au daguerréotype,
» et dont l'esprit inventif et ingénieux se plaît à vaincre
» les difficultés, a recherché les causes qui rendent sou-
» vent défectueux les meilleurs instruments de photographie
» et produisent des résultats peu satisfaisants ; il est arrivé,
» par suite de nombreuses expériences, à reconnaître qu'il
» existe deux foyers, et que, pour une bonne condition

» de construction, il faut faire concorder le foyer optique
» avec le foyer chimique, ce qui a été constamment négligé
» jusqu'à ce jour. L'Académie félicite M. Oulif pour cette
» bonne découverte. »

Le 12 novembre suivant, M. Meurisse, autre artiste distingué en photographie et dont vous avez reconnu le mérite en lui décernant une médaille de troisième classe, adressa à l'Académie une réclamation, par laquelle il contesta à M. Oulif la priorité de cette découverte, se fondant sur une lettre et un ouvrage de M. Lerebours qui semblent établir que cette priorité revient à M. Claudet. M. Lerebours ajoute dans sa lettre qu'il est à sa connaissance que M. de Nothomb, de Longlaville, s'occupe de ce phénomène depuis bien des années.

Enfin le 27 novembre, l'Académie reçut, par M. Blanc, l'un de nos collègues, une autre lettre de M. Lejeune, s'intitulant artiste héliographe, à Saint-Avold, par laquelle ce dernier, citant à l'appui le même article de l'ouvrage de MM. Lerebours et Sécretan, réclame encore la priorité en faveur de M. Claudet.

L'Académie, justement émue de ces réclamations et voulant s'éclairer sur la question, avant de passer à une rétractation à laquelle ces lettres semblaient l'inviter, nomma une commission dans le but d'examiner si réellement elle devait revenir sur la mention ci-dessus. Cette commission vient aujourd'hui, par mon organe, vous rendre compte de son travail sur ce sujet.

Avant d'entrer en matière, j'éprouve pour mon compte, le besoin de remercier M. le Président et la commission de m'avoir fourni l'occasion d'étudier une question relative à un art, qui a longtemps occupé mes loisirs, comme amateur et qui me paraît digne d'un grand intérêt.

La commission s'est posé les questions suivantes :

1° La duplicité des foyers dans certains objectifs est-elle

un fait nouveau pour la science? Dans le cas de la réponse affirmative, lequel de ces deux artistes en est le révélateur? Dans le cas de la négative, l'Académie a-t-elle à se préoccuper d'une priorité secondaire ayant consisté à faire revivre une question dont la solution était devenue du domaine public?

2° L'Académie a-t-elle nui à M. Meurisse, en préconisant un de ses concurrents relativement à une découverte qui a pour résultat de se servir avec succès d'un instrument défectueux?

3° Enfin y a-t-il lieu à revenir sur une mention insérée dans une liste de distribution de médailles et qui n'a aucun caractère scientifique?

Première question : La duplicité des foyers est-elle un fait nouveau pour la science?

Il est de notoriété publique pour toutes les personnes qui s'occupent de physique, que, longtemps avant la découverte du daguerréotype, et déjà dans le siècle dernier, les propriétés des sept rayons principaux du spectre étaient reconnus très-différentes au triple point de vue de la lumière, de la chaleur et de l'action chimique.

Herschell nous a appris que la plus grande intensité lumineuse existe dans les rayons jaunes et verts (partie centrale du spectre), et la plus petite dans les rayons violets (partie inférieure du spectre quand le prisme a l'ouverture de son angle de réfringence tournée vers le bas).

Rochon, en 1775 et plus tard Herschell et Leslie se sont accordés à trouver la plus grande intensité calorifique, dans les rayons rouges (partie supérieure du spectre) et la plus petite dans les rayons violets (partie inférieure).

Enfin Schéele, et après lui, Senebier, Vollaston, Ritter et Bérard ont reconnu que le maximum d'action chimique existe dans les rayons violets, que cette action se continue au-delà du spectre et que le minimum est dans les rayons rouges.

Les objectifs ou lentilles convergentes ont pour objet, comme on le sait, de concentrer la lumière en un point appelé foyer. Mais de l'inégale réfrangibilité des rayons du spectre, il résulte que, chaque couleur a son foyer particulier. Les rayons de différentes couleurs qui ont leurs foyers au-delà ou en-deçà de celui de la plus grande intensité lumineuse colorent les bords de l'image reçue en ce dernier foyer. C'est pour corriger ce défaut, désigné sous le nom d'aberration de réfrangibilité, qu'on achromatise les lentilles, c'est-à-dire qu'on fait coïncider les foyers des rayons principaux. On achromatise rarement plus de trois rayons. Pour cela, on juxta-pose trois verres lenticulaires successivement convergents et divergents de pouvoirs dispersifs différents ; les premiers sont faits en crown-glass et les seconds en flint-glass. Le calcul donne les rayons de courbure de ces verres. Mais le plus souvent on n'achromatise que deux rayons, le rouge et le jaune, c'est-à-dire les deux rayons extrêmes de la partie du spectre la plus lumineuse ; les rayons de l'autre partie du spectre étant peu lumineux ne nuisent pas beaucoup à la netteté de l'image. Dans ce cas deux verres suffisent.

Après la découverte de M. Daguerre, les opticiens ont versé dans le commerce des objectifs affectés à des chambres obscures et dont l'effet lumineux était l'objet qu'ils avaient principalement en vue. De tels objectifs donnaient donc un foyer lumineux assez intense, mais devaient évidemment rester affectés à des effets de lumière. Ces objectifs satisfaisaient l'acheteur qui y trouvait un achromatisme assez parfait quant à la lumière. Mais il est évident que le point de concours des rayons qui avoisinent le violet devait donner une autre foyer d'une plus grande action chimique, et que ceux qui avoisinent le rouge devaient donner un troisième foyer d'une plus grande action calorifique.

Nous concluons de là que dans tout objectif consacré à des effets lumineux on doit achromatiser le rayon rouge et le jaune; que dans tout objectif consacré à des effets chimiques, on doit achromatiser le vert et le violet; qu'enfin tout objectif affecté à des effets calorifiques doit être achromatisé quant aux rayons voisins du rouge.

Nous venons donc de reconnaître que les objectifs ordinaires ont, non pas deux, mais trois foyers, et de plus que le foyer lumineux est intermédiaire entre le foyer chimique et le foyer calorifique et plus rapproché de ce dernier que du premier à la condition toutefois que l'objectif n'ait point subi une sur-correction d'achromatisme sans quoi l'ordre précédent pourrait être changé. Nous venons de plus d'établir des règles qui doivent guider les opticiens dans la fabrication des lentilles.

Les conclusions précédentes toutes logiques qu'elles nous paraissent donnent lieu néanmoins à une difficulté pratique, que nous allons faire comprendre et qui nous conduira à une modification. Prouvons d'abord que, le foyer chimique est celui qui doit être préféré dans les expériences daguerriennes. C'est en effet l'impression de la lumière sur la couche sensible d'iodure d'argent de la plaque qui modifie cette couche et la rend propre à happer le mercure, aux émanations duquel on la soumet ensuite. Cette modification est chimique, puisque l'iodure est transformé, dans les parties éclairées, en sous-iodure par l'insolation.

Proposons-nous maintenant de déterminer expérimentalement les trois foyers d'une lentille. A cet effet, nous disposerons devant la chambre obscure, munie de sa lentille, et à diverses distances, des dessins numérotés qui ne se masquent pas et qui soient tous dans le champ de vision, nous prendrons avec la glace dépolie le foyer optique ou lumineux, de celui du milieu et nous substituerons ensuite au verre dépoli la plaque daguerrienne préparée. Si l'image du dessin du milieu n'est pas celle qui présente le plus de netteté, il n'y a pas coïncidence des foyers lumineux et chimique. Cette première expérience nous apprendra, suivant que le numéro du dessin le mieux venu est plus près ou plus éloigné de l'instrument que le foyer chimique est lui-même plus près ou plus éloigné de l'objectif. En effet, si nous appelons a l'objet dont le dessin est le plus net sur la plaque, b celui qui se dessine le mieux sur le verre, et si a est plus près de l'instrument que b, il y a coïncidence des foyers lumineux et chimique pour deux objets inégalement distants de l'instrument. Mais si vous placez l'objet b dans le même plan que a, vous rapprochez b de l'instrument et le nouveau foyer optique de b est reculé par rapport au premier. Donc, dans cette circonstance, le foyer optique est plus distant que le foyer chimique du même objet ou de deux objets équidistants de la lentille et *vice-versà*. Cela posé, nous préparerons plusieurs plaques daguerriennes, nous prendrons au moyen du verre dépoli le foyer optique, le seul observable ; puis au fur et à mesure que nous y substituerons successivement les plaques, nous rapprocherons de l'objectif le châssis porte-plaque, de quantités variables par degrés insensibles et dont nous prendrons note. L'image la plus nette nous indiquera de combien le foyer chimique est plus court que le foyer optique. Ce mode d'expérimentation a été mis en usage, par MM. Claudet, de Nothomb et Oulif. Quant à la détermination du foyer calorifique, l'appareil thermo-électrique de Melloni, soumis à diverses distances de l'objectif à la concentration des rayons d'une source de lumière, servira avec succès.

Nous venons de reconnaître que tout objectif affecté spécialement à des effets chimiques ou calorifiques donnerait lieu à une grande sujétion, à cause du déplacement du châssis devant passer du foyer lumineux à l'un ou l'autre des précédents, distants du premier de quantités connues pour telle ou telle distance de l'objet à l'instrument. Cette sujétion doit faire renoncer à un foyer exclusivement chimique. Les objectifs les plus commodes pour le daguerréotype seront donc ceux dont on aura achromatisé les rayons jaunes et violets ; car alors il y aura coïncidence du foyer lumineux et du foyer chimique, chacun moins intense, il est vrai, que le foyer exclusivement lumineux ou exclusivement chimique.

De telles considérations avaient probablement guidé les opticiens de Vienne et en particulier M. Voigtglander, qui passaient à juste titre pour fabriquer des objectifs préférés aux nôtres malgré l'énormité des droits d'entrée en France.

Hâtons-nous de reconnaître pour l'honneur de notre industrie que depuis quelques années nos objectifs peuvent supporter la comparaison avec ceux de Vienne.

Il nous semble maintenant bien établi que les lentilles à la confection desquelles on n'a point apporté des soins particuliers ont trois foyers différents et que la connaissance de l'existence de ces foyers résulte des expériences des physiciens Herschell, Rochon et Schéele, que dès-lors il n'y a rien d'étonnant que MM. Claudet, Oulif et de Nothomb, aient, simultanément ou successivement et sans la connaissance réciproque des expériences des uns et des autres, trouvé opportun d'appeler l'attention sur un fait connu dans le monde savant, mais ignoré d'un grand nombre d'artistes en photographie. La priorité de cette découverte ne revient donc, à notre avis, à aucun de ces messieurs. Ils ont eu, pour nous résumer, le mérite secondaire de vivifier l'intérêt d'un fait qui était demeuré sans application jusqu'à la découverte du daguerréotype. Toutefois, pour rendre hommage aux études consciencieuses de M. Claudet, nous devons dire qu'il a été plus loin dans ses recherches que les deux autres compétiteurs ; car il a posé les lois suivantes :

1° La différence ou l'éloignement des deux foyers varie suivant la combinaison achromatique des verres formant les objectifs et suivant leur pouvoir dispersif.

2° Dans la *plupart* des objectifs achromatiques, le foyer

d'action photogénique est plus long que le foyer visuel ou lumineux.

3° Dans les objectifs simples, soit en crown soit en flint-glass, le foyer d'action est plus court que le foyer visuel.

4° L'éloignement de ces foyers varie suivant la distance des objets.

5° Enfin, il varie suivant l'intensité de la lumière.

En jetant un coup-d'œil sur ces lois, on trouve que les lois 1, 3, 4, sont des corollaires de la théorie des lentilles et des formules mathématiques connues.

La 2ᵉ nous apprend que dans la plupart des lentilles achromatiques affectées aux effets lumineux, il y a sur-correction d'achromatisme.

La 5ᵉ, qui consiste en ce que l'éloignement des foyers varie avec l'intensité de la lumière, devrait avoir pour consé-quence que, les indices de réfraction des diverses couleurs fussent variables avec l'intensité de la lumière. Or, il est difficile de penser que cette loi ait échappé aux minutieuses observations des physiciens qui ont déterminé ces indices. Leur silence au sujet de cette loi hypothétique est de nature à faire soupçonner qu'elle n'existe pas. Il serait, je crois, plus exact de dire que l'éloignement des foyers varie avec la nature de la lumière. Il est constaté, en effet, que les lumières artificielles donnent des spectres analogues à celui qui est produit par les rayons solaires ; mais les couleurs sont moins vives et dans toutes il manque certaines couleurs ; cependant celles qui s'y trouvent sont disposées dans le même ordre que dans le spectre solaire. Il est aussi bien certain que la lumière de l'aurore n'est pas la même que celle du crépuscule, et par conséquent, très-présumable que la lumière diffuse ou tamisée par les nuages, les vapeurs de l'atmosphère, n'a pas la même composition à toutes les heures de jour. Je suis, pour mon compte, très-porté à croire vraie la loi posée par M. Claudet ; car j'ai vu des épreuves très-variables de netteté quoiqu'exposées au même foyer lumineux, avec le plus grand soin, mais dans des circonstances de lumière différentes.

L'Académie me pardonnera d'avoir arrêté aussi longtemps son attention sur cette première question. C'est qu'en effet, c'est celle qui m'a paru la plus importante. Quant aux deux autres, elles comportent avec elles leurs réponses et n'exigeront pas de développement. Il est évident que l'Académie n'a pas porté la moindre atteinte aux intérêts de M. Meurisse en préconisant la découverte de M. Oulif. Car l'exécution est la seule chose appréciée dans le commerce et, sous ce rapport, M. Meurisse ne le cède en rien à M. Oulif.

La commission propose donc à l'Académie de passer à l'ordre du jour.

Membres de la commission : MM. de Saulcy, ancien officier de marine; Virlet, professeur à l'école d'application de l'artillerie et du génie; Boulanger, ingénieur des ponts et chaussées; Vincenot, professeur aux cours industriels de la ville de Metz, *rapporteur.*

RAPPORT

SUR LES ESSAIS FAITS A METZ

DES PRODUITS

DE LA SOCIÉTÉ DU BLANC DE ZINC ET COULEURS A BASE DE ZINC,

PAR

UNE COMMISSION DE L'ACADÉMIE NATIONALE DE METZ.

———

Membres de la commission : MM. MARÉCHAL-GUGNON, peintre ;
Ch. GAUTIEZ, architecte ; LE JOINDRE, ingénieur en chef des
ponts et chaussées ; LANGLOIS, pharmacien en chef, premier
professeur à l'hôpital militaire, *rapporteur*.

MESSIEURS,

On essaie aujourd'hui de substituer complétement dans la
peinture, le blanc de zinc au blanc de plomb. Les premiers
essais de cette nature, remontent à l'année 1783, ils sont
dus à Guyton-Morveau. Ils reçurent à cette époque quelques
applications, mais furent bientôt abandonnés à cause sans
doute du prix trop élevé de l'oxide de zinc.

On comprend aisément l'importance de cette substitution
en pensant à l'influence pernicieuse que la céruse exerce sur
les ouvriers qui concourent à sa préparation et sur ceux qui
la mettent en œuvre. La céruse dans son usage, présente
encore le grave inconvénient de noircir sous l'action des

émanations hydrosulfurées et de modifier profondément avec le temps la nuance des couleurs dont elle est la base.

M. Leclaire, entrepreneur de peintures à Paris, frappé de tous ces inconvénients, a tenté dans ces derniers temps, sur ce sujet de nouvelles expériences dont le succès ne paraît plus douteux. Déjà il a fait une application heureuse de ce mode de peinture sur un grand nombre d'édifices et de maisons de Paris. On doit donc désirer voir cette belle découverte se propager et se vulgariser, puisqu'elle annonce un progrès dans l'art du peintre et qu'elle a surtout pour immense avantage de soustraire les ouvriers à l'atteinte d'une affection grave connue sous le nom de colique des peintres ou colique de plomb.

Les procédés de M. Leclaire sont aujourd'hui appliqués sur la plus vaste échelle par la société anonyme du blanc de zinc et couleurs à base de zinc, dont le siège est à Paris, rue Basse-du-Rempart, 30.

Le blanc de zinc peut être maintenant livré au commerce à un prix qui n'est pas plus élevé que celui de la céruse. Dans cette même fabrique on obtient pour la peinture historique comme pour la peinture industrielle, des couleurs à base de zinc, pouvant dans tous les cas, à ce qu'il paraît, remplacer les couleurs à base de plomb.

Une question qui intéresse tout à la fois l'hygiène publique, les arts et l'industrie, est bien digne de fixer l'attention de l'Académie, dont le concours n'a jamais manqué en pareille circonstance.

La société du blanc de zinc a fait déposer, au mois de mai 1849, au secrétariat de notre Académie, plusieurs échantillons des produits provenant de ses ateliers et devant servir si nous le voulions à répéter quelques-unes des expériences dont nous venons de signaler rapidement le but et l'utilité.

Vous n'avez pas hésité à nommer une commission, à

laquelle vous avez confié le soin de diriger les essais susceptibles d'être entrepris à Metz. MM. Maréchal-Gugnon, peintre
et Ch. Gautiez, architecte, membres de cette commission,
ont employé eux-mêmes ou fait employer les composés de
zinc mis à notre disposition. Notre compte-rendu à l'occasion
de ces essais sera donc la reproduction presque textuelle de
l'opinion que nos deux collègues ont formulée au sein de
la commission.

Pour mieux faire ressortir l'importance de ces recherches,
nous avons pensé devoir d'abord vous rappeler très-succinc-
tement la position toute particulière des ouvriers cérusiers
afin d'arriver plus facilement à démontrer la nécessité de
diminuer le plus possible, dans la peinture, l'emploi des
composés plombiques.

La céruse se prépare par deux procédés; l'un, très-
ancien, est appelé procédé hollandais, l'autre, indiqué en
1801, par notre illustre chimiste, M. Thénard, a reçu le
nom de procédé chimique. Ce dernier a été exécuté pour la
première fois à Clichy, près Paris, où il est encore en
vigueur, mais n'a guère pris plus d'extension. Le premier
au contraire, est suivi dans presque toutes les fabriques dont
les principales existent dans le département du Nord et dans
celui de la Seine.

Les fabricants cérusiers vivement préoccupés de la défaveur
jetée sur leur industrie, ont dû nécessairement introduire de
nombreux perfectionnements dans les diverses opérations et
n'ont pas négligé non plus d'exercer leur sollicitude sur la
santé de leurs ouvriers, en les forçant, pour ainsi dire, à
observer certaines précautions hygiéniques capables de les
soustraire au poison plombique.

Malgré ces améliorations qu'on ne voit malheureusement
encore que dans quelques fabriques bien tenues, il est cependant certain et douloureux de signaler que deux usines de blanc
de plomb et de minium des environs de Paris, dans lesquelles

on n'emploie que 150 ouvriers, ont eu de 1838 à 1847 inclusivement, 1898 malades atteints d'affections saturnines.

L'indication, comme nous l'avons déjà dit, de quelques-unes des opérations principales que le plomb subit pour sa transformation en céruse, suffira pour donner une idée de la constitution de l'atmosphère, au milieu de laquelle vit journellement l'ouvrier cérusier.

Dans la plupart des ateliers où l'on exécute le procédé hollandais, le plomb est fondu dans une chaudière en fonte placée sur un fourneau muni d'une hotte réunie par le haut à la cheminée, qui sert dans ce cas, de tuyau d'appel. Souvent aussi la plate-forme ou fourneau est jointe à la hotte par une enveloppe cylindrique ou prismatique en tôle, sur laquelle se trouve une porte pour puiser à l'aide d'une cuiller, le plomb en fusion et le verser dans un moule d'où il sort sous la forme de lames minces. Cette fusion ainsi pratiquée donne très-peu de vapeurs, de sorte qu'elle ne produit ordinairement aucun accident sur ceux qui en ont la direction.

Les lames de plomb, dont la longueur est d'un mètre environ, la largeur de 12 à 15 centimètres et l'épaisseur de 2 millimètres sont roulées en spirales et placées dans des pots de gré vernissés, contenant une faible quantité de vinaigre, provenant de la bière fermentée ou d'une autre origine. Les pots, au-dessus du vinaigre, ont deux rebords sur lesquels s'appuient les rouleaux de plomb. Une lame de ce métal recouvre imparfaitement les pots que l'on dispose en grand nombre sur plusieurs rangées dans une couche de fumier de cheval. On établit une seconde série au-dessus de la première. On remplit encore de fumier les interstices et ainsi de suite jusqu'à ce que l'on ait cinq à six assises de pots les unes au-dessus des autres. Enfin, on recouvre le tout avec du fumier que l'on maintient extérieurement avec des planches, de manière à permettre un accès lent de l'air dans toute la masse. Dans ces conditions, le vinaigre se vaporise, attaque le plomb en le transformant, par l'intermédiaire de l'oxigène de l'air, en sous-acétate plombique sur lequel agit l'acide carbonique produit par la fermentation du fumier. Celle-ci entretient la température de la masse à 50 ou 60°, température nécessaire pour hâter la réaction qui, habituellement, est terminée au bout de quatre à cinq semaines. On enlève alors le fumier et l'on trouve les spirales et les lames de plomb recouvertes d'une couche plus ou moins épaisse de carbonate de plomb, que les ouvriers dans presque toutes les fabriques, détachent à la main.

Cette opération porte le nom d'*épluchage*. Elle n'est pas sans danger; cependant, faite avec soins, elle n'aurait pas de très-graves inconvénients. Avec les mains on ne sépare des lames qu'une partie des paillettes de plomb, une autre partie reste fortement adhérente, de sorte qu'on ne peut l'enlever qu'en frappant avec une *batte,* ce qui donne lieu à beaucoup de poussière de laquelle l'ouvrier se garantit difficilement. On a sous ce rapport dans quelques usines du Nord, apporté un grand perfectionnement en faisant l'opération du *décapage* par des moyens mécaniques, consistant dans le passage des lames entre deux cylindres cannelés longitudinalement.

La pulvérisation à sec des paillettes de céruse, dans des meules verticales, et le criblage produisent une poussière légère dont l'atmosphère des ateliers est toujours chargée et dont l'organisme humain se pénètre promptement. Les causes d'insalubrité que nous signalons disparaîtront en partie, le jour où ces travaux auront lieu par des moyens mécaniques et sous l'eau.

La céruse criblée est délayée dans l'eau, de manière à en former une pâte molle que l'on fait passer successivement entre plusieurs jeux de meules horizontales. On se figure aisément que cette sorte de broyage ne présente aucun danger. En quittant les meules, la céruse liquide est coulée dans des pots de terre poreux que l'on place immédiatement dans des séchoirs bien aérés. Au bout de 12 à 15 jours, on la sort des pots pour la porter dans une étuve chauffée de 50 à 60 degrés, où elle reste une vingtaine de jours. Elle en est retirée sous forme de pains, qui doivent être enveloppés de papier, ficelés et mis en tonneaux pour être livrés au commerce. Ces dernières opérations ne se font pas sans agir d'une manière fâcheuse sur les personnes qui en sont chargées.

Le commerce n'exige qu'une faible quantité de céruse en pains; la majeure partie est expédiée en poudre des fabriques dans lesquelles la pulvérisation se fait encore maintenant à sec dans des meules verticales, renfermées, il est vrai, dans des bâtis en bois dont le but est imparfaitement rempli, car les bâtis laissent encore échapper, par une foule de jointures, de la vapeur plombique, dont l'effet, sur l'homme, est très-pernicieux.

Il est bien certain que si la céruse, au lieu de sortir de l'usine sous forme de poudre, sortait mêlée à l'huile, comme cela se pratique généralement en Angleterre, une grande partie des accidents auxquels sont exposés les ouvriers cérusiers, disparaîtraient à-peu-près complétement, puisque déjà aujourd'hui dans quelques fabriques bien tenues, comme celles de MM. Lefebvre et Puelmann à Lille, on n'a pas vu se produire une seule affection saturnine sérieuse dans l'espace d'une année, sur une population de 150 ouvriers, voués journellement au maniement des composés de plomb.

Le procédé chimique, dit de Clichy, parce que c'est là qu'il a d'abord été pratiqué, consiste à traiter à froid, dans de grands vases en bois, de la litharge par du vinaigre, de manière à obtenir une dissolution de sous-acétate plombique, dans laquelle on fait arriver un courant d'acide carbonique. Comme actuellement à la litharge on préfère dans ce procédé le massicot, qui s'obtient dans l'usine même, on rencontre dans cette opération préliminaire de nouvelles difficultés pour soustraire les ouvriers aux vapeurs saturnines.

Les manipulations que cette céruse subit jusqu'à l'empotage, sont inoffensives parce qu'elles s'opèrent dans l'eau. Mais la dessication et la pulvérisation des pains présentent les mêmes inconvénients que dans l'autre mode de fabrication.

Malgré toutes les difficultés qu'entraîne la préparation du blanc de plomb on peut espérer cependant, voir cesser presque complétement l'insalubrité de cette industrie, si l'on adopte bientôt dans toutes les fabriques les perfectionnements mécaniques et les précautions hygiéniques, que plusieurs d'entre elles ont mis en usage depuis quelques années.

Ces améliorations, que les savants et les philanthropes réclament en faveur des ouvriers cérusiers, ne changeront toutefois en rien la position des personnes qui mettent constamment en œuvre le blanc de plomb et les divers mélanges dont il est la base. Elles ne diminueraient en aucune manière les accidents auxquels les peintres en bâtiments sont exposés. C'est donc pour eux, que la substitution du blanc de zinc au blanc de plomb est un véritable bienfait.

Pour rendre réellement applicable cette substitution dans l'usage le plus ordinaire de la peinture, il fallait parvenir, comme nous l'avons déjà dit, à obtenir en grand et à bon marché l'oxide de zinc.

M. Leclaire est arrivé à ce résultat par un mode de préparation dont la découverte lui appartient, de sorte que sa fabrique peut produire à présent dans vingt-quatre heures, au moins 6 000 kilogrammes du composé zincique. Ce composé se forme par la combustion du métal sortant en vapeur d'une série de cornues, portées à une assez haute température. Les cols des cornues à l'extrémité desquelles le zinc brûle, se rendent dans des espèces de guérites mises en communication, par des tuyaux d'aspiration, avec des chambres de condensation.

Par cette disposition les ouvriers sont à-peu-près garantis des vapeurs de zinc, dont l'action sur l'économie présenterait, d'après quelques hygiénistes, peu de gravité. Cependant, comme le zinc est souvent arsenical, il y aurait peut-être quelque danger à rester trop longtemps exposé à sa vapeur. D'ailleurs cette fabrication encore naissante, est sans doute susceptible de nouveaux perfectionnements qu'on pourrait faire porter sur la purification du métal avant sa transformation en oxide.

On trouve dans le commerce deux qualités de céruse ; la supérieure est connue sous le nom de blanc d'argent. M. Leclaire obtient aussi deux qualités de blanc de zinc, dont une est excessivement blanche et à laquelle il donne le nom de blanc de neige. Cet oxide blanc de neige est destiné à remplacer le blanc d'argent dans toutes ses applications.

On sait que la céruse employée en peinture est délayée ordinairement dans de l'huile appartenant à la catégorie des huiles siccatives. On augmente la propriété siccative des huiles en les chauffant doucement en présence de l'oxide de plomb. Dans cette préparation, M. Leclaire remplace le plomb par l'oxide de manganèse, et obtient un composé très-siccatif qui s'unit parfaitement à l'oxide de zinc, en formant la base d'une peinture qui ne se dessèche pas moins bien que celle au blanc de plomb.

On doit considérer l'obtention de cette huile très-siccative, au moyen de l'oxide de manganèse, comme un fait important qui doit désormais lever tous les obstacles à l'emploi du blanc de zinc en peinture.

Après cette exposition des faits annoncés, il reste à la commission à vous faire connaître les résultats des expériences qu'elle a entreprises elle-même en se servant des produits remis à l'Académie et provenant de la société anonyme qui exploite en grand les produits de M. Leclaire.

Elle s'est assurée tout d'abord, par l'analyse chimique, que

le blanc ordinaire et le blanc de neige étaient formés uniquement d'oxide de zinc, et que les couleurs étaient bien aussi
à base de ce métal. Dans ces composés on remarque des
chrômes de nuances variées, du jaune d'Orient, du jaune
d'antimoine et du vert minéral.

Les essais dans la peinture artistique ont été faits par
notre collègue M. Maréchal dont l'opinion sur un pareil sujet
doit naturellement avoir une très-haute importance.

D'après M. Maréchal, les blancs de zinc sont brillants et
transparents; s'ils empâtent moins que les blancs de plomb
ils s'étendent plus facilement et ainsi conviennent mieux
que ceux-ci, pour la peinture liée et travaillée à plusieurs
re, rises. Ils donnent pour le pastel des crayons fermes et
friables; leur solidité sera un grand avantage pour ce genre
de peinture.

Ce qu'on vient de dire des blancs peut s'appliquer à toutes
les couleurs à base de zinc que M. Maréchal a essayées : seulement les chrômes dorés sont moins brillants que les chrômes
citrons, et l'on a remarqué l'absence des chrômes orangés.

Il serait à désirer que ces nuances fussent ajoutées aux
autres et que les jaunes dorés fussent améliorés, afin qu'on
fut dispensé de recourir aux jaunes de plomb, qui sont plus
altérables, de beaucoup, que les jaunes obtenus avec de
l'oxide de zinc.

Le peu de temps écoulé depuis que M. Maréchal a mis ces
couleurs en œuvre ne lui permet pas de se prononcer sur
leur solidité; cependant il est disposé à croire, avec ses
collègues de la commission, qu'elles résisteront mieux aux
influences extérieures que celles à base de plomb qui finissent
toujours par se modifier par le contact des émanations sulfu-
reuses; aussi a-t-on vu souvent les blancs des vieux tableaux
recouverts d'une couche noire de sulfure de plomb. On
parvient cependant aujourd'hui, à restaurer assez bien ces
tableaux, en les lavant, comme l'a proposé M. Thénard,

avec de l'eau oxigénée qui transforme le sulfure de plomb en sulfate dont la blancheur égale celle de la céruse.

A ces considérations relatives à la peinture sur tableaux nous ajouterons les faits recueillis par notre collégue M. Gautiez, architecte, dans les essais entrepris à Metz, sur la peinture en bâtiments. Il résulte de ces essais :

Que la peinture au blanc de zinc est bien supérieure en blancheur à celle au blanc de plomb ;

Que le blanc de zinc absorbant plus d'huile que la céruse, doit par conséquent résister plus longtemps à l'extérieur ;

Qu'il sèche moins vite que la céruse, mais que cependant, l'on peut faire disparaître cet inconvénient, en employant de l'huile d'œillette un peu vieille ou rendue très-siccative par l'oxide de manganèse ;

Que la couleur au blanc de zinc couvre aussi bien que celle à base de plomb.

Les expériences faites à Metz, sont encore trop récentes pour qu'il soit possible aujourd'hui d'émettre une opinion sur la durée comparative de la peinture au zinc à celle du plomb ; cependant vos commissaires n'ignorent pas que cette question semble déjà résolue par un grand nombre d'architectes distingués de la capitale, dans l'esprit desquels le doute ne semble plus exister sur la solidité du blanc de zinc, dont l'usage à Paris, dans la peinture en bâtiments, remonte déjà à plusieurs années.

Cette peinture appliquée dans les cabinets des lieux d'aisances, dans les salles de certains bains, dans les locaux éclairés au gaz, reste inaltérable aux exhalaisons hydro-sulfurées.

Elle offre encore l'avantage de ne pas jaunir dans les parties privées d'air, notamment derrière les tableaux que l'on place sur les murs des appartements.

On a constaté enfin que, mélangé au vernis, le blanc de zinc se laisse mieux travailler que le blanc de plomb ; la combinaison reste assez de temps liquide pour permettre à l'ouvrier de l'appliquer sans trop se presser, ce qui est difficile avec le blanc de plomb qui s'épaissit trop promptement.

On voit d'après cet exposé, que des recherches déjà anciennes dues à la sagacité de Guyton—Morveau, ont reçu dans ces derniers temps, de M. Leclaire, de nombreuses et importantes applications dont l'heureuse influence s'exercera tout à la fois sur l'art de la peinture et l'hygiène.

Votre commission a donc l'honneur, Messieurs, de vous proposer d'adresser à M. Leclaire et à la compagnie qui exploite en grand ses procédés, des félicitations sur leur industrie et des remercîments pour les produits envoyés à l'Académie.

L'Académie nationale de Metz, a adopté l'avis de sa commission et a décidé qu'une copie de son rapport serait envoyée à la *Société du blanc de zinc et couleurs à base de zinc.*

ANALYSE

DE

QUELQUES MINERAIS DE FER

DU DÉPARTEMENT DE LA MOSELLE,

PAR M. LANGLOIS.

On vient de construire au village d'Ars-sur-Moselle, à huit kilomètres de Metz, trois hauts-fourneaux qui seront alimentés presque exclusivement avec du minerai extrait des collines voisines.

Ce même minerai est aussi destiné, à ce qu'il paraît, à être employé dans la belle usine de M. de Wendel, située à Stiring, près de la frontière de Prusse, entre Forbach et Sarrebruck. Il pourra y être aisément transporté par le chemin de fer de Paris à Sarrebruck qui passe à une très-petite distance des minières d'Ars.

On sait que ces sortes d'établissements présentent toujours de grands avantages quand ils sont placés, soit à côté de la mine, soit à côté du combustible et non loin des lieux où les moyens de transports sont rendus faciles. Les établissements de Stiring et d'Ars se trouvent dans ces conditions: le premier possède la houille, le second le minerai, et tous deux jouissent de la même voie de fer sur laquelle

le coke et la mine se croiseront journellement pour .entre-
tenir sans cesse le travail des fourneaux.

J'ai pu visiter les deux usines et parcourir avec M. Dupont,
de Metz, propriétaire de celle d'Ars, les longues galeries
qu'il a fait ouvrir à un kilomètre du village, sur la partie
sud-ouest d'un côteau, au sommet duquel existe une assez
vaste forêt. Nous avons choisi dans l'intérieur des galeries
plusieurs échantillons de minerai dont j'indiquerai bientôt
la composition.

Ce minerai a une couleur jaune brunâtre, il est formé par
de très-petits grains d'hydrate de sesqui-oxide de fer, réunis
par un ciment argileux et calcaire, mélangé à une certaine
quantité de sable. Il est souvent accompagné de coquilles
marines, parmi lesquelles on signale des bélemnites. Il est
connu à cause de l'aspect de ses grains, sous le nom de
minerai oolitique. Il existe en couches puissantes à la
partie inférieure du terrain jurassique. Ces couches exploi-
tables se trouvent partout au sein de l'immense plateau qu'on
aperçoit en face de Metz sur la rive gauche de la Moselle,
et qui s'étend jusque près de Longwy. Aussi compte-t-on
dans cette partie du département un grand nombre de hauts-
fourneaux, fournissant tous d'excellente fonte, employée
aujourd'hui avec succès, à la confection de coussinets pour
les chemins de fer.

L'analyse de ce minerai oolitique offre d'autant plus
d'intérêt qu'il ne semble pas avoir, dans les diverses localités
où il est exploité, la même nature ni la même richesse. Il
contient quelquefois une quantité assez notable de phosphate
de chaux provenant des coquilles marines. Lorsque la proportion de ce phosphate est trop grande, le fer qu'on obtient
ne peut pas être de bonne qualité. Il n'a pas toujours sa
teinte jaune brunâtre, il est parfois verdâtre, couleur due,
comme nous le démontrerons, à la présence du silicate
hydraté de protoxide de fer. Cette variété souvent souillée

de persulfure de fer, se rencontre aux environs de Metz, dans le flanc des montagnes boisées qui dominent la charmante vallée de Monveaux.

La matière terreuse servant de ciment aux petits grains d'hydrate d'oxide ferrique ne se montre pas constamment dans les mêmes proportions et avec la même constitution. Tantôt elle est presque entièrement argileuse et siliceuse, tantôt, au contraire, elle paraît complétement formée de carbonate de chaux; on se rend facilement compte de ces variations de constitution par la nature variable aussi du terrain qui entoure la couche minérale. Ce fait est important à connaître pour régler convenablement la marche des hauts-fourneaux dans lesquels le minerai n'est versé qu'après avoir reçu un fondant dont la nature est en rapport avec la composition de la gangue.

L'analyse des minerais d'Ars, nous a donné des résultats qui permettent d'établir les trois catégories suivantes :

	1re catég.	2e.	3e.
Sesqui-oxide de fer......	54	54	51
Eau...................	14	14	13
Silice...............	20	15	4
Alumine..............	8	5	3
Carbonate de chaux.....	3	11	28
— de magnésie...	1	1	1
	100	100	100

Nous avons de plus constamment obtenu de chacune de ces catégories environ cinq milliémes de phosphate de chaux. Nous sommes parvenus encore à constater l'existence du phosphore en traitant convenablement le minerai, de manière à produire soit du phosphate ammoniaco-magnésien, soit du phosphate de plomb. Ces résultats nous ont conduit à admettre dans le minerai d'Ars quinze dix-milliémes de phosphore. Il ne renferme ni soufre, ni arsenic, ni manganèse.

Nous avons suivi pour en faire l'analyse les procédés généralement usités, sans oublier comme moyen de contrôle, le procédé de M. Marguerite par le permanganate de potasse, ni celui indiqué dernièrement par M. Fresenius.

Comme il est facilement attaqué par l'acide chlorhydrique en reconnait promptement que la silice y existe à l'état de sable.

Analyse du minerai bleu verdâtre, appelé minerai de Châtel, nom du village situé à l'entrée de la vallée de Monveaux :

Sesqui oxide de fer	33
Protoxide de fer..............	12
Eau	11
Silice.	30
Carbonate de chaux..........	6
— de magnésie........	1
Alumine..................	7
	100

Nous n'y avons pas recherché le phosphore, qu'on y trouverait sans doute comme dans le minerai d'Ars, puisqu'il contient aussi des débris de coquilles marines. Il n'a pas d'action sur l'aiguille aimantée quoiqu'il renferme une quantité assez forte de protoxide de fer. Combiné avec de l'acide silicique de manière à former un silicate hydraté. Le même silicate, mélangé aussi de sesqui-oxide de fer, constitue le minerai bleu d'Hayange, analysé par M. Berthier. Ce dernier minerai agit sur le barreau aimanté.

La composition du minerai de Châtel, semble donc présenter un certain intérêt et être digne de fixer l'attention des minéralogistes et des géologues.

Pour obtenir de la fonte résistante propre au moulage des coussinets destinés aux voies de fer, on ajoute ordinairement au minerai d'Ars un cinquième environ d'un minerai exclusivement siliceux, riche en sesqui-oxide de fer, et connu sous le nom de minerai d'Aumetz. Sa formation est bien moins ancienne que celle du minerai oolitique ; il forme des amas et non des couches. Il est brun, compacte et très-dur.

Nous donnerons ici sa composition en prenant la moyenne de plusieurs analyses faites sur divers échantillons :

Sesqui-oxide de fer	68
Eau.	9
Silice.	20
Alumine	1
Carbonate de chaux	2
	100

Nous n'avons pu y découvrir la plus petite trace de phosphate, aussi fournit-il du fer de très-bonne qualité.

Nous indiquerons, en terminant, la nature de la fonte grise résistante obtenue aux forges d'Ars-sur-Moselle, en employant le minerai oolitique des collines voisines, additionné d'un cinquième de minerai d'Aumetz, et en faisant usage, comme combustible, d'un mélange de coke et de charbon de bois. Les soufflets des hauts-fourneaux sont alimentés par un courant d'air chaud.

En voici l'analyse :

Carbone.	2,056
Silicium.	3,266
Phosphore.	0,520
Soufre.	trace
Fer	94,158
	100,00

Cette note ne doit être considérée que comme la première page d'un travail plus complet que nous devons entreprendre, M. Jacquot, ingénieur des mines, et moi, sur tous les minerais de fer du département de la Moselle.

JOURNAL

DES

OBSERVATIONS MÉTÉOROLOGIQUES

FAITES A METZ

PENDANT L'ANNÉE 1849,

PAR M. SCHUSTER.

DATES	A 9 H. DU MATIN.		A MIDI.		A 3 H. DU SOIR.		THERMOMÈTRE.		PLUIE exprim en millim
	barom à 0°.	therm extér.	barom. à 0°.	therm. extér.	barom. à 0°.	therm. extér.	maximum.	minimum.	
1	750,40	− 6,5	750,14	− 6,0	750,11	− 4,2	»	− 7,5	»
2	751,32	−10,0	750,65	− 7,5	749,83	− 5,2	»	−11,0	»
3	743,80	− 8,2	742,14	− 4,8	741,02	− 2,9	»	− 8,8	»
4	741,74	− 1,5	742,66	0,0	742,42	0,5	»	− 2,5	»
5	741,80	1,5	741,23	2,5	740,85	3,5	»	»	»
6	746,58	0,8	746,31	1,5	745,97	2,0	»	0,0	»
7	747,36	− 5,5	747,55	− 2,5	747,44	− 0,5	»	− 7,0	»
8	743,34	− 5,3	741,85	− 1,5	741,14	0,8	»	− 6,0	»
9	731,00	− 0,5	732,31	0,8	732,70	4,0	»	− 0,8	} 3,5
10	731,96	1,8	730,55	3,5	728,00	4,8	»	»	1,2
11	730,88	3,5	729,28	3,8	728,22	2,5	»	»	17,0
12	746,06	− 5,0	748,40	− 4,7	749,34	− 5,0	»	− 5,7	»
13	749,20	− 1,3	745,78	0,5	744,38	2,3	»	»	} 21,
14	741,26	9,5	740,53	8,5	739,04	9,6	»	»	»
15	750,50	3,5	750,93	5,0	751,30	5,0	»	»	9,2
16	750,46	3,5	750,37	5,5	748,91	5,8	»	»	»
17	747,71	8,3	746,90	9,0	747,04	10,0	»	»	6,5
18	752,10	9,0	752,43	10,5	752,33	9,5	»	»	»
19	751,94	8,0	751,76	10,0	751,10	10,0	10,0	»	»
20	753,07	3,5	753,73	5,0	754,02	5,0	»	2,5	»
21	758,66	2,6	758,73	4,5	757,01	5,5	»	»	»
22	752,43	6,0	751,88	5,7	751,90	5,0	»	»	} 6,0
23	758,49	5,0	758,16	6,8	758,09	7,0	»	»	
24	760,43	7,0	760,28	8,0	759,45	8,5	»	»	»
25	755,79	5,5	755,65	6,0	753,96	7,0	»	»	»
26	748,94	3,0	747,83	4,5	746,95	5,5	»	»	»
27	749,91	2,2	748,45	5,8	747,20	6,5	»	1,5	»
28	735,72	3,0	734,44	3,7	732,94	6,0	»	»	7,
29	735,47	2,5	735,95	4,5	736,94	5,0	»	»	»
30	750,15	1,0	750,83	2,3	751,92	3,0	»	− 0,7	»
31	746,75	2,5	748,18	5,8	−49,07	6,0	»	»	0,9
Moyenn⁵	746,83	1,6	746,53	3,0	746,03	3,9	10,0	−11,0	73,6

Plus grande hauteur du baromètre   760,43
Plus petite   id.   ...   728,00
Moyenne   id.   ...   746,46
Période   id.   ...   0,80

ÉTAT DU CIEL à midi.	VENTS. à midi.	OBSERVATIONS particulières.
Nuages.	E. a. f.	
Beau.	E. a. f.	
Nuageux.	N. E.	
Couvert et brouillard.	N.	
Couvert et brouillard.	E. S. E.	
Nuages.	E. N. E.	
Beau.	N.	
Eclaircies.	E.	
Un peu de pl. fine et b.	S. S. E.	} Neige pendant la nuit.
Voil., un p. de p. f. p. in.	S. E.	
Couv., un p. de pl. p. in.	S. O. t. f.	
Couvert, un p. de neige.	N.	Pluie le soir.
Couvert.	S.	} Vent d'O. violent p. la nui La Moselle augmente.
Pluie par intervalle.	O. tempête.	} Tempête pendant la nuit. La Moselle augmente.
Nuageux.	O.	
Voilé.	S.	La Moselle couvre entièrement le Saint-Symphorien.
Couvert.	S. O.	La Moselle se retire sensibl
Eclaircies.	S. O.	
Nuageux.	O. S. O.	
Brouillard.	S. S. E.	Petite gelée blanche.
Brouillard.	S. E.	
Pluie.	O.	} Vent violent pendant la nu
Nuageux.	O. t. f.	
Nuageux.	O. t. f.	
Couvert.	S. O. t. f.	
Nuageux.	O. t. f.	
Nuageux.	O. S. O.	Petite gelée blanche.
Pluie par intervalle.	S.	
Nuageux.	S. O.	
Nuageux.	O. N. O.	Gelée blanche.
Nuageux.	S. O.	

Nombre de

		Etat des vents à midi.	Pluie par ces
Jours de pluie, neige, etc.	13	N, NNO, NO, ONO, 4	3,50
Id. tonnerre....... »		O, OSO, SO, SSO, 14 }31	60,35 } 7
Id. gelée......... 9		S, SSE, SE, ESE, 8	9,77
		E, ENE, NE, NNE, 5	»

DATES	A 9 H. DU MATIN.		A MIDI.		A 3 H. DU SOIR.		THERMOMÈTRE.		
	barom. à o°.	therm. extér.	barom. à o°.	therm. extér.	barom. à o°.	therm. extér.	maxi- mum.	mini- mum.	
1	753,24	2,0	753,43	3,8	753,83	4,0	»	»	»
2	757,55	— 0,2	758,00	4,0	757,02	4,5	»	— 1,5	»
3	759,91	— 2,0	759,85	0,8	758,06	3,5	»	— 3,0	»
4	761,31	— 1,5	760,53	3,0	760,34	3,5	»	— 2,0	»
5	759,38	5,0	759,04	6,5	758,74	7,5	»	»	»
6	757,57	5,5	756,90	7,5	756,88	7,5	»	»	»
7	757,82	2,5	757,80	6,0	756,88	5,5	»	»	»
8	754,08	2,5	754,05	3,5	752,94	4,0	»	»	»
9	759,81	4,0	759,54	6,2	759,94	7,3	»	»	'
10	759,60	5,3	759,37	5,5	759,50	5,5	»	»	
11	763,71	5,8	764,62	6,5	765,07	8,3	»	»	
12	765,77	0,3	764,87	4,3	763,71	6,0	»	— 1,0	
13	760,25	3,2	759,88	6,0	759,34	7,5	»	1,7	
14	762,04	1,8	762,87	8,2	762,79	9,5	»	»	»
15	759,21	5,0	759,42	6,3	759,94	6,5	»	»	»
16	759,64	6,4	759,88	6,5	759,83	6,5	»	»	»
17	760,35	4,0	760,68	6,7	760,90	7,5	»	»	»
18	759,63	— 0,2	758,88	7,7	758,68	8,5	»	— 2,0	»
19	756,67	0,8	755,08	4,5	752,47	8,7	»	»	} 19,
20	749,49	5,0	748,51	5,7	747,81	6,5	»	»	
21	743,77	5,0	744,96	5,8	745,90	6,5	»	»	} 10,
22	742,12	8,5	742,10	10,0	740,86	9,3	»	»	
23	746,37	5,0	746,76	8,0	747,80	9,7	»	1,5	»
24	744,00	4,0	743,33	7,5	740,24	11,5	»	»	»
25	739,67	9,5	739,56	9,4	739,46	9,0	»	»	20,
26	738,37	7,5	738,33	7,5	737,90	7,5	»	»	1,
27	747,78	2,5	747,96	9,5	748,44	12,0	16 au sol. 12	»	»
28	749,96	5,3	749,21	7,5	747,52	11,0		»	»
Moyenn*	753,91	3,8	753,78	6,4	753,33	6,7	12,0	— 3,0	44,

Plus grande hauteur du baromètre 765,77
Plus petite   id.   ...   737,90
Moyenne   id.   ...   753,67
Période   id.   ...   0,58

	ÉTAT DU CIEL à midi.	VENTS à midi.	OBSERVATIONS particulières.
	Nuageux. f.	O.	
	Nuageux.	O. S. O.	
	Beau.	N.	
	Couvert.	E. S. E.	
5	Couvert.	S. S. O.	
	Couvert.	O. N. O.	
	Couvert.	N. N. E.	Petite gelée blanche.
	Couvert.	S. O.	
	Petits nuages.	N. O.	Pluie pendant la nuit.
10	Couvert.	O.	
	Nuageux.	N.	
	Nuages.	N.	Forte gelée blanche.
	Beau.	N.	Petite gelée blanche.
	Couvert.	O.	Gelée blanche.
15	Couvert.	O.	
	Couvert.	O. N. O.	
	Nuageux et voilé.	N. O.	
	Beau et brouillard.	O. N. O.	Forte gelée blanche.
	Nuageux.	S. O. a. f.	
20	Couvert.	O. S. O. t. f.	} Tempête pend.t la nuit et le soir.
	Nuageux.	O. N. O. f.	
	Pluie fine par intervalle.	O. f.	} Tempête pendant la nuit.
	Nuageux.	O.	} Tempête pendant la nuit.
	Couvert.	S. O.	Petite gelée blanche.
25	Couvert et pl. f. par int.	O. S. O.	
	Nuageux.	O. S. O. t. f.	
	Beau, nuages.	N. E.	Petite gelée blanche.
	Nuageux.	O.	

Nombre de

Jours de pluie, neige, etc. 5
Id. tonnerre .... »
Id. gelée 6

Etat des vents à midi.

N, NNO, NO, ONO, 10
O, OSO, SO, SSO, 15 } 28
S, SSE, SE, ESE, 1
E, ENE, NE, NNE, 2

Pluie par ces vents

» 44,35
» } 44,35
»

43

DATES	A 9 H. DU MATIN.		A MIDI.		A 3 H. DU SOIR.		THERMOMÈTRE.		PLUIE exprim en millim
	barom. à o°	therm. extér.	barom. à o°.	therm. extér.	barom. à o°.	therm. extér.	maximum.	minimum.	
1	738,15	3,0	739,00	5,0	739,46	5,0	»	»	9,15
2	753,30	4,5	751,53	6,7	754,10	7,5	»	»	»
3	758,35	6,5	758,61	9,5	758,64	9,3	»	»	»
4	760,82	3,0	760,45	8,7	760,26	11,0	»	»	»
5	760,09	2,5	759,28	9,0	758,54	12,8	21,0 au soleil.	0,5	»
6	762,61	5,5	761,27	10,3	760,11	12,5	»	»	»
7	753,10	6,3	750,70	10,0	749,13	12,0	»	»	»
8	743,23	6,0	742,49	6,3	740,34	4,5	»	»	7,35
9	741,91	2,0	742,18	4,0	742,27	3,5	»	»	»
10	750,26	1,0	751,60	3,5	752,03	5,0	»	− 1,2	»
11	758,36	1,5	758,21	4,0	757,90	5,6	»	− 0,8	»
12	754,38	4,5	753,23	5,5	751,90	6,7	»	»	»
13	746,76	6,5	745,02	8,0	744,84	8,0	»	»	0,85
14	753,16	3,5	752,32	4,7	751,73	4,0	»	»	»
15	755,90	4,5	754,84	5,7	754,97	6,0	»	»	»
16	752,90	3,0	752,16	6,5	751,51	9,5	»	»	»
17	752,90	8,5	752,64	11,0	752,41	11,2	»	»	»
18	749,80	5,5	749,71	6,2	749,60	7,0	»	»	»
19	745,56	4,5	746,34	10,0	746,10	9,5	»	»	»
20	749,12	2,0	749,01	6,7	748,77	8,5	»	− 1,5	»
21	753,44	1,8	752,83	6,5	751,89	11,0	18,0 aus. à 4 h.	− 1,5	»
22	749,85	2,5	748,26	7,0	746,72	11,0	»	− 1,0	»
23	742,44	3,5	740,93	9,0	740,07	9,5	»	− 0,0	»
24	738,54	0,7	739,47	1,8	739,45	2,5	»	− 0,2	»
25	738,77	− 1,0	739,03	0,3	739,42	0,5	»	− 3,5	»
26	740,85	1,5	741,40	3,5	740,60	4,5	»	− 0,2	»
27	733,02	4,0	731,80	6,5	731,25	5,5	»	»	»
28	731,14	4,5	731,40	9,5	731,00	10,7	»	− 0,2	} 1,00
29	731,90	4,5	731,73	7,5	731,64	9,0	»	»	
30	733,89	4,9	733,28	11,8	733,53	12,0	»	»	»
31	739,42	5,8	739,54	12,0	739,54	15,5	au s. 26,0 à l'. 15,5	»	»
Moyenn⁵	747,82	3,9	747,37	6,7	747,04	8,1	15,5	− 3,5	18,35

Plus grande hauteur du baromètre   762,61
Plus petite   id.   ...   731,00
Moyenne   id.   ...   747,41
Période   id.   ...   0,978

ÉTAT DU CIEL à midi.	VENTS à midi.	OBSERVATIONS particulières.
Pluie et grésil par int.	S. O. violent.	Tempête pendant la nuit du 1er au 2.
Nuageux.	O. S. O. t. f.	
Idem.	O.	Petite gelée blanche.
Beau.	N. E.	Gelée blanche.
5 Idem.	E. N. E.	Idem.
Nuageux à l'horizon.	N.	
Nuages.	O. S. O. a. f.	Gelée blanche.
Pluie.	O.	Grand vent pendant la nuit.
Nuageux.	N.	
10 Nuages.	N. a. f.	Vent très-fort dans la nuit.
Idem.	O. S. O.	
Voilé.	O. S. O. a. f.	Pluie fine le soir.
Pluie fine par intervalle.	O.	
Nuageux.	N. O.	
15 Idem.	E.	
Couvert.	O.	
Voilé.	O. N. O.	
Couvert.	N.	
Nuageux.	N. N. E.	Petite gelée blanche.
20 Beau.	E. N. E. a. f.	Forte gelée blanche.
Idem.	N. N. E.	Idem.
Idem.	E.	Idem.
Voilé.	E. N. E.	Gelée blanche.
Nuageux, neige par int.	N. f.	Idem.
25 Couvert.	N. N. E. s.	Idem.
Idem.	N.	Idem.
Idem.	E.	
Nuages.	S. E.	Petite gelée blanche. Pluie le s.
Couvert.	E.	Petite gelée blanche.
30 Nuages.	S.	Idem.
Idem.	S.	

Nombre de		Etat des vents à midi.		Pluie par ces vent
Jours de pluie, neige, etc.	8	N, NNO, NO, ONO,	8	»
Id. tonnerre........	»	O, OSO, SO, SSO,	9	17,35
Id. gelée	10	S, SSE, SE, ESE,	3 31	» »
		E, ENE, NE, NNE,	11	»

DATES	À 9 H. DU MATIN.		À MIDI.		À 3 H. DU SOIR.		THERMOMÈTRE.		PLUIE exprim en millim
	barom. à 0°.	therm. extér.	barom. à 0°.	therm. extér.	barom. à 0°.	therm. extér.	maximum.	minimum.	
1	741,06	7,5	740,78	14,8	739,26	17,0	»	3,0	»
2	738,44	10,0	737,60	11,8	735,94	12,0	»	»	} 10,20
3	736,71	7,5	736,85	8,5	737,42	7,5	»	»	
4	741,26	7,0	741,06	10,8	739,60	14,5	»	2,5	»
5	737,06	7,5	736,26	11,0	735,54	13,0	»	2,5	»
6	736,34	11,5	735,73	15,0	735,63	18,5	27 au sol. 18,5 à L	»	»
7	736,33	9,5	735,80	15,5	734,74	16,5	»	»	»
8	733,67	10,0	734,81	12,5	734,88	14,0	»	»	6,70
9	734,40	8,0	733,54	14,5	733,18	15,0	»	»	»
10	731,02	8,7	730,82	10,0	730,70	11,0	»	»	} 16,40
11	732,21	9,5	733,06	8,9	734,45	8,5	»	»	
12	741,59	6,3	741,39	7,8	741,00	7,0	»	3,0	»
13	736,51	7,6	735,35	11,0	733,20	10,8	»	0,6	»
14	732,00	9,5	732,41	9,5	733,01	7,5	»	»	»
15	736,07	7,5	736,00	10,0	736,27	12,0	»	»	»
16	736,67	6,5	738,00	10,5	742,98	11,5	»	2	»
17	738,84	7,5	738,14	9,0	736,58	7,0	»	»	} 2,1
18	740,20	0,6	741,30	1,2	741,86	5,6	»	»	
19	737,35	3,0	735,35	8,5	734,46	7,5	»	0,8	»
20	729,66	6,5	730,70	8,0	731,08	7,5	»	»	1,
21	737,66	5,0	740,06	7,0	740,38	5,0	»	»	»
22	746,60	4,5	746,45	8,0	746,12	9,5	»	»	»
23	739,26	6,5	739,00	10,5	737,80	11,0	»	»	} 17,0
24	739,01	8,5	737,83	10,5	738,65	11,5	»	»	
25	743,87	9,3	743,65	13,8	743,45	14,0	»	»	»
26	743,62	12,0	743,06	15,0	741,58	18,5	18,5	»	»
27	742,94	14,5	743,05	16,0	741,58	18,0	»	»	»
28	742,34	11,5	743,45	11,5	743,46	10,5	»	»	3,
29	751,19	9,4	751,17	13,0	751,45	14,5	»	»	»
30	752,23	13,0	749,18	18,0	747,82	16,5	»	»	4,
Moyenn*	738,87	8,2	738,38	11,0	738,49	11,8	18,5	0,6	60,

Plus grande hauteur du baromètre   752,23
Plus petite   id.   729,66
Moyenne   id.   738,70
Période   id.   0,38

ÉTAT DU CIEL à midi.	VENTS à midi.	OBSERVATIONS particulières.
Voilé.	S.	Petite gelée blanche.
Couvert.	S.	
Pluie fine par intervalle.	S. O.	
Nuageux.	O. S. O.	Petite gelée blanche.
5 Idem.	S.	Idem.
Beau.	N. E.	
Voilé en partie.	S.	
Nuageux.	S. S. O.	Pluie le soir.
Idem.	S.	
10 Pluie par intervalle.	O. S. O.	
Couvert.	N. O.	
Idem.	N. O.	
Nuageux.	S.	Gelée blanche.
Voilé.	S. O. a. f.	
15 Idem.	S. O.	
Nuageux.	N. N. E.	
Idem.	O. a. f.	Neige le soir.
Idem.	O. a. f.	
Idem.	S. S. O. t. f.	Gelée blanche.
20 Idem.	S. S. O. a. f.	
Idem.	N. N. O. t. f.	
Eclaircies.	O.	
Pluie par intervalle.	O. S. O.	
Nuageux, pluie par int.	O. S. O.	
25 Nuageux.	O.	
Beau.	S. S. E.	
Voilé.	N. O.	
Eclaircies.	O. S. O.	
Nuageux.	N. O.	
30 Idem.	N.	

Nombre de

		Etat des vents à midi.	Pluie par ces ve
Jours de pluie, neige, etc. 13		N, NNO, NO, ONO, 6	16,40
Id. tonnerre........ »		O, OSO, SO, SSO, 14 ⎱30	33,65 ⎱60
Id. gelée .... »		S, SSE, SE, ESE, 8	10,75
		E, ENE, NE, NNE, 2	»

DATES	À 9 H. DU MATIN.		À MIDI.		À 3 H. DU SOIR.		THERMOMÈTRE.		PLUIE exprim en millim
	barom. à 0°.	therm. extér.	barom. à 0°.	therm. extér.	barom. à 0°.	therm. extér.	maximum.	minimum.	
1	746,11	11,2	745,39	16,5	743,12	18,0	»	»	»
2	743,65	15,0	742,80	18,5	741,13	20,0	»	»	»
3	742,17	15,5	741,96	21,0	741,04	24,0	»	»	»
4	743,02	16,5	743,60	22,0	742,04	24,6	»	»	»
5	740,72	16,0	739,28	21,5	738,19	22,0	»	»	»
6	738,66	17,0	738,28	20,0	737,33	21,0	»	»	14,
7	738,53	16,0	738,46	17,5	739,18	16,0	21,0 à 1 h. 1/2	»	29,0
8	739,22	13,0	739,93	13,0	740,32	11,8	»	9,5 à 5 h. soir	4,5
9	744,32	7,0	744,52	9,7	744,71	10,5	»	4,5	0,8
10	745,71	8,5	745,36	12,0	744,27	14,5	»	»	»
11	742,40	13,0	741,88	18,5	741,52	14,5	»	»	11
12	749,03	11,0	749,84	14,5	750,55	17,5	»	»	»
13	750,54	13,5	750,00	18,3	748,00	19,8	»	»	2,1
14	740,20	16,0	739,02	16,8	738,02	17,2	»	»	1,1
15	738,24	12,0	737,86	14,5	737,14	15,7	»	»	7
16	739,60	14,8	738,80	16,5	738,54	17,5	»	»	
17	738,83	15,5	738,80	16,5	738,00	16,8	»	»	4,2
18	741,20	12,5	741,13	14,8	740,80	15,5	»	10,2 à 7 h. soir	
19	746,35	11,5	746,05	13,5	747,70	12,0	»	»	7,5
20	747,31	14,0	745,91	16,7	745,11	17,5	»	»	»
21	740,53	15,5	741,15	19,5	741,12	16,0	»	»	5,8
22	745,40	14,6	745,05	18,0	744,73	20,0	»	»	2,1
23	749,96	12,3	749,76	15,7	750,26	14,0	»	»	2,4
24	750,80	14,7	750,50	17,5	749,17	18,6	»	»	»
25	747,84	14,5	746,88	20,2	746,33	20,5	»	»	»
26	748,17	16,3	748,16	20,7	747,70	22,0	»	»	»
27	749,47	18,9	749,01	26,2	748,48	27,5	»	»	»
28	749,13	20,3	748,45	27,0	748,08	28,7	28,7	»	»
29	749,71	20,0	749,04	28,6	749,04	23,2	»	»	1,8
30	751,16	17,0	750,81	22,7	749,63	22,4	»	»	»
31	749,84	18,0	749,23	25,0	748,35	27,7	»	»	»
Moyenn⁰	744,65	14,5	744,30	18,2	743,74	18,8	28,7	4,5	96,1

Plus grande hauteur du baromètre   750,81
Plus petite   id.   ...   737,14
Moyenne   id.   ...   744,23
Période   id.   ...   0,91

ETAT DU CIEL. à midi.	VENTS à midi.	OBSERVATIONS particulières.
Beau.	N. N. E.	
Nuageux.	E.	
Quelques nuages.	E.	
Beau.	E.	
5 Nuages.	E.	
Pl. et grêle, orage, ton.	N.	
Nuageux.	N. N. E.	Tonnerre à midi, 2 à 3 h.
Pluie fine.	N.	
Voilé.	O.	
» Nuageux.	O.	
Couvert, un peu de pluie.	S.	Pluie le soir.
Nuageux.	N. N. O.	
Voilé en partie.	E.	
Nuageux, couvert.	S. S. O.	
5 Eclaircies.	S. S. E.	
Un peu de pluie par int.	S.	
Nuageux.	S. O. f.	
Idem.	S. S. O. t. f.	
Pluie.	N. N. O. t. f.	
20 Nuageux et voilé.	S.	
Nuageux.	S. S. E. variable.	Pluie de 4 à 5 h. orage, tonner
Idem.	S. S. O.	Pluie le matin et le soir.
Idem.	N. O. a. f.	Pluie le matin.
Idem.	N. N. E.	
5 Idem.	N. O.	
Beau.	N.	
Idem.	S. S. E.	
Nuages.	S. E.	
Nuag., pl. et orage, ton. vers 2 h.	O. N. O.	Orage à 1 h. 1/2, violent coup de tonn à 2 h., la foudre a tué 2 personnes la Moselle entre la digue de Wadrin et le pont des Morts.
30 Voilé par partie.	E. N. E.	
Beau.	S.	

Nombre de		Etat des vents à midi.		Pluie par ces vent	
Jours de pluie, neige, etc.	16	N, NNO, NO, ONO,	8	36,70	
Id. tonnerre........	4	O, OSO, SO, SSO,	6 } 31	10,65 } 96,	
Id. gelée..........	»	S, SSE, SE, ESE,	9	19,80	
		E, ENE, NE, NNE,	8	29,00	

À 9 H. DU MATIN.		À MIDI.		À 3 H. DU SOIR.		THERMOMÈTRE.		PLUIE exprimée en milli
barom. à 0°.	therm. extér.	barom. à 0°.	therm. extér.	barom. à 0°.	therm. extér.	maximum.	minimum.	
749,70	23,1	750,76	27,0	749,29	28,8	» à 2 h 30,2 à l'ombre en s. 41,0	»	»
749,49	24,8	748,75	28,2	747,10	29,6		»	»
749,23	23,4	749,34	28,0	748,74	29,8	»	»	»
748,91	22,8	748,13	27,1	746,77	30,1	»	»	»
745,63	25,5	745,49	23,3	744,43	31,5	» à 2 h 1/2 32,2 à l. en s. 43,0	»	»
746,56	24,8	746,51	28,8	745,95	30,5		»	5,0
747,62	23,5	747,45	26,0	746,38	27,8	»	»	2,8
743,42	22,8	741,97	26,0	739,89	25,3	»	»	7,2
739,72	15,5	739,55	18,8	738,99	18,2	»	»	9,5
738,92	15,0	738,46	17,0	738,14	15,0	»	9,5	13,3
736,69	10,3	738,00	12,0	738,38	14,0	»	10,5	5,4
743,02	12,3	743,77	16,4	743,67	16,7	»	10,0	
744,87	15,0	745,31	18,0	744,98	18,8	»	»	»
748,36	14,0	748,40	19,5	747,32	20,4	»	»	»
743,61	16,5	743,31	20,3	742,57	21,4	»	»	1,0
736,84	16,5	738,13	20,0	738,20	21,3	»	»	11,2
742,45	15,3	742,98	17,0	743,18	18,3	»	»	»
750,13	16,0	749,72	19,5	749,27	19,5	»	»	»
748,56	17,2	747,47	22,0	745,12	23,5	»	»	»
749,76	17,4	750,57	20,2	750,72	22,7	»	»	»
750,53	19,4	750,36	21,5	749,35	23,0	»	»	»
750,25	16,5	750,10	18,5	748,54	21,0	»	»	»
746,10	17,8	744,93	21,5	744,01	25,0	»	»	»
741,81	16,0	742,18	17,5	742,32	23,0	»	»	4,9
745,98	18,0	745,55	24,0	745,13	27,2	»	»	»
745,06	22,0	745,71	22,7	746,14	22,8	»	»	»
747,51	18,0	747,77	22,3	746,78	24,5	»	»	»
746,17	18,0	746,42	21,4	745,69	22,5	»	»	»
748,72	13,5	748,19	17,5	746,80	20,0	»	10,3	»
742,77	18,2	742,48	18,2	742,34	14,5	»	»	3,
745,61	18,3	745,59	21,5	744,87	22,9	32,2	9,5	64,1

Plus grande hauteur du baromètre   750,76
Plus petite   id.   ...   736,69
Moyenne   id.   ...   745,36
Période   id.   ...   0,74

ÉTAT DU CIEL à midi.	VENTS à midi.	OBSERVATIONS particulières.
Quelques nuages.	S. O.	
Nuages à l'horizon.	O. S. O.	Quelq. gouttes d'eau de 4 à 5 h.
Nuages.	S. S. O.	
Légers nuages.	E.	
Nuages.	S. S. O. a. f.	Quelques gouttes d'eau de 3 à 4 h., tonnerre dans le lointain.
Idem.	S.	A midi 1/2 quelques gouttes d'eau De 3 h. 1/2 à 4 h. 1/2, orage, pluie, tonnerre.
Quelques nuages.	E. S. E.	Orage le matin, pluie, tonnerre, orage le
Orage, ton., pl. par int.	S.	soir du côté du S. O., tonnerre lointain.
Nuageux et voilé.	N.	
Couvert.	N.	
Pluie.	N.	
Nuages.	N.	Pluie à 4 heures du matin.
Nuageux.	N.	
Nuages.	N. E. a. f.	
Couvert.	E.	
Pluie par intervalle.	O. N. O.	
Très-nuageux.	O. S. O. t. f.	
Idem.	E.	
Nuageux.	S. a. f.	
Idem.	O. N. O.	
Eclaircies.	O. S. O.	
Nuageux.	N. O. f.	
Beau.	S.	
Pluie.	O. N. O.	
Quelques nuages.	N.	
Nuageux.	O. S. O. f.	
Idem.	O.	
Idem.	O. a. f.	
Quelques nuages.	N. E.	
Un peu de pluie par int.	N. O.	

Nombre de		Etat des vents à midi.	Pluie par ces vents.
Jours de pluie, neige, etc.	11	N, NNO, NO, ONO, 11	48,00
Id. tonnerre........	4	O, OSO, SO, SSO, 9 } 30	» } 64,1
Id. gelée	»	S, SSE, SE, ESE, 5	12,25
		E, ENE, NE, NNE, 5	3,85

44

DATES	À 9 H. DU MATIN.		À MIDI.		À 3 H. DU SOIR.		THERMOMÈTRE		PLUI exprii en mill'
	barom. à o°.	therm. extér.	barom. à o°.	therm. extér.	barom. à o°.	therm. extér.	maxi- mum.	mini- mum.	
1	748,13	15,0	748,09	19,0	748,14	20,8	»	»	»
2	746,70	16,5	745,45	20,5	745,78	18,3	»	»	10,
3	746,92	19,5	745,53	20,3	744,19	24,8	»	»	»
4	742,60	17,4	742,94	7,5	742,18	18,0	»	»	} 31,
5	739,14	14,5	742,57	18,0	743,81	18,5	34,0	12,5	
6	751,57	15,0	751,62	19,7	751,62	21,0 22,5 à 4 h	34,0 au s. à 5 h	10,8	»
7	751,35	19,5	750,64	23,0	749,81	26,0	»	»	»
8	749,96	23,0	749,01	32,2	748,64	33,6	33,6 à L 44,5 au s.	»	»
9	749,97	26,0	748,85	28,8	748,61	30,0	»	»	»
10	752,01	21,0	751,49	24,2	750,96	26,3	»	»	»
11	751,74	20,0	751,28	23,0	750,60	25,0	»	»	»
12	749,55	19,0	750,02	23,0	749,46	25,0	»	»	»
13	748,70	19,3	748,74	22,2	748,02	22,8	»	»	»
14	749,02	19,5	747,29	23,0	747,35	24,5	36,2 au soleil.	»	»
15	746,50	18,5	745,90	23,3	745,49	25,2		13,0	»
16	746,23	19,5	745,58	23,0	744,96	24,7	»	»	»
17	744,74	19,0	744,18	23,3	743,70	25,5	»	»	»
18	741,13	20,0	741,37	19,0	740,98	21,5	»	»	4,
19	741,52	17,0	740,24	20,0	739,66	21,0	»	»	} 18,
20	737,40	15,0	737,40	15,5	737,00	16,5	»	12,2 le soir.	
21	743,94	14,5	744,47	15,5	745,01	18,5	»	10,3	1,
22	750,03	15,5	750,29	19,0	749,81	20,0	»	»	»
23	746,64	18,8	745,05	23,0	743,49	25,0	»	»	0,
24	742,28	16,0	739,70	17,4	737,81	15,8	»	»	12,
25	732,82	16,0	739,33	19,0	739,19	14,0	»	12 à 4 h	} 19,
26	741,93	16,3	742,21	18,5	741,38	19,5	»	»	
27	746,66	15,5	747,03	17,5	748,37	19,5	»	»	»
28	750,05	18,5	749,59	21,7	748,86	22,3	»	»	»
29	747,30	18,5	745,94	25,8	744,61	26,5	»	»	»
30	745,09	18,8	744,81	18,0	743,77	18,0	»	»	} 17,
31	742,54	17,5	743,94	19,2	744,68	20,0	»	»	
Moyenn²	746,20	18,1	745,86	21,1	745,45	22,3	33,6	10,3	106,1

Plus grande hauteur du baromètre   752,01
Plus petite   id.   ...   737,00
Moyenne   id.   ...   745,84
Période   id.   ...   0,75

ÉTAT DU CIEL à midi.		VENTS à midi.	OBSERVATIONS particulières.
	Nuageux.	N.	
	Idem.	O. S. O. t. f.	
	Voilé à l'horizon.	S. O. f.	
	Couvert, pluie.	O. S. O. t. f.	
5	Couvert, nuageux.	N.	
	Nuageux.	E.	
	Beau.	E. S. E.	
	Nuages.	S. E.	
	Gros nuages, un p. de pl.	N. N. O. a. f.	
10	Nuages.	N. a. f.	
	Beau.	N.	
	Quelques nuages.	E. a. f.	
	Nuages.	E. N. E. f.	
	Idem.	N. E. a. f.	
15	Nuageux.	E. N. E.	
	Idem.	N.	
	Idem.	O.	
	Pluie fine par inter. C.	S. O.	
	Nuageux.	S. O. t. f.	
20	Couvert.	S. O.	Pluie abondante à 4 h. 1/2 du matin, gros orage le soir de 7 h. 1/2 à 8 h. 1/2. Fort coup de tonnerre, pluie. La foudre est tombée au Sablon.
	Pluie fine.	O.	
	Nuageux.	O. N. O.	
	Idem.	S.	Un peu de pluie le soir.
	Pl. f. par int., tonnerre.	S. E.	
5	Nuageux.	S. O. a. f.	
	Idem.	O. S. O.	
	Idem.	O. S. O. f.	
	Idem.	S. O.	
	Idem.	S. O.	
30	Pluie.	S. O.	
	Nuageux.	O. S. O. f.	

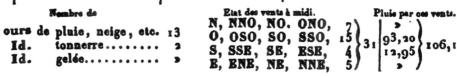

Nombre de
ours de pluie, neige, etc. 13
Id. tonnerre........ 2
Id. gelée.......... »

État des vents à midi.
N, NNO, NO. ONO, 7
O, OSO, SO, SSO, 15 } 31
S, SSE, SE, ESE, 4
E, ENE, NE, NNE, 5

Pluie par ces vents.
»
93,20 } 106,1
12,95
»

DATES	A 9 H. DU MATIN.		A MIDI.		A 3 H. DU SOIR.		THERMOMÈTRE		PLUI expri en milli
	barom. à o°.	therm. extér.	barom. à o°.	therm. extér.	barom. à o°.	therm. extér.	maxi-mum.	mini-mum.	
1	748,61	16,0	748,59	19,0	748,31	20,0	»	»	»
2	750,28	16,5	749,57	19,5	749,02	21,5	»	11,5	»
3	745,37	17,8	745,04	18,5	743,77	20,5	»	»	4,4
4	744,42	15,0	744,13	16,5	744,04	18,2	»	»	»
5	743,12	13,5	743,09	18,0	743,18	18,3	»	10,0	»
6	746,01	18,2	746,37	21,0	746,84	23,8	»	»	»
7	750,10	15,8	749,59	20,2	748,68	23,5	»	»	»
8	747,55	18,3	747,16	22,0	745,90	25,5	»	»	»
9	743,99	19,5	742,25	23,5	741,64	25,0	»	»	3,
10	743,72	19,8	744,04	23,0	744,70	20,0	»	»	19,
11	748,29	19,0	747,62	23,0	746,86	26,0	»	»	»
12	744,28	22,0	743,70	26,3	743,41	28,0	28,0	»	0,
13	743,18	19,0	743,24	22,0	742,24	23,0	»	»	0,
14	743,81	17,2	743,62	20,5	743,62	22,0	»	»	»
15	747,52	18,0	747,76	21,0	747,37	23,0	»	»	»
16	746,10	16,5	745,44	23,3	744,25	26,0	»	»	»
17	743,73	16,8	744,62	17,3	744,79	19,0	»	»	2,
18	746,44	16,0	745,94	17,5	745,04	20,0	»	»	1,
19	745,81	13,5	746,45	16,3	747,21	17,5	»	9,2	9,
20	754,39	12,5	754,79	16,4	754,60	18,8	»	8,5	»
21	755,68	12,0	754,68	17,5	753,83	20,0	»	8,5	»
22	751,62	15,5	750,77	19,0	749,60	21,8	»	»	»
23	747,81	17,5	748,12	22,0	747,51	23,0	»	»	»
24	747,93	18,0	747,63	22,5	747,56	18,0	»	»	8,
25	749,20	15,0	748,68	17,8	748,65	19,0	»	»	»
26	749,96	14,8	749,47	17,5	748,89	19,0	»	»	»
27	746,50	18,5	746,06	19,2	745,57	20,0	»	»	»
28	745,97	15,5	745,86	16,0	745,72	17,5	»	»	»
29	746,52	15,4	746,24	18,0	745,45	18,7	»	»	»
30	744,38	18,0	744,03	20,3	743,14	22,3	»	»	»
31	744,04	19,0	744,55	22,5	743,84	26,0	»	»	»
Moyenn⁵	746,94	16,8	746,71	19,9	746,17	21,5	28,0	8,5	49,

Plus grande hauteur du baromètre   755,68
Plus petite   id.   ...   741,64
Moyenne   id.   ...   746,61
Période   id.   ...   0,77

	ÉTAT DU CIEL à midi.	VENTS à midi.	OBSERVATIONS particulières.
	Nuageux.	O. S. O. f.	
	Idem.	O.	
	Presque couvert.	O. t. f.	
	Nuages.	N.	
5	Nuageux.	N. a. f.	
	Idem.	N. O.	
	Idem.	O. N. O.	
	Beau.	N.	
	Eclaircies.	S.	Coup de tonnerre vers 3. h. Le soir, 9 h. orage dans le lointain. Eclair côté de l'Oue t.
10	Nuageux.	S. a. f.	
	Idem.	S. O.	
	Idem.	S. S. O.	Un peu de pluie le soir. Orage et éc dans le lointain vers le S. O.
	Eclaircies.	O. S. O. a. f.	
	Gros nuages.	S. S. O. t. f.	
5	Nuageux.	O. f.	
	Nuages.	O. S. O.	
	Nuageux.	O. N. O.	Orage dans le lointain. Ecla
	Pluie par intervalle.	N. N. O.	Or. à 10 h. 1/2 du m. ton.
	Idem.	N. O.	
20	Nuages.	N. N. E. a. f.	
	Nuageux.	N. E.	
	Nuages.	N. N. E. a. f.	
	Nuageux	N.	
	Idem.	N.	Tonnerre à 2 h. 1/2.
25	Beau.	N.	
	Nuages.	N.	
	Eclaircies.	O. t. f.	
	Couvert.	O.	
	Nuageux.	O.	
30	Idem.	O.	
	Idem.	S. S. O.	

Nombre de		Etat des vents à midi,		Pluie par ces v
Jours de pluie, neige, etc.	9	N, NNO, NO, ONO,	13	12,25
Id. tonnerre	4	O, OSO, SO, SSO,	13 } 31	37,10 } 4
Id. gelée	»	S, SSE, SE, ESE,	2	»
		E, ENE, NE, NNE,	3	0,45

DATES	A 9 H. DU MATIN.		A MIDI.		A 3 H. DU SOIR.		THERMOMÈTRE		PLUIE expr. e mil
	barom. à 0°.	therm. extér.	barom. à 0°.	therm. extér.	barom. à 0°.	therm. extér.	maximum.	minimum.	
1	743,79	20,0	742,78	26,2	742,05	27,0	27,0	»	»
2	744,31	19,3	744,41	24,5	744,60	25,4	»	»	»
3	746,17	19,3	745,67	24,4	744,90	26,5	»	»	1,9
4	749,09	17,2	748,92	20,0	748,87	25,3	»	»	»
5	748,42	20,8	746,44	22,3	745,87	25,0	»	»	»
6	746,41	19,5	746,64	22,0	745,90	24,3	»	»	»
7	746,43	19,6	746,19	22,7	745,36	25,5	»	»	»
8	746,90	14,5	747,10	18,5	746,64	20,5	»	10,5	»
9	744,47	12,5	743,74	17,0	742,85	19,5	»	»	» .
10	737,77	17,5	736,33	21,5	735,01	20,0	»	»	0,
11	729,36	18,3	728,18	21,4	727,84	16,0	»	»	8,
12	733,66	16,8	732,88	20,0	732,08	19,3	»	»	} 8,
13	737,27	15,0	739,24	15,7	741,39	15,3	»	»	
14	746,31	12,8	749,61	15,5	751,79	15,8	»	»	»
15	752,37	15,3	752,10	17,2	751,01	17,0	»	»	»
16	750,43	11,5	750,12	18,5	749,34	21,0	»	8,0	»
17	749,43	12,0	748,96	17,8	748,37	20,3	»	»	»
18	751,59	10,7	750,89	14,8	750,56	15,0	»	7,5	1,85
19	754,24	12,3	754,20	14,0	754,23	14,0	»	»	»
20	753,06	12,7	751,90	15,0	750,49	16,0	»	»	1,65
21	748,97	11,5	747,89	16,0	747,89	17,3	»	»	»
22	748,68	12,5	747,27	16,5	746,49	18,3	»	8,0	»
23	746,84	13,0	745,92	17,3	745,37	18,5	»	»	7,50
24	744,71	15,0	744,13	18,0	743,38	18,0	»	»	3,5
25	743,13	12,5	743,13	17,0	743,19	18,2	»	»	»
26	743,85	11,0	742,67	20,0	742,58	19,2	»	7,0	»
27	742,07	14,5	741,45	20,0	740,59	20,3	»	»	»
28	744,66	13,3	744,23	17,5	743,96	19,8	»	»	»
29	744,09	15,0	743,58	15,5	741,45	17,8	»	»	»
30	736,54	15,8	735,85	18,0	735,81	16,3	»	»	11,7
Moyenn°	745,17	15,0	745,08	18,8	744,33	19,8	27,0	7,0	46,10

Plus grande hauteur du baromètre   754,24
Plus petite   id.   ...   732,08
Moyenne   id.   ...   744,86
Période   id.   ...   0,84

ÉTAT DU CIEL à midi.	VENTS à midi.	OBSERVATIONS particulières.
Beau.	S. S. E.	
Nuageux.	S.	
Nuageux et voilé.	S. E.	De 5 à 7 h., orage, tonnerre,
Légers nuages.	N.	un peu de pluie.
Légèrement voilé.	E.	
Beau.	E.	
Beau.	E.	Vent très-fort le soir.
Beau.	N. E.	
Quelques nuages à l'hor.	N.	
Nuageux.	S. S. E.	
Nuageux.	S. S. E. t. f.	Pl. le mat., gros orage de 2 h. à 2 h. et d., tonnerre, pluie. Le soir tempête.
Nuageux.	S. f.	A 3 h. et demie, tonn., pl., vent t.-viol.
Pluie.	S. violent.	
Nuageux.	O. N.	
Nuageux.	E.	
Beau.	E.	
Légers nuages.	N.	
Nuageux.	N. O. a. f.	
Nuageux.	N. N. O.	
Voilé.	N.	Pluie à 4 h. 1/2.
Nuageux.	E. a. f.	
Beau.	N. N. E.	
Légers nuages.	S. E.	Pluie le soir.
Nuageux.	O. S. O.	Pluie le soir.
Nuageux.	S.	
Voilé en partie.	E.	
Nuages.	E.	
Légers nuages.	E.	
Légers nuages à l'horizon	N. E.	
Nuageux.	S. O. t. f.	Vent très-violent le soir.

Nombre de
urs de pluie, neige, etc. 11
Id. tonnerre........ 2
Id. gelée .... »

État des vents à midi. Pluie par ces vents.

N, NNO, NO, ONO, 5 ⎱ 1,65 ⎱
O, OSO, SO, SSO, 3 ⎰ 30 ⎰ 32,75 ⎰ 46,10
S, SSE, SE, ESE, 9 ⎱ 9,80 ⎱
E, ENE, NE, NNE, 13 ⎰ 1,90 ⎰

DATES	A 9 H. DU MATIN.		A MIDI.		A 3 H. DU SOIR.		THERMOMÈTRE		
	barom. à o°.	therm. extér.	barom. à o°.	therm. extér.	barom. à o°.	therm. extér.	maximum.	minimum.	
1	736,48	16,5	736,60	17,0	736,56	16,0	»	»	
2	739,45	15,2	739,76	16,3	740,23	17,2	»	»	8,2
3	739,33	16,0	740,25	17,4	740,14	17,5	»	»	
4	733,68	17,5	733,52	20,0	733,35	19,2	20,0	»	5,10
5	741,72	10,5	743,95	11,5	744,08	13,5	»	»	»
6	744,71	9,5	744,44	13,5	744,37	14,0	»	5,0	»
7	737,35	11,8	734,32	14,7	731,88	14,3	»	»	9,
8	731,40	14,0	732,51	14,8	733,75	12,0	»	5,0	
9	746,64	9,0	746,51	12,1	746,19	12,0	»	»	»
10	742,88	5,5	741,08	11,7	739,61	12,0	»	4,0	»
11	730,42	8,0	728,76	9,0	728,67	9,0	»	»	8,20 / 10,50
12	730,30	8,9	730,36	10,2	730,95	11,0	»	»	12,7
13	734,60	9,0	735,47	10,2	735,90	11,5	»	»	
14	737,87	9,5	739,55	10,0	739,73	11,2	»	»	2,
15	745,59	7,5	745,35	8,0	745,30	8,3	»	»	0,
16	748,49	8,0	748,69	10,7	749,43	11,3	»	»	»
17	750,10	11,5	750,40	13,6	750,56	14,4	»	»	7,
18	756,14	8,0	755,52	13,5	754,99	16,0	»	5,5	»
19	753,55	8,8	751,79	14,5	749,77	16,5	»	7,0	»
20	747,38	10,0	746,57	14,8	746,24	16,0	»	»	»
21	744,95	11,5	744,20	15,0	743,58	16,2	»	»	»
22	751,46	11,4	751,75	14,0	751,88	16,3	»	»	»
23	754,68	10,0	754,41	15,8	753,48	15,8	»	»	»
24	754,96	9,0	754,70	12,5	753,87	13,5	»	»	»
25	752,38	10,0	751,65	12,8	748,69	13,0	»	»	»
26	747,30	13,0	746,84	14,9	746,00	14,8	»	»	1,
27	749,02	10,0	748,81	12,0	748,91	13,0	»	»	6,
28	753,56	14,5	754,51	16,0	756,37	16,0	»	»	»
29	761,94	10,0	762,26	11,1	762,38	12,5	»	»	»
30	757,62	6,0	754,51	10,0	753,42	11,0	»	3,0	»
31	743,50	3,5	740,72	7,2	739,62	12,4	»	»	»
Moyenn³	744,91	10,5	744,62	13,1	744,31	13,8	20,0	3,0	85,

Plus grande hauteur du baromètre ... 762,38
Plus petite id. ... 728,67
Moyenne id. ... 744,61
Période id. ... 0,60

	ÉTAT DU CIEL. à midi.	VENTS. à midi.	OBSERVATION particulières.
	Pluie par intervalle.	S. O. a. f.	
	Nuageux.	O. S. O. a. f.	
	Pluie par intervalle.	S. O. f.	
	Nuageux.	O. S. O. tempête.	} Tempête pendant la nu
5	Idem.	O. f.	
	Eclaircies.	S. S. O.	
	Pluie par intervalle.	S. a. f.	
	Nuageux.	S. O. a. f.	
	Idem.	N. O.	
10	Voilé et brouill. à l'hor.	E.	
	Pluie par intervalle.	E. N. E.	
	Pluie fine par intervalle.	O. S. O.	
	Couvert et pluie fine.	S.	
	Pluie par intervalle.	E. S. E.	
15	Pluie fine.	E.	
	Couvert et brouillard.	N. N. E.	
	Eclaircies.	S. O.	
	Beau.	O.	
	Idem.	E.	
20	Légèrem. voilé et brouill.	S. E.	
	Voilé et brouillard.	S. S. O.	
	Nuages.	N. N. O.	
	Couvert et brouillard.	S. O.	
	Idem.	S. E.	
25	Brouillard épais.	S. E.	Le brouillard était tel
	Pluie par intervalle.	S. S. O.	épais le soir qu'on n
	Pluie fine par intervalle.	S. S. O.	vait distinguer quelq
	Couvert.	N. N. O.	cinq pas.
	Assez beau.	E. a. f.	
30	Beau.	E. a. f.	
	Idem.	S. E.	

Nombre de

Jours de pluie, neige, etc. 13
Id.   tonnerre........ »
Id.   gelée.......... 1

État des vents à midi.

N, NNO, NO, ONO,   3
O, OSO, SO, SSO,   14
S, SSE, SE, ESE,   7
E, ENE, NE, NNE,   7

Pluie par

46,40
20,50
18,70

DATES	A 9 H. DU MATIN.		A MIDI.		A 3 H. DU SOIR.		THERMOMÈTRE		PLUIE exprimée en milli
	barom. à 0°.	therm. extér.	barom. à 0°.	therm. extér.	barom. à 0°.	therm. extér.	maximum.	minimum.	
1	739,16	1,0	739,02	8,5	738,91	10,5	»	− 0,3	»
2	740,52	7,0	739,73	10,8	738,54	12,8	»	4,5	0,7
3	736,58	8,8	735,41	10,9	734,29	12,3	»	»	} 2,2
4	733,68	10,0	733,41	13,0	733,28	13,0	»	»	
5	731,09	10,0	731,48	12,0	731,29	11,2	»	»	0,7
6	739,27	8,5	739,86	10,5	740,34	10,5	»	»	»
7	752,27	8,0	753,02	9,0	754,07	9,8	»	»	»
8	758,15	11,3	758,10	13,0	758,15	13,5	13,5	»	»
9	758,74	12,0	758,47	13,0	757,12	12,5	»	»	»
10	756,98	7,5	756,48	8,8	756,16	9,0	»	»	»
11	756,78	4,5	757,60	7,5	756,40	7,5	»	»	»
12	754,56	2,0	753,68	4,0	752,48	4,7	»	1,7	»
13	750,03	5,5	749,90	7,8	748,83	8,8	»	»	»
14	745,84	6,8	744,68	9,0	744,03	10,0	»	»	10,0
15	740,53	6,3	740,19	7,5	738,97	6,5	»	2	0,4
16	741,00	5,0	740,86	6,5	741,28	6,2	»	»	0,8
17	741,11	4,5	741,25	6,0	741,66	6,3	»	»	»
18	743,49	5,7	743,53	6,8	744,18	7,6	»	»	»
19	746,41	4,2	746,26	6,0	746,20	7,4	»	»	»
20	749,00	− 2,0	748,50	0,0	748,53	2,3	»	− 3,5	»
21	748,82	2,0	748,10	4,0	747,69	5,0	»	»	»
22	745,58	− 2,0	744,26	1,0	743,50	1,5	»	− 3,6	»
23	741,62	0,0	741,00	1,5	740,20	1,5	»	− 1,5	0,2
24	734,44	5,2	733,03	7,8	730,46	7,5	»	»	24,0
25	727,82	6,5	727,16	7,0	726,09	7,0	»	»	»
26	735,47	2,0	736,50	1,2	737,50	0,0	»	− 0,5	»
27	747,95	− 4,5	747,55	− 2,8	748,24	− 2,8	»	− 4,5	»
28	749,00	− 4,8	748,58	− 2,8	748,54	− 2,0	»	− 7,0	»
29	849,78	− 7,0	749,85	− 4,7	748,86	− 3,0	»	− 8,7	»
30	753,46	− 9,2	751,96	− 4,0	750,15	− 1,3	2,0 à 8 n. du s.	−10,2	»
Moyenn°	744,97	3,8	744,65	6,0	744,20	6,5	13,5	10,2	39,0

Plus grande hauteur du baromètre   758,74
Plus petite   id.   726,09
Moyenne   id.   744,61
Période   id.   0,77

	ÉTAT DU CIEL à midi.	VENTS à midi.	OBSERVATIONS particulières.
	Légers nuages.	E.	Forte gelée blanche.
	Nuageux et brouillard.	E. N. E.	
	Couvert, un peu de pluie	N.	
	Nuageux.	S.	
5	Couvert.	O. S. O.	
	Nuageux.	O. S. O.	
	Eclaircies.	S. O.	
	Voilé.	O. S. O.	
	Voilé.	S.	
10	Brouillard épais.	S. E.	
	Idem.	S. E.	
	Idem.	E.	
	Couvert et brouillard.	S.	
	Couvert et humide.	S. S. O.	Pluie à 11 h. du soir.
15	Nuageux.	O. N. O.	
	Nuag., pl. p. int. et gelée	O. N. O. f.	
	Nuageux.	E. N. O. a. f.	
	Idem.	N. O. a. f.	
	Idem.	N. E. a. f.	
20	Nuages.	N. N. E.	
	Idem.	N. E.	
	Nuages à l'horizon.	E.	
	Voilé et humide.	S. E.	
	Voilé.	S. S. O.	Pluie pendant la nuit.
25	Idem.	N.	La Moselle déborde.
	Pluie et neige.	N. E.	} Vent d'Est fort à 9 h. 3.
	Nuageux, un peu de neige de 9 h. à midi.	N.	
	Nuageux.	S.	
	Petits nuages.	N. E.	
30	Nuages par bandes.	S. E.	Le thermomètre marquait 2° 8 h. Pluie fine.

Nombre de		Etat des vents à midi.		Pluie par ces vents
Jours de pluie, neige, etc.	10	N, NNO, NO, ONO,	7	3,00
Id. tonnerre........	»	O, OSO, SO, SSO,	6 } 30	1,10 } 39,10
Id. gelée	9	S, SSE, SE, ESE,	8	34,95
		E, ENE, NE, NNE,	9	»

DATES	A 9 H. DU MATIN.		A MIDI.		A 3 H. DU SOIR.		THERMOMÈTRE	
	barom. à 0°.	therm. extér.	barom. à 0°.	therm. extér.	barom. à 0°.	therm. extér.	maxi-mum.	mini-mum.
1	746,68	3,0	747,11	4,0	747,77	4,0	»	0,3
2	747,46	2,5	746,66	4,5	746,46	4,5	»	0,2
3	735,82	.2,0	735,27	3,5	735,62	4,3	»	0,0
4	736,80	3,0	736,39	6,0	735,82	7,3	»	1,7
5	739,74	2,4	740,06	7,3	739,99	5,5	»	0,5
6	743,32	3,0	744,18	4,0	744,52	4,0	»	1,5
7	743,77	0,5	742,80	1,5	741,19	1,5	»	− 1,0
8	738,60	3,0	739,30	6,0	739,79	6,0	»	»
9	744,26	1,3	744,05	2,0	743,70	2,8	»	»
10	746,25	0,0	746,03	0,5	746,22	0,8	»	− 0,8
11	747,72	0,0	747,18	0,7	746,84	1,0	»	− 0,6
12	746,14	− 1,0	745,38	− 1,0	745,18	− 1,0	»	− 1,7
13	745,18	− 0,6	744,49	0,6	745,33	0,5	»	− 1,2
14	751,06	− 2,5	751,30	2,5	751,17	3,8	»	− 3,5
15	749,59	10,8	749,04	12,3	748,52	12,8	12,8	10,5
16	750,23	10,0	749,83	11,3	748,28	12,0	»	»
17	739,92	10,0	741,36	10,5	742,19	9,0	»	»
18	748,11	8,0	746,97	9,0	745,84	9,5	»	»
19	738,60	7,0	740,82	6,8	741,99	7,3	»	»
20	-48,33	3,8	746,52	3,8	746,44	3,5	»	»
21	752,37	0,2	753,32	0,7	753,44	0,8	»	− 0,5
22	753,97	− 0,3	753,83	0,2	753,74	0,3	»	− 0,8
23	754,93	− 0,6	755,63	0,5	755,43	− 0,6	»	− 1,0
24	755,37	− 7,0	754,85	− 4,0	754,21	− 1,5	»	− 8,5
25	757,14	− 3,8	757,65	− 2,5	757,09	− 3,0	»	− 4,5
26	750,78	− 2,8	749,72	− 0,8	747,31	− 0,4	»	− 3,0
27	731,81	1,0	728,61	2,0	728,00	2,4	»	0,0
28	725,30	− 3,0	726,20	− 0,8	725,99	− 2,2	»	− 3,8
29	734,67	− 4,0	734,27	− 2,8	733,94	− 3,5	»	− 4,3
30	736,97	− 1,0	741,13	− 0,5	741,12	− 0,9	»	− 1,3
31	750,78	− 1,7	751,83	0,2	752,60	− 1,0	»	− 2,5
Moyenneᵉ	744,86	1,6	744,84	3,0	744,67	3,0	12,8	−10,5

Plus grande hauteur du baromètre   757,14
Plus petite   id.   ...   725,30
Moyenne   id.   ...   744,79
Période   id.   ...   0,19

ÉTAT DU CIEL à midi.	VENTS à midi.	OBSERVATIONS particulières.
Nuageux.	O.	
Nuageux.	O.	
Voilé et nuages.	S. E.	
Nuages.	S.	
5 Nuages par bande.	S. E.	
Voilé.	E.	
Brouillard épais.	E.	
Couvert et brouillard.	S. E.	
Couvert.	N.	
10 Couv., quelq. floc. de n.	N. E.	
Couvert et brouillard.	E.	
Couvert et humide.	E. N. E.	
Nuageux.	E.	
Voilé et brouillard.	S. S. E.	
15 Couvert et humide.	O. S. O.	
Idem.	S. O.	
Pluie par intervalle. N.	O. S. O. tempête.	
Couv., humide et pl. fine	S. O.	Tempête pend. la nuit, vent
Couvert et pl. f. par int.	O. violent.	
20 Pluie par intervalle. C.	N. O.	
Nuageux et voilé.	N. E.	
Nuageux.	N.	
Idem.	E.	
Nuages légers.	N.	
25 Nuageux.	E.	
C., neige par intervalle.	S. O.	
Voilé.	O.	Vent fort le matin.
Idem.	O. a. f.	
Idem.	S. O. a. f.	
30 Idem.	N.	
Idem.	N.	

Nombre de

Jours de pluie, neige, etc. 13
Id.   tonnerre .... »
Id.   gelée 17

État des vents à midi.

N, NNO, NO, ONO, 6
O, OSO, SO, SSO, 11
S, SSE, SE, ESE, 5
E, ENE, NE, NNE, 9

31

Pluie par ecs v

4,950
1,745

6,

RÉSUMÉ

DES

OBSERVATIONS MÉTÉOROLOGIQUES

FAITES A METZ, PENDANT L'ANNÉE 1849,

PAR M. SCHUSTER.

Le journal des observations faites à Metz, pendant l'année 1849, est résumé dans les huit parties suivantes, savoir :

PRESSION ATMOSPHÉRIQUE.

PREMIÈRE PARTIE. — Moyennes mensuelles de la hauteur du baromètre à 0° de température.

Ces moyennes, pour l'année 1849, sont :

A neuf heures du matin	745,90 mm
A midi	745,67
A trois heures du soir	745,22

La hauteur moyenne, conclue des observations de neuf heures du matin et de trois heures du soir, est. 745,56

Elle diffère de la moyenne des observations faites à midi, de 0,11

SECONDE PARTIE. — Oscillations extrêmes du baromètre.

La plus grande hauteur du baromètre, dans
l'année, a été de....................... 765,77 mm
(Elle répond au 12 février).

La plus petite hauteur a été de.......... 725,30
(Elle répond au 28 décembre).

L'amplitude d'excursion, pendant l'année, a
été de................................. 40,47

La plus grande amplitude mensuelle a eu lieu
en octobre, elle a été de................ 33,74

La plus petite, en mai, a été de......... 13,67

TROISIÈME PARTIE. — Dépression moyenne du baromètre,
de neuf heures du matin à trois heures du soir.

Elle a été de.......................... 0,68 mm

TEMPÉRATURE.

QUATRIÈME PARTIE. — (Thermomètre centigrade). La
moyenne, pendant l'année, a été :

A neuf heures du matin .... 9°,7
A midi............................ 12°,4
A trois heures du soir.............. 13°,3

CINQUIÈME PARTIE. — Représente les variations extrêmes
du thermomètre, depuis le lever du soleil jusqu'à son
coucher.

Le maximum de température, qui répond au
8 juillet, a été........................... 33°,6
Le minimum, au 2 janvier.............. —11°,0
La plus grande course, pendant l'anné, a été
de................................... 44°,6

Sixième partie. — Donne la quantité de pluie recueillie par mois, le nombre de jours de pluie, celui de tonnerre et le nombre de jours où le thermomètre a été au-dessous de zéro.

La quantité de pluie, pendant l'année, a été
de.. .75,102 centim.

Le nombre de jours de pluie.......... 135

Id.   id.   de tonnerre....... 16

Id.   id.   de gelée 51

Septième partie. — Donne l'état des vents à midi.

Les vents septentrionaux et méridionaux ont régné dans le rapport de 1 à 1,2 environ.

Huitième partie. — Donne la quantité de pluie recueillie par les vents ci-dessus.

C'est dans le rapport de 1 à 3,3 environ.

	JANVIER.	FÉVRIER.	MARS.	AVRIL.	MAI.	JUIN.

PRESSION

PREMIÈRE PARTIE. — Marche

	JANVIER.	FÉVRIER.	MARS.	AVRIL.	MAI.	JUIN.
A 9 heures du matin.	746,83	753,91	747,82	738,85	744,65	745,61
midi	746,53	753,78	747,37	738,73	744,30	745,59
A 3 heures du soir...	746,03	753,33	747,04	738,49	743,74	744,87

DEUXIÈME PARTIE. — Oscillation

	JANVIER.	FÉVRIER.	MARS.	AVRIL.	MAI.	JUIN.
Maximum..........	760,43	765,77	762,61	752,23	750,81	750,76
Minimum..........	728,00	737,90	731,00	729,66	737,14	736,69
Différence	32,43	27,87	31,61	22,57	13,67	14,07

TROISIÈME PARTIE. — Période

	JANVIER.	FÉVRIER.	MARS.	AVRIL.	MAI.	JUIN.
De 9 heures du matin à 3 heures du soir.	0,80	0,58	0,78	0,38	0,91	0,74

TEMPÉ

QUATRIÈME PARTIE. — Marche

	JANVIER.	FÉVRIER.	MARS.	AVRIL.	MAI.	JUIN.
A 9 heures du matin.	1,6	3,8	3,9	8,2	14,5	18,3
A midi............	3,0	6,4	6,7	11,0	18,2	21,5
A 3 heures du soir ..	3,9	6,7	8,1	11,8	18,8	22,9

CINQUIÈME PARTIE. — Variations extrêmes du thermomètre

	JANVIER.	FÉVRIER.	MARS.	AVRIL.	MAI.	JUIN.
Maximum..........	10,0	12,0	15,5	18,5	28,7	32,2
Minimum..........	− 11,0	− 3,0	− 3,5	0,6	4,5	9,5
Différence	21,0	15,0	19,0	17,9	24,2	22,7

Nota. Le signe + est sous-entendu devant tous les nombres qui ne

AOUT.	SEPTEMB.	OCTOBRE.	NOVEMBRE	DÉCEMBR.

TMOSPHÉRIQUE.

oyenne du baromètre, à 0°.

46,20	746,94	745,17	744,91	744,97	744,86	. . . .	745,9
45,85	746,71	745,08	744,62	744,65	744,84	. . . .	745,6
45,45	746,17	744,33	744,31	744,20	744,67	. . . .	745,2

xtrêmes du baromètre.

52,01	755,68	754,24	762,38	758,74	757,14	Maximum . . .	765,7
737,00	741,64	732,08	728,67	726,09	725,30	Minimum . . .	725,3
15,01	14,04	22,16	33,71	32,65	31,84	Différence . . .	40,4

escendante du baromètre.

0,75	0,77	0,84	0,60	0,77	0,19	Moyenne 0,6

TURE.

oyenne du thermomètre centigrade.

18,1	16,8	15,0	10,5	3,8	1,6	 9,
21,1	19,9	18,8	13,1	6,0	3,0	 12,
22,3	21,5	19,8	13,8	6,5	3,0	 13,

ntigrade, depuis le lever du soleil jusqu'à son coucher.

33,6	28,0	27,0	20,0	13,5	12,8	Maximum . . .	33,
10,3	8,5	7,0	3,0	− 10,2	− 10,5	Minimum . . .	− 11,
23,3	19,5	20,0	17,0	23,7	23,3	Différence . . .	44,

nt pas précédés du signe —.

	JANVIER.	FÉVRIER.	MARS.	AVRIL.	MAI.

SIXIÈME PARTIE. — Quantité de pluie recueilli

	JANVIER	FÉVRIER	MARS	AVRIL	MAI	
Pluie recueillie exprimée en centimètres.	7,362	4,435	1,835	6,080	9,615	6,4
Nombre de jours de — pluie...	13	5	8	13	16	11
— tonnerre.	»	»	»	»	4	
— gelée...	9	5	10	»	»	

SEPTIÈME PARTIE. — É

	JANVIER	FÉVRIER	MARS	AVRIL	MAI	
N, NNO, NO, ONO.	4	10	8	6	8	1
O, OSO, SO, SSO.	14	15	9	14	6	
S, SSE, SE, ESE.	8	1	3	8	9	
E, ENE, NE, NNE.	5	2	11	2	8	

HUITIÈME PARTIE. — Pluie recueillie

	JANVIER	FÉVRIER	MARS	AVRIL	MAI	
N, NNO, NO, ONO.	0,350	»	»	1,640	3,670	4,{
O, OSO, SO, SSO.	6,035	4,435	1,835	3,365	1,065	
S, SSE, SE, ESE.	0,977	»	»	1,075	1,980	1,2
E, ENE, NE, NNE.	»	»	»	»	2,900	0,3

JUILLET.	AOUT.	SEPTEMB.	OCTOBRE.	NOVEMBR.	DÉCEMBR.	TOTAL.

nombre de jours de pluie, de tonnerre et de gelée.

JUILLET.	AOUT.	SEPTEMB.	OCTOBRE.	NOVEMBR.	DÉCEMBR.	TOTAL.
10,615	4,980	4,610	8,560	3,905	6,695	75,102
13	9	11	13	10	13	135
2	4	2	»	»	»	16
»	»	»	1	9	17	51

des vents à midi.

JUILLET.	AOUT.	SEPTEMB.	OCTOBRE.	NOVEMBR.	DÉCEMBR.	TOTAL.
7	13	5	3	7	6	88
15	13	3	14	6	11	129
4	2	9	7	8	5	69
5	3	13	7	9	9	79

les vents ci-contre.

JUILLET.	AOUT.	SEPTEMB.	OCTOBRE.	NOVEMBR.	DÉCEMBR.	TOTAL.
»	1,225	0,165	»	0,300	»	12,150
9,320	3,710	3,275	4,640	0,110	4,950	42,740
1,295	»	0,980	2,050	3,495	1,745	14,822
»	0,045	0,190	1,870	»	»	5,390

AGRICULTURE.

DEUXIÈME RAPPORT

SUR LA MALADIE DU FROMENT,

QUALIFIÉ BLÉ VIBRIONÉ,

PAR M. ANDRÉ.

MESSIEURS,

Vous avez jugé digne d'être inséré dans vos Mémoires de l'année 1848–1849, un rapport que j'ai soumis à votre appréciation, sur une altération du froment, désignée sous le nom de blé vibrioné.

Je vous ai annoncé que j'avais fait une plantation expérimentale dans un sillon de terre mis à ma disposition, en Plantiéres, par M. Simon–Louis, et que je suivrais avec attention le développement de la végétation des tiges et des épis, notamment au moment de la formation de la fécule dans le grain.

C'est du résultat de mes observations que je vais vous entretenir en ce moment :

Le blé employé pour semence provenait de la récolte de

M. Schoumaker, de Roupeldange; il était mélangé de grains sains et de grains atrophiés ou vibrionés.

La végétation ne présenta rien d'anormal jusque vers le mois de juin; à cette époque les feuilles de la plupart des plants commencèrent à se crisper, à se rouler en spirale, et dès que les épis parurent, et avant le développement de la fleur, ils furent examinés; ensuite l'examen fut continué tous les trois ou quatre jours. Voici le détail des faits observés :

Lors de la sortie de l'épi qui est d'un vert bleuâtre, on ne trouve dans la naissance du grain que le rudiment ou l'ovule de la grosseur d'un petit pois, d'une couleur verte assez semblable à celle de la tige; l'intérieur de l'ovule est occupé par des vibrions, en petit nombre, mais à-peu-près deux fois aussi longs et huit à dix fois aussi gros que ceux trouvés dans les blés altérés de Roupeldange.

Je crus d'abord que c'était une autre espèce de vers; mais les ayant observés de près avec un fort bon microscope de l'hôpital militaire, et aidé de M. Laveran, médecin en chef, et de M. Collignon, professeur de pharmacie et de botanique, qui examinèrent eux-mêmes ces vers, il fut reconnu qu'ils étaient bien réellement de même nature. C'était donc une variante nouvelle de la vie du vibrion.

Les uns sont diaphanes avec des canaux intérieurs bien caractérisés et transparents; les autres sont opaques et renferment dans un tube intérieur, ayant la forme d'un syphon, des œufs placés obliquement les uns à côté des autres et très-serrés; on peut supposer que la différence qui se trouve entre l'aspect de deux sortes de vers constitue les sexes mâle et femelle.

Les vibrions, à cette grosseur, montrent une bouche en forme de suçoir assez semblable à celle des sangsues : on la voit s'ouvrir et fonctionner.

Plus tard les œufs sont projetés dans l'ovule en nombre

prodigieux, ils forment de petits cylindres oblongs, ayant en longueur quatre à cinq fois le diamètre.

L'épi altéré ne fleurit point, l'ovule grossit et n'est point fécondé, on y rencontre cependant avec les vers et les œufs des globules de fécule; ce fait est intéressant à constater en ce qu'il prouve que la formation de la fécule est indépendante de la fécondation et de l'organisation du germe.

Vers la fin de juin, les œufs sont plus transparents, on y voit distinctement le vibrion tout formé, se remuer, glisser sur lui-même, se croiser en formant des nœuds, puis il dilate son enveloppe, la rompt et s'étend au dehors avec son mouvement d'oscillation.

Plus tard, quand tous les œufs sont éclos et les vibrions pleins de vigueur, les gros vers périssent; on n'en retrouve plus que la peau ou ses débris.

Enfin en juillet la chaleur arrête la végétation de la plante, elle blanchit et se sèche, l'ovule durcit, devient d'une couleur brune-fauve; la dessication ralentit peu à peu la vie des vibrions, ils se rassemblent et forment une petite masse d'une pâte blanchâtre, fibreuse, qui occupe tout l'intérieur de l'ovule, leur vie est suspendue, elle reste à l'état latent d'une manière indéfinie, jusqu'à ce que l'humidité vienne de nouveau leur rendre le mouvement.

Certes, Messieurs, voilà des faits bien extraordinaires qui nous ont été révélés par des observations attentives et souvent répétées. Nous trouvons là, dans des infusoires, par le moyen du microscope, toutes les circonstances de la vie animale la plus développée.

Maintenant j'arrive à une considération bien importante. La maladie qui existait dans les blés de M. Schoumaker, de Roupeldange, s'est reproduite dans le sillon que j'ai ensemencé en Plantières, avec ces mêmes blés; elle s'est reproduite avec plus d'intensité. Comment ce fait a-t-il pu avoir lieu?

Le blé vibrioné n'ayant point été fécondé, n'a point de germe et n'a pu faire naître les nouvelles plantes; celles-ci venaient évidemment du bon grain non altéré, cependant elles se sont trouvées attaquées des vibrions.

Cela ne pouvait arriver que de deux manières : la première, parce que les capsules remplies de vibrions, qui ont été semées dans le même champ avec les blés sains, étant gonflées par l'humidité du sol, les vibrions étant rendus à la vie, ont pu sortir de leur enveloppe et chercher les racines des blés en végétation, s'y attacher, entrer dans la circulation de la sève et produire les phénomènes que j'ai décrits.

Ou bien les bons grains eux-mêmes renferment aussi des vibrions.

J'étais peu partisan de la première hypothèse qui me semblait remplie de difficultés ou d'impossibilités, et très-disposé à me rattacher à la seconde.

Pendant toute la première partie de l'année, mes recherches furent vaines; enfin à l'automne, vers le temps de la semaille des blés, je plaçai en terre des blés de la récolte de Roupeldange, et, lorsqu'ils commencèrent à germer, je fis fréquemment des observations; pendant les premiers temps, je ne trouvai dans le grain germé que la fécule; mais vers le dixième jour de la plantation, une grande partie de la fécule ayant été absorbée par la végétation du germe et celle qui restait dans le grain formant un liquide laiteux très-clair, j'y trouvai des vers assez semblables aux vibrions, mais plus courts et en petit nombre.

Je supposai naturellement que cela existait de même dans l'acte de germination de tous les grains, j'en semai d'une autre provenance, et je répétai mes observations, mais sans résultat: je ne trouvai aucun ver, quel que fut le nombre de jours écoulés depuis le commencement de la germination.

Voilà donc un fait nouveau qui jette un grand jour sur la

question. Ainsi, lorsqu'on trouve dans une récolte des grains atrophiés ou vibrionés, on peut être assuré qu'il y a aussi des vibrions dans les grains qui paraissent sains, et c'est ce qui explique la reproduction de la maladie avec une plus grande intensité.

Cette maladie est assez répandue dans le département. Pendant tout un hiver j'ai examiné les blés amenés au marché de Metz : j'ai trouvé, dans un grand nombre, des grains vibrionés qui n'avaient pas été expulsés par le ventilateur.

Un fermier de Libaville, m'a assuré que dans une année, il en a extrait par le criblage des blés de sa récolte, environ 30 hectolitres, ce qui lui fit éprouver une perte considérable.

En allant pendant l'année avec une commission du Comice, visiter des fermes, j'ai rencontré dans les blés sur pied des plantes de blé dont les feuilles étaient crispées, roulées en spirales, et je reconnus que le grain renfermé dans les épis était vibrioné.

Il faut donc accorder une sérieuse attention à ces faits, qui peuvent se multiplier et avoir des conséquences funestes.

On conçoit que les vibrions qui existent dans le grain en germination puissent arriver dans l'ovule, s'y accoupler, produire des œufs qui donnent naissance à une infinité de vibrions, c'est la conséquence de leur organisation.

Mais comment dans le principe le vibrion peut-il se produire dans le bon grain? D'où vient-il? Voilà une question bien difficile à résoudre et qui est pourtant capitale dans les recherches sur les moyens de prévenir la maladie.

Le bon grain dans lequel se trouve le vibrion a déjà subi lui-même une sorte d'altération qui ne dépend ni du sol, ni de la saison; je l'ai fait entrevoir dans mon précédent rapport, en parlant des blés de Jouaville et des cultures voisines de celles de Schoumaker. Il faut donc qu'elle provienne de la nature des engrais. C'est dans ce sens que de nouvelles recherches pourront être utiles.

J'ai entretenu la Société nationale et centrale de Paris, de cette maladie du blé; elle y a pris un très-vif intérêt. M. Payen, secrétaire perpétuel de cette compagnie, m'a demandé un nouvel envoi de blé récolté; cet envoi a été divisé en quatre parties, distribuées à des membres qui doivent se livrer à des expériences, et faire un rapport qui me sera communiqué. J'aurai l'honneur de vous le faire connaître.

Tous les hommes instruits qui ont eu connaissance des faits rapportés, leur trouvent une singularité étonnante; on m'a montré, il y a quelques jours, une lettre d'un naturaliste de Paris, qui exprime une joie extraordinaire d'avoir reçu quelques grains vibrionés, et d'être mis sur la voie de cette maladie qu'il ne connaissait point. Elle est, en effet, par sa nature et sa nouveauté tout-à-fait digne d'occuper les sociétés savantes, et par conséquent l'Académie de Metz.

J'ai pratiqué cette année un nouvel ensemencement combiné de manière à obtenir de nouveaux résultats. J'aurai l'honneur, s'ils se produisent, de vous en rendre compte dans un troisième mémoire sur le même sujet.

D'APPRÉCIER LA SITUATION DES EXPLOITATIONS AGRICOLES,

PAR M. ANDRÉ.

———

MESSIEURS,

J'ai souvent envié l'heureuse position des littérateurs et des savants, qui ont, par la nature de leurs travaux, les moyens de captiver votre attention; et il m'est arrivé quelquefois d'avoir des regrets de m'être attaché à une branche aussi ingrate que l'agriculture dont les récits ne peuvent guère avoir d'attraits que dans les idylles.

C'est toutefois une branche si importante de la prospérité publique, qu'on ne saurait trop s'y attacher, et vous le faites bien voir en accueillant avec bonté les mémoires que je viens vous soumettre.

Je me propose aujourd'hui d'établir en chiffres les proportions qui existent ou doivent exister entre les diverses branches de l'exploitation rurale. C'est un travail qui n'a point encore été fait.

L'agriculture a ses préceptes ou ses maximes, qui sont pour elle ce que les axiômes sont pour la géométrie. L'une de ces maximes dit au cultivateur : « *Si tu veux des blés fais des prés* » c'est-à-dire, que les prés lui donnent les moyens de nourrir des bestiaux, d'avoir des engrais et de fumer suffisamment les terres pour en obtenir de bonnes récoltes.

Mais il y a une proportion entre la quantité d'hectares de prés nécessaires et la quantité d'hectares cultivés. Quelle est cette proportion? c'est le fait que je me propose de déterminer; j'en déduirai toutes les conséquences pour arriver à la situation normale d'une bonne exploitation.

Je n'approuve pas, on le conçoit, au point de vue de l'économie politique le parti qui a été pris par le propriétaire du domaine de Marivaux, de mettre toute l'étendue de la propriété en prairies; je doute qu'il y trouve du profit. Mais assurément avec un pareil système d'exploitation, s'il se généralisait, nous aurions de la viande et pas de pain.

Pour qu'une exploitation arrive à une situation perfectionnée dans laquelle tout est mis en valeur, il est nécessaire qu'elle ait 40 pour cent des terres en prairies, comme je vais le démontrer.

Il est connu et prouvé, j'en ai fait l'expérience pendant quatorze ans, qu'en fumant les terres tous les trois ans avec quinze voitures de fumier par hectare (environ 22 500 kilogrammes), on peut supprimer la jachère et obtenir un rendement au moins égal, qui est d'environ 18 à 20 hectolitres de blé par hectare, en prenant le blé pour terme de comparaison.

M. Royer, inspecteur d'agriculture, a dit dans son livre de *l'Administration des richesses* que si l'on pouvait fumer les terres tous les trois ans, ce serait la perfection de l'agriculture.

Admettons donc avec lui que ce soit là l'état normal; je ferai voir plus loin que ce n'est qu'une halte à moitié chemin du but auquel nous devons arriver.

Pour fumer, pendant trois ans, les terres d'une ferme

de 100 hectares avec 15 voitures de fumier par hectare, il faudrait 1500 voitures ou 500 voitures par année : il s'agit de les produire.

Il résulte des renseignements statistiques que j'ai établis pour les cantons de Pange, Faulquemont et Verny, que le produit par an d'un cheval ou bœuf, peut être évalué à 6 voitures 1/4 de fumier. Ce produit résulte aussi d'une expérience faite par M. Maillard, cultivateur à Puche, sur une écurie de 30 têtes d'animaux.

Si un cheval, bœuf ou vache donne par an 6 voitures 1/4 de fumier, il faudra 80 animaux pour produire 500 voitures.

Il ressort aussi des renseignements statistiques dont je viens de parler, qu'un hectare de prairies peut nourrir deux têtes de bétail. M. Royer dit lui-même avoir reconnu qu'il faut 50 ares de prairies pour nourrir un cheval ou bœuf, et par conséquent 40 hectares pour les 80 animaux.

On voit comme tout se tient, tout s'enchaîne, tout est proportionnel en agriculture ! Il s'ensuit, et c'est une remarque qui, je crois, n'a pas encore été faite, que si un terme de la proportion quelconque est donné, on peut à l'instant trouver tous les autres.

Si l'on m'indique une exploitation de 100 hectares qui n'a que 30 pour cent de prairies, je trouve qu'elle ne peut nourrir que 60 gros animaux, et qu'au lieu de fumer un tiers des terres ou 33 hectares 33 ares, elle ne peut fumer que 16 hectares 66 ares ; elle est forcée par conséquent de laisser 16 hectares 66 ares en jachère.

La jachère, comme on le voit, équivaut à une demi-fumure ou à 7 voitures 1/2 de fumier par hectare tous les trois ans.

Il s'en suit encore qu'il n'est plus rigoureusement nécessaire de visiter une exploitation dans tous ses détails pour la connaître, et que l'on peut ainsi, par le nombre d'hectares laissés en jachère, savoir la quantité d'engrais produits, la quantité de prairies et de bestiaux existants.

Je ne sais, Messieurs, si je me suis fait bien comprendre
dans l'exposé de ces détails, quoiqu'ils soient d'une extrême
simplicité; les proportions sont faciles à concevoir et peuvent
être utiles à l'Académie qui a tous les ans à examiner les
états de situation qui lui sont fournis sur les exploitations
pour concourir aux primes départementales; cela m'a donné
l'idée de faire un tableau de progression, pour une exploitation de 100 hectares ayant depuis 20 jusqu'à 40 pour cent
de prairies.

La 1re colonne donne le chiffre relatif de la proportion de
      prairies.

La 2e le nombre des animaux qui peuvent être nourris.

La 3e le nombre des voitures de fumier produit.

La 4e la quantité d'hectares qui peuvent être fumés tous
      les ans.

La 5e la quantité de terres qui restent ou doivent rester en
      jachère.

Autrefois quand le tiers des terres restait chaque année
en jachère, c'est que la proportion des prairies ne s'élevait
pas au-delà de 20 pour cent. Aujourd'hui dans quelques
exploitations si la jachère est supprimée, c'est que la proportion des prairies est de 40 pour cent. Les termes inter-
médiaires sont indiqués par l'échelle progressive ci-après :

HECTARES en PRAIRIES.	NOMBRE DE gros animaux ENTRETENUS.	VOITURES de fumier PAR AN.	HECTARES fumés CHAQUE ANNÉE.	HECTARES restant ou devant rester EN JACHÈRE.	RETOUR périodique DE LA FUMURE.
20	40	250	16,16	33,33	6 ans
21	42	262 1/2	17,50	31,66	
22	44	275	18,33	50 "	
23	46	287 1/2	19,16	28,32	
24	48	300	20 "	26,66	
25	50	312 1/2	20,83	25 "	
26	52	325	21,66	23,32	
27	54	337 1/2	22,50	21,66	
28	56	350	23,33	20 "	
29	58	362 1/2	24,16	18,32	
30	60	375	25 "	16,16	4 ans 1/2
31	62	387 1/2	25,83	15 "	
32	64	400	26,66	13,32	
33	66	412 1/2	27,50	11,66	
34	68	425	28,33	10 "	
35	70	437 1/2	29,16	8,32	
36	72	450	30 "	6,66	
37	74	462 1/2	30,83	5 "	
38	76	475	31,66	3,32	
39	78	487 1/2	32,50	1,66	
40	80	500	33,33	" "	3 ans

En comparant les chiffres de chaque ligne avec ceux de la dernière, qui représente l'état normal sans jachère, on connait le déficit existant dans la quantité de prairies, dans le nombre de bestiaux, dans la production des engrais et, par suite, le nombre d'hectares qu'il est nécessaire de laisser chaque année en jachère.

Il est bien entendu qu'en parlant de prairies, je prends l'hectare de bonne prairie ou de trèfle comme unité, l'hectare de pré sec pour demi, l'hectare de luzerne pour deux, l'hectare de racines pour quatre.

Je considère aussi les animaux comme étant d'un poids moyen de 400 kilogrammes à l'état vif; les petits animaux, comme les porcs et les moutons, à raison de dix pour un.

Il arrivera un moment où cette formule changera et où on l'établira à raison de l'entretien d'un poids vif de 32 000 kilogrammes de viande sur pied pour 40 hectares de prairies, ou 800 kilogrammes pour un : le nombre des animaux dépendra alors des poids des races existantes.

Il y a sans doute, dans ces régles proportionnelles, quelques exceptions qui peuvent dépendre de la plus ou moins bonne qualité des terres ou de leur préparation, du plus ou moins d'intelligence dans l'établissement de l'assolement ou succession des récoltes ; mais en général, avec de pareilles bases, on peut apprécier d'un coup-d'œil l'importance des produits et le degré de prospérité auquel est parvenu l'exploitant.

Supposons maintenant qu'une exploitation nous fournisse une situation qui s'écarte de ces régles , c'est-à-dire que pour un nombre de 60 animaux, par exemple, elle annonce faire plus de 375 voitures de fumier qui est le chiffre proportionnel indiqué au tableau ; on peut affirmer qu'il y a erreur, ou que les fumiers proviennent d'une plus grande quantité de litière, et alors leur valeur relative est réduite et ne donnera, en résultat, que les mêmes produits.

Supposons encore qu'une exploitation ayant 20 hectares de prairies ne nourrisse pas 40 animaux qui est la proportion relative, on peut dire qu'il y a perte ou gaspillage des fourrages. Si, au contraire, elle en nourrit un plus grand nombre, c'est qu'ils sont maigres ou mal entretenus.

Supposons enfin qu'une exploitation de 100 hectares qui avec 60 animaux devrait avoir, d'après la proportion indiquée, 16,66 en jachére , déclare en avoir moins , c'est qu'elle cultive alors avec plus de labeur, plus de dépenses, sans obtenir de meilleurs résultats.

Les conséquences d'une variation quelconque dans les ter-

mes de la proportion , sont l'indice d'une situation anormale
et se résument dans la quantité des produits qui sont et restent
relatifs. En un mot un terme quel qu'il soit de la proportion
étant donné , il fait à l'instant connaître l'importance de tous
les autres.

Vous voyez , Messieurs , que ces indications peuvent avoir
de l'utilité. Si l'administration départementale cherchait à
connaître tous les ans un des termes de la proportion , un
seul , comme le nombre d'animaux existants, nous pourrions
évaluer très-approximativement les produits, et lui dire positivement quels sont les progrès qui restent à faire à l'agriculture pour atteindre l'état normal ou la suppression complète de la jachère.

J'ai dit plus haut que cet état normal, supposé atteint, n'est
qu'une halte à moitié chemin du progrès que l'agriculture
doit faire ; et cela est heureux , car la population augmente
chaque année en France de 200 000 individus , et le produit
de 18 à 20 hectolitres de blé par hectare deviendrait bientôt
insuffisant.

Je reconnais, toutefois, qu'avec les engrais de ferme seuls,
il n'est guère possible d'aller au-delà ; car ces engrais poussent au développement excessif des tiges et des feuilles , et
s'ils étaient employés en plus grande proportion que celle
indiquée , ils feraient verser les récoltes sur pied et le
produit serait altéré et amoindri.

Mais avec les amendements qui sont à notre disposition ,
avec les engrais azotés provenant des sucreries, des huileries,
des fosses des villes , on peut obtenir un produit double.

En Flandre où l'on fait usage de ces engrais on obtient
40 hectolitres de blé par hectare ; M. de Gourcy, dans son
Voyage agricole en Angleterre et en Ecosse, nous présente
ce produit comme ordinaire dans les exploitations qui em-
ploient le guano ; on sait qu'en Egypte, sur le limon du
Nil, quand les alluvions sont cultivées pour la première fois ,
on récolte aussi 40 hectolitres par hectare.

Commençons donc par pousser toutes nos exploitations vers l'état normal de 40 pour cent de prairies ; et nous leur ferons connaître ensuite les moyens d'arriver, comme en Egypte par des amendements, comme en Flandre, en Angleterre et en Ecosse par des engrais azotés, à doubler leurs produits.

N'oublions pas qu'aujourd'hui la France est chaque année tributaire de l'étranger pour 15 millions de francs en blé, et 22 millions de francs en produits animaux, et que l'accroissement progressif de la population est là qui vient nous presser d'accroître sans cesse la production des subsistances.

Vous serez sans doute, Messieurs, frappés comme moi de la simplicité des formules que j'ai établies, et de l'enchaînement qui existe dans toutes les relations des proportions entre elles.

En généralisant ainsi les règles qui doivent gouverner une bonne exploitation, je crois faciliter l'instruction des cultivateurs et la direction qu'ils doivent donner à leur entreprise dans leur intérêt propre, si intimement lié à l'intérêt général.

MÉMOIRE

sur

L'AMÉLIORATION DE L'ESPÈCE CHEVALINE

Dans le département de la Moselle,

PAR M. SAMSON.

———

Si une nation ne peut être riche qu'en produisant elle-même les substances nécessaires à la vie , à l'entretien de sa population , elle ne peut être puissante et indépendante qu'à la condition de trouver aussi chez elle les éléments que réclame la garantie de sa sécurité, la défense de son territoire.

Le cheval est sans contredit un de ces principaux éléments. Sans chevaux de guerre la guerre n'est pas possible, et la nation qui n'a pas chez elle les moyens de faire la guerre, n'existe qu'autant qu'on veut bien le lui permettre. De la prospérité ou de la décadence des races chevalines peuvent donc dépendre l'existence et la dignité du pays.

Ces principes sont étrangement méconnus dans la plupart des départements de la France, où l'on ne crée de chevaux que pour les besoins de la localité , sans aucune vue commerciale , sans se préoccuper de cette idée que le cheval est une de nos plus puissantes machines de guerre, et qu'en le considérant et l'élevant comme tel, on satisferait les intérêts privés, en même temps que l'on concourrait à la puissance et à l'indépendance de la nation ; mais on préfère rester éternellement tributaire de l'étranger !

Cherchons les moyens de nous soustraire à cette ruineuse et avilissante servitude ; mettons-nous en position, dans l'hypothèse d'un blocus continental, de trouver chez nous un des principaux agents nécessaires pour parer aux éventualités de la guerre. Quel obstacle nous empêche de le faire ? ne sommes nous pas dans des conditions climatériques aussi favorables, plus favorables même que celles de nos voisins d'outre-mer qui sont parvenus à porter à un si haut degré de perfection l'industrie chevaline ? Notre sol n'est-il pas riche et de nature à nous fournir une saine et abondante alimentation ? Le nombre de chevaux que l'on nourrit en France ne nous assure-t-il pas que les fourrages ne nous feront pas défaut ? Ce n'est certes pas la quantité de chevaux qui nous manque, mais bien la qualité. Comme un cheval distingué ne mange pas plus qu'un cheval commun, il en résulte que nous sommes en situation d'élever des chevaux de prix, à la condition toutefois que nous aurons des reproducteurs.

Quels sont les reproducteurs que l'on peut introduire aujourd'hui dans notre département ?

La perfection étant le but que tout éleveur doit se proposer, sinon d'atteindre, du moins d'approcher le plus près possible, il serait à désirer que les reproducteurs pur sang, fussent moins rares et moins chers ; car l'accouplement de deux pur sang donne immédiatement ce que par les croisements et le temps on peut souvent ne pas obtenir. Mais j'attends une objection de la part d'un cultivateur-éleveur : « Nous avons devant les yeux, me dira-t-il, les pertes d'argent et les déceptions de tous genres qu'ont éprouvées la plupart des hommes dont la fortune leur a permis de se livrer à l'industrie du cheval fin et qui ont jugé prudent d'y renoncer. » A cela je répondrai :

« Vous n'avez pas, comme ces derniers, d'industrie à créer, puisque vous élevez des chevaux ; vous n'avez que des améliorations à faire. D'ailleurs les fâcheux résultats qu'on déplore, les insuccès que l'on compte n'ont—ils pas été plutôt la conséquence d'un système vicieux que des obstacles auxquels on les attribue ? » En effet des éleveurs, plus zélés que prudents, auxquels on doit savoir gré pourtant de leurs tentatives et de leurs intentions, des éleveurs, dis—je, sans apprécier la nature et les vertus du sol sur lequel ils devaient opérer, ont rassemblé des juments de toutes races, leur ont donné des étalons décousus, dont le seul mérite était d'avoir franchi dans un temps plus ou moins court une distance donnée, et d'être arrivés au but avant leurs rivaux, mieux conformés et plus propres à la reproduction que les vainqueurs dont les organes génitaux avaient été atrophiés par l'abus des purgatifs drastiques dont on fait habituellement usage dans l'entraînement des chevaux de course, dans le but d'exalter momentanément leur énergie. D'autres, ayant acheté chèrement des pères et des mères, soit arabes, soit anglais, vantés, par le charlatanisme, comme les plus remarquables dans l'importation de ces races, ont encore éprouvé des insuccès par les mauvais produits que leur ont donnés des accouplements hétérogènes.

De toutes ces causes de désastre il ne serait pas logique, selon nous, d'inférer que l'élève du cheval fin ne peut être que préjudiciable à ceux qui l'entreprennent. Nous ne prétendons pas, cependant, faire naître ici de nouvelles industries chevalines ; seulement nous cherchons à persuader ceux qui élèvent des chevaux chétifs, mal conformés, qu'il est de leur intérêt et de l'intérêt du pays de changer ou de modifier leurs races.

Si, en raison des difficultés de se procurer des étalons, en raison des soins plus assidus qu'ils semblent réclamer, en raison de la lenteur de leur accroissement, le cultivateur ne peut se livrer à la production des chevaux de pur sang, est-ce

un motif pour retomber dans le cheval commun , purement
de gros trait ? — Les besoins du pays ne le demandent nul-
lement. D'autres contrées de la France produisent en grand
nombre et avec succès des chevaux de roulage, de poste et de
diligence. L'élève de ces dernières espèces périclite dans notre
département ; car nous avons eu malheureusement occasion
d'observer, et nous observons chaque jour, que les étalons percherons introduits dans la Moselle ne produisent rien de bon.
Cela s'explique : le cheval percheron, — en admettant même
ce qui n'est pas, en admettant que l'on ait amené ici le véritable percheron , — est un cheval susceptible de faire un bon
service ; mais considéré comme étalon — destiné à saillir des
juments lymphatiques comme la majorité de celles que nous
possédons dans notre département, — ce cheval ne convient
pas, parce qu'il n'a rien à donner.

Lorsqu'il est pur il donne, avec des juments qui ne lui sont
pas inférieures, des produits aussi bons que lui, même supérieurs à lui si ces produits sont nourris de grains, comme
dans le Perche, et non la plupart du temps d'herbe, ainsi
que cela se pratique dans notre localité. Nous n'avons donc
à attendre des prétendus percherons que l'on nous a amenés
que des produits sans énergie, décousus, monstrueux, sujets
à la fluxion périodique et à toutes les maladies inhérentes au
tempérament lymphatique, que le peu de sang de l'étalon n'a
pu modifier chez leurs mères et dont ils hériteront tous,
inévitablement, si une alimentation tonique ne vient produire
sur leur économie une influence salutaire.

C'est ici le lieu de faire observer que l'appareil digestif du
cheval indique que cet animal est plutôt granivore qu'herbi-
vore , que les aliments qui lui sont destinés doivent contenir
beaucoup de substances nutritives sous un petit volume.
Aussi , lorsqu'il est forcé de digérer une grande masse d'a-
liments peu nutritifs , le voit—on bientôt s'éloigner de son
type primitif. C'est avec raison que l'on a dit que pour faire
un cheval il faut le père, la mère et le sac d'avoine.

Ce n'est que par une alimentation appropriée à la nature des individus, qu'il est possible d'améliorer les races.

Admettant, d'une part, que la nécessité nous force à renoncer, quant à présent, à l'élève du cheval pur sang ; étant démontré, d'autre part, que la production du cheval commun ne présente aucun avantage, il serait important de trouver, entre ces deux extrêmes, un terme moyen qui viendrait concilier tous les intérêts, ceux de l'éleveur comme ceux du pays. Ce terme moyen c'est le cheval de chasse anglais (*hunter*), ou le petit carrossier normand, cheval d'un mètre 55 à 60 centimètres, tête carrée, œil bien ouvert, physionomie expressive, encolure longue, dégagée vers la tête,—condition essentielle pour le cheval de selle—poitrine large, profonde, côtes rondes, ce qui indique que l'organe principal de la respiration a un grand volume ; garrot bien sorti, épaule longue, oblique, rein court, dessus droit, croupe large et horizontale ; bien culotté, jarrets larges, secs, bien évidés ; avant-bras volumineux, interstices musculaires prononcées dans toutes les parties du corps ; canons secs, larges et plats, tendons bien détachés ; bonne saboture, aplombs parfaits, allures légeres et vites. Un tel cheval est à toutes fins ; il peut s'atteler à la charrue, au tombereau ; il est cheval de poste, de selle, il est susceptible de s'atteler à la voiture de luxe comme au charriot de roulage ; il peut servir à l'artillerie comme à la cavalerie de toutes armes, en admettant les variétés de taille qui surviendraient, nécessairement, sous l'influence d'une infinité de causes dont l'énumération trop longue m'entraînerait hors des limites dans lesquelles je me suis proposé de me circonscrire......

Un tel cheval en rendant à l'agriculture un meilleur service que le cheval commun, présente l'avantage d'être d'une facile défaite ; de permettre à l'éleveur de tirer parti de son fourrage, qu'il consomme en pure perte en le don-

nant à des animaux de minime valeur. Ajoutez à cela l'intérêt national, l'immense avantage de remonter chez nous
notre armée en nous affranchissant de l'énorme tribut que
chaque année, nous payons à l'étranger......

Cet étalon demi-sang convient à la monte de la plupart
de nos juments. Comment se le procurer? Peu d'éleveurs
pourront ou voudront le faire. La nécessité commande impé-
rieusement à l'état de s'en occuper.

1° Il serait extrêmement important qu'il y eût dans le
département une certaine quantité de ces étalons entretenus
aux frais de l'état.

2° Les saillies devraient en être gratuites.

3° L'éleveur présenterait sa jument à une commission
instituée *ad hoc*. Si la jument n'était pas digne de l'étalon
de l'état, elle serait privée de la saillie. Ce serait un moyen
bien puissant pour stimuler le zèle des éleveurs à se procurer
de bonnes poulinières.

A défaut du concours immédiat de l'état, l'administration
départementale agirait dans l'intérêt de tous en essayant sur
une petite échelle les améliorations que nous proposons,
par l'achat de quelques-uns de ces étalons qui seraient re-
vendus à l'enchère.

Pour nous résumer, nous disons que le cheval de guerre
est d'une importance telle que, dans des circonstances données, le salut du pays peut en dépendre.

Qu'il est impossible, quant à présent de se livrer à l'élève
du cheval de pur sang.

Que la production du cheval commun, purement de trait,
ne présente aucun avantage.

Que le cheval de chasse anglais, ou petit carrossier normand,
tout en satisfaisant à toutes espèces de travaux, devient un objet de spéculation pour l'éleveur, est d'une facile défaite, et
concourt puissamment, en remontant notre armée, et en nous
affranchissant d'un lourd tribut, à l'honneur et à l'indépendance de la nation.

Un nouveau mode de Culture et d'Echalassement de la Vigne,

PAR M. COLLIGNON, D'ANCY.

———

Les pénibles travaux et les ouvrages si multipliés que la culture de la vigne exige dans la plupart des vignobles de la France, m'avaient porté depuis longtemps à diriger mes études vers la viticulture. En m'occupant de cette branche importante de notre agriculture nationale, je n'avais pas oublié qu'un savant agronome, dont s'honore la France, avait dit, il y a déjà près d'un siècle : « *que celui qui aura trouvé le moyen de se passer d'échalas, aura bien mérité du pays, et que son nom sera à tout jamais en mémoire aux vignerons.* »

Aussi, Messieurs, quand le travail auquel je m'étais livré sans consulter mes forces, présentait des difficultés qui me faisaient craindre de ne pouvoir accomplir la tâche difficile que je m'étais imposée, j'interrogeais mes souvenirs, et je me rappelais qu'à une époque déjà loin de nous, la suppression des échalas était envisagée comme un grand bienfait, et comme le problème le plus heureux de toute l'œnologie.

Le nouveau système d'échalassement de la vigne a-t-il complétement résolu ce problème ? Intéressé comme je le suis, dans cette question, je n'ose me prononcer pour l'affir-

mative, malgré l'accueil favorable, fait à mes premiers
essais et la popularité dont commence à jouir ce nouveau
mode de culture.

Vous-mêmes, Messieurs, n'avez-vous pas apprécié l'empressement avec lequel nos vignerons intelligents ont adopté
et mis en pratique cette innovation ? Peut-être est-il à votre
connaissance que le nombre des expérimentateurs, qui en
constatent les avantages, va tous les jours croissant. Aussi,
quand bien même le temps et l'expérience introduiraient
quelques modifications dans ma méthode, il me restera,
j'ose l'espérer, le mérite de l'initiative et l'honneur d'avoir
fait faire un progrès à la science œnologique.

Si ce progrès n'a pas pris jusqu'à ce jour un plus grand
développement, je l'attribue d'abord à la lenteur avec laquelle
se propagent ordinairement les nouvelles méthodes, en agriculture surtout; ensuite aux attaques incessantes auxquelles
a été exposé le nouveau système d'échalassement

Des hommes membres d'associations agricoles, des hommes
qui se croient les amis du progrès et les partisans de l'amélioration du sort des classes laborieuses, ont poursuivi de
leurs critiques un système qu'ils ne connaissaient pas, et
qu'ils n'ont pas même encore expérimenté.

Je savais très-bien, Messieurs, qu'en livrant à la publi-
cité une innovation agricole, je ne pouvais échapper à la
sévère investigation des expérimentateurs, mais cette investigation, selon moi, devait être impartiale et consciencieuse.
Loin d'appréhender une critique loyale et judicieuse, je l'ai
toujours accueillie avec bonheur. Je viens, Messieurs, vous
en donner une nouvelle preuve en vous faisant juges de
la valeur des diverses objections qui m'ont été présentées et
des observations que mon expérience en œnologie me fait
un devoir d'y ajouter.

On a dit que le nouveau mode de culture et d'échalassement de la vigne devait être abandonné « *à cause des*

courants d'air qu'il favorise; à cause que les fruits ne sont point assez abrités. »

Si cette assertion était de quelque valeur, les lois qui régissent la nature ne seraient donc plus immuables, et dans cette hypothèse, l'air, la lumière et le soleil, ne seraient plus les principaux agents de la végétation? Une telle supposition, si elle pouvait être admise, ne mériterait, selon moi aucune réfutation sérieuse.

Si la plantation en rangées parallèles n'était point favorable à la prospérité de la viticulture, pourquoi l'Allemagne tout entière aurait-elle depuis un temps immémorial adopté ce mode de plantation? Pourquoi serait-il pratiqué dans un grand nombre des départements vinicoles de la France? Pourquoi prendrait-il tous les jours de nouveaux développements? Pourquoi enfin, des sociétés d'agriculture, celle de Nancy entre autres, décerneraient-elles des récompenses honorifiques aux propagateurs de cette méthode?

Ce mode de plantation n'est donc pas une invention nouvelle, tant s'en faut. Eh bien! la culture qu'une telle disposition des ceps exige, ne l'est pas davantage.

Roger Schabol, agronome distingué, est l'auteur d'un système de culture et d'échalassement de la vigne, qui a beaucoup d'analogie avec le mien. Ce système est mis en pratique dans un grand nombre de nos départements. Il consiste à disposer les plants par rangées parallèles plus ou moins espacées. Les ceps sont attachés à deux rangs de perches superposées transversalement et fixées à des pieux placés de distance en distance. Quand les sarments ont dépassé la hauteur de ces perches, ils sont accolés ou inclinés le long du rang supérieur, et forment, dans toute sa longueur, une sorte de couronnement. L'établissement de ce système coûte fort cher et l'entretien en est assez dispendieux; tandis que la méthode de fil de fer, telle que je la propose, réunit l'économie et la solidité à une très-longue durée et ne demande aucun entretien annuel.

« La méthode de Roger Schabol, dit M. de Berneaud, dans son *Manuel du Vigneron français*, procure une quantité prodigieuse de raisins qui profitent d'autant plus que la séve est plus échauffée et que les bourgeons ayant *plus d'air* sont plus favorisés des rayons du soleil; au moyen de quoi ils mûrissent plus vite et acquièrent un goût supérieur. »

« Un autre avantage non moins remarquable est l'alongement des bourgeons qu'on n'arrête qu'après qu'ils ont jeté leur feu. La vigne ne s'épuise pas d'abord pour la formation successive des faux bourgeons qui empêchent la souche de profiter, et l'obliquité des bourgeons opère une répartition de la séve plus réglée et plus utile à toute la plante. »

Le même auteur ajoute encore : « La vigne, dans le Nord, doit être plantée en rangées parallèles suffisamment espacées. Il faut que les ceps soient rapprochés et tenus à une faible élévation du sol. Pour donner à la *circulation de l'air plus de jeu* et absorber plus facilement et plus promptement l'humidité, il faut *palissader* les rangées et ne point permettre aux sarments de s'étendre de tous côtés. »

On a dit encore que le nouveau système devait être abandonné, « *à cause que le provignage sera mauvais, attendu que l'on sera dans la nécessité de superposer continuellement les souches les unes sur les autres.* »

Cette assertion est complètement erronée; car le vigneron le moins intelligent comprendra de lui-même, qu'il pourra sans aucune difficulté diriger à droite et à gauche de ses premiers provins toutes les souches des ceps qu'il destine au provignage, et que dans la suite il arrachera successivement ces vieilles souches, qui sont toujours nuisibles à la prospérité du cep, pour faire place à de nouveaux provins.

D'ailleurs si le provignage offre de grands avantages, il a aussi de graves inconvénients; c'est pour remédier à ces inconvénients que j'ai proposé un autre mode de rajeunissement de la vigne auquel j'ai donné le nom de *marottage*. Mais, comme le mérite de cette innovation n'a pas été que je sache, contesté jusqu'à ce jour, je m'abstiendrai d'en faire ressortir les avantages.

Quant à la culture de la vigne proprement dite, comme je n'ai fait qu'une nouvelle application des principes déjà connus, l'expérimentateur ne doit pas espérer qu'il affranchira ses nouvelles vignes des accidents, dont ni le temps, ni l'expérience n'ont pu jusqu'à ce jour, entièrement préserver les anciennes.

Ainsi, par exemple, une vigne provignée à l'arrière-saison donnera à la vérité une végétation précoce, mais des fruits qui souvent mûriront tardivement et se flétriront quelques fois. Quant au rapport des provins, il sera d'ordinaire inférieur à celui des autres vignes.

En règle générale, dans l'un et l'autre système, la première condition de réussite dépendra toujours d'une culture bien entendue; car nos vignerons savent tous qu'un cep auquel on a laissé trop de raisins donne des fruits qui n'acquièrent jamais un degré de maturité parfaite; et l'expérience leur a prouvé qu'une seule des dernières façons, si elle est donnée à la vigne quand la terre est humide, suffit pour exposer cette vigne aux accidents de la brûlure et pour retarder la maturité des raisins.

J'aurais encore à répondre à quelques autres objections; mais elles sont de si peu de valeur que je crois devoir les passer sous silence. Une seule, par son importance, mérite une réfutation sérieuse : je veux parler de la grêle et des désastres qu'elle peut occasionner. Dans mon travail sur la vigne, je m'exprime ainsi à ce sujet: « La grêle est un fléau qui nous attaque rarement. Si elle tombe d'aplomb, la guirlande qui couvrira la seconde ligne de fer protégera les raisins; si sa direction est la même que celle des rangées de ceps, ceux-ci seront moins maltraités que dans les vignes dont les ceps sont plantés à des intervalles inégaux, puisqu'ils se protégeront tous les uns les autres ; enfin si la grêle frappe obliquement, une rangée protégera l'autre.

Ce fléau, dont malheureusement nous avons été atteints ces deux dernières années, a pleinement justifié mes prévisions dans plusieurs hectares de vignes cultivées selon la nouvelle méthode de fil de fer.

Il me reste à vous entretenir, Messieurs, d'une légère modification que j'ai fait subir au nouveau système. Cette modification consiste dans la suppression de la première ligne de fer, ainsi que dans l'économie de la paille pour les trois façons données à la vigne qui en ont, jusqu'à ce jour, nécessité l'emploi. Bien que les résultats de cette expérimentation aient été des plus satisfaisants, je crois devoir vous faire observer que cette innovation ne pourra pas se pratiquer indistinctement avec tous les cépages. Les cépages les plus favorables à cette nouvelle culture sont le Liverdun et le Ricey de Bourgogne, dont les ceps, tenus à une faible élévation du sol, se soutiennent assez par eux-mêmes pour rendre inutile le secours de la ligne inférieure.

Quand bien même un propriétaire ne profiterait pas de ces nouveaux avantages dans la généralité de ses vignes, il n'en demeure pas moins constaté que dans celles où il introduira cette amélioration, il obtiendra une notable économie dans les premiers frais d'établissement, dans la main-d'œuvre, ainsi que dans la suppression de la paille, dépense souvent onéreuse au vigneron.

Je finis, Messieurs, en faisant un appel à tous les viticulteurs. Je viens les solliciter de faire l'expérimentation du nouveau mode de culture et d'échalassement de la vigne. Si mon appel est entendu je m'en féliciterai, parce que dans un avenir prochain, j'aurai acquis la preuve d'avoir allégé les rudes labeurs de la classe intéressante des travailleurs viticoles.

SUR LES EXPÉRIENCES FAITES PAR M. KLEINHOLT,

RELATIVES A LA MALADIE DES POMMES DE TERRE.

———

M. Kleinholt a continué pendant l'année 1849, les expériences qu'il avait commencées précédemment sur la maladie de la pomme de terre.

Il a cultivé une très-grande variété de ce tubercule et a fait trente-deux expériences différentes sur sa culture.

Je me bornerai, Messieurs, à vous en faire connaître seulement quelques-unes, et particuliérement celles dont les résultats ont paru les plus concluants à votre commission.

1re *Expérience du 1er novembre* 1848. — Pommes de terre plantées dans une cave et provenant déjà d'une même plantation en 1847.

Résultats. — Elles ont produit des tubercules sains, mais peu riches en fécule.

5me *Expérience du 7 novembre* 1848.— Sept tubercules presqu'entiérement gâtés, de la récolte 1848, mis en végétation dans un panier suspendu à la voûte d'une cave, ont produit des pommes de terre extrêmement saines, mais en très-petite quantité.

50

7ᵐᵉ *Expérience du* 21 *mai* 1849. — Plantation de 50 plantes, de chacune des espéces de pommes de terre suivantes provenant d'un semis fait sur couche tiéde, le 26 février 1849.

Résultats. — Semis de pommes de terre de Rohan, un cinquiéme gâté; de diverses variétés en mélange, un tiers gâté; semis de graines de pommes de terre des Cordilliéres, la moitié gâtée.

Enfin douze semis de différentes espéces faits dans les mêmes conditions, ont presque tous donné des produits atteints de la maladie, dans la proportion d'un treiziéme à la moitié, selon leur plus ou moins de précocité.

9ᵐᵉ *Expérience du* 11 *février* 1849. — Plantation sur une même ligne de vingt tubercules dont dix de ces plantes ont été fauchées le 10 août 1849, et ont produit le 10 septembre suivant des pommes de terre trés-saines, tandis que celles des dix autres plantes non fauchées étaient les deux tiers tachées.

15ᵐᵉ *Expérience.* — Plantation comparative de diverses variétés de pommes de terre les plus susceptibles aux influences de la maladie.

Cette plantation a été divisée en deux parties égales, contenant l'une et l'autre, les mêmes variétés et même nombre de tubercules.

Le 15 juin, une de ces plantations a été entiérement recouverte de vitraux élevés à 70 centimètres au-dessus du sol.

Résultats. — Tous les produits des pommes de terre venus sous vitraux, arrachés le 10 septembre et à la fin d'octobre ont été trés-sains, tandis que ceux de la plantation comparative étaient complétement atteints de la maladie.

Votre commission a remarqué que toutes les parties foliacées qui se trouvaient à l'extérieur des vitraux, étaient complétement atteintes de la maladie et semblaient avoir été brûlées par une pluie de feu.

18ᵐᵉ *Expérience du 27 mars*. — Plantation dans une terre argileuse de pommes de terre gâtées ; une partie plantée dans des trous faits par l'arrachage de jeunes peupliers , et l'autre partie plantée sur les buttes de terre extraites de ces trous.

Les produits de cette première plantation ont été généralement atteints de la maladie ; ceux de la deuxième l'ont été beaucoup moins.

23ᵐᵉ *Expérience du 5 avril* 1849. — Expériences comparatives des progrès de la maladie, suivant les diverses époques de la plantation et de la récolte.

Plantation chaque semaine à partir du 6 avril , de six tubercules dans un terrain humide et fortement fumé ; arrachage également chaque semaine après trois mois de végétation.

Résultats. — Tous les produits obtenus jusqu'au 19 juillet , ont été exempts de la maladie, mais d'un rendement moins considérable.

Les pommes de terre arrachées depuis le 26 juillet , ont commencé à être tachées dans la proportion de 10 p. %, en allant progressivement jusques 90 p. % au fur et à mesure que l'arrachage se faisait plus tardivement , c'est-à-dire jusqu'au 26 octobre.

26ᵐᵉ *Expérience*. — Semis de graines de pommes de terre venant d'Amérique et de graines récoltées dans notre département.

Ces semis ont été faits, une fois par semaine, du 18 mars jusqu'au 7 octobre.

Résultats. — Jusqu'au 2 août, l'on n'a remarqué presqu'aucune trace de la maladie sur les tiges de ces plantes ; du 2 au 7 août, la grande partie en est atteinte , ainsi que leurs petits tubercules ; et enfin les semis faits les 15 , 22 , 29 juillet, et sortis de terre les 3, 10 et 17 août , sont entièrement détruits au fur et à mesure de leur levée. A partir de cette époque les progrès de la maladie s'arrêtent et, dès le 8 septembre , les semis nouvellement développés n'en sont plus atteints.

28ᵐᵉ *Expérience*.—Végétation aérienne. Des pommes de terre placées dans un panier suspendu à un arbre , ont donné des tubercules malades et atteints en même temps que ceux plantés en pleine terre.

29ᵐᵉ *Expérience du* 26 *mars* 1849. — Quelques pommes de terre de même espèce plantées dans des vases , dont plusieurs sont restés exposés à l'air et les autres sont rentrés tous les jours de 6 heures du soir à 8 heures du matin.

Ces derniers ont donné de bonnes pommes de terre saines et les autres ont toutes été tachées.

30ᵐᵉ *Expérience*. — Plantation comparative dans deux situations de terrains extrêmement opposées.

1ʳᵉ Partie, sur le sommet de la côte Saint-Quentin.

2ᵐᵉ Partie , dans un terrain argileux des bords de la Seille.

Les pommes de terre obtenues sur la côte Saint-Quentin , ont toutes été bonnes , tandis que celles des bords de la Seille , ont été presqu'entièrement gâtées.

Il résulte, Messieurs, des nombreuses expériences faites avec tant de soins et de persévérance par M. Kleinholt, que des circonstances atmosphériques qui nous sont inconnues sont seules la cause de la maladie des pommes de terre ; qu'elle se développe principalement depuis la fin de juillet jusqu'à la fin d'août et plus particulièrement le matin au lever du soleil par la rosée et les brouillards;

Qu'il faut, autant que possible, cultiver la pomme de terre dans les terrains élevés , exposés au midi et perméables;

Enfin qu'il est trè-simportant de choisir les variétés les plus hâtives et les planter dès les premiers jours d'avril, afin qu'elles atteignent leur maturité au commencement d'août , époque à laquelle la maladie a fait, depuis plusieurs années, le plus de ravage.

Il faut aussi procéder à l'arrachage des pommes de terre

par un temps sec , les mettre aussitôt à l'abri de l'humidité
et les laisser quelques temps dans un endroit bien aéré avant
de les rentrer définitivement.

Votre commission, Messieurs, a l'honneur de vous proposer
de voter des remercîments à l'habile et consciencieux observateur M. Kleinholt , qui m'a chargé d'offrir une copie de
son travail à l'Académie.

PROGRAMME

DES

QUESTIONS MISES AU CONCOURS

POUR L'ANNÉE 1850-1851.

Nota. – *L'année académique commence le 1er juin 1850 et finit à pareil jour 1851.*

L'Académie décernera, s'il y a lieu, dans sa séance publique du mois de mai 1851, les prix qui vont être indiqués :

Économie politique.

1° UNE MÉDAILLE D'ARGENT à l'auteur du meilleur mémoire sur l'influence que le morcellement extrême des terres exerce dans la situation de l'agriculture du département de la Moselle. L'auteur devra rechercher : Qu'elle a été l'influence de l'usure pratiquée dans les campagnes sur le morcellement des terres et sur l'agriculture.

2° UNE MÉDAILLE D'ARGENT proposée à l'auteur du meilleur mémoire sur une ou plusieurs des questions suivantes, relatives au problème de l'organisation du travail :

1° Du moyen d'assurer du travail aux ouvriers ;

2° De la répartition des salaires ;

3° De la création des caisses de secours pour les malades et pour les vieillards ;

4° De l'institutiton du crédit en faveur des diverses industries ;

5° Du moyen de prévenir l'effet désastreux de la concurrence illimitée , sans détruire l'émulation nécessaire à la production des richesses et à la rivalité indispensable pour la modération des prix.

Agriculture.

1° Une médaille d'or de 100 fr. , pour des essais comparatifs de culture dans un même sol , avec des quantités d'engrais déterminées et avec des cultures intercalaires sans engrais, en tenant compte de tous les produits en paille , fourrages, grains, soigneusement pesés et analysés. La composition du sol devra être indiquée, et celui-ci doit avoir au moins deux ares d'étendue.

Ces comparaisons ont pour but de reconnaître quelle est . la nature et la quantité de sels ammoniacaux pris par la végétation dans le sol et dans l'atmosphère.

Un mémoire explicatif devra indiquer la marche et le résultat des essais.

2° Une médaille d'argent à l'auteur de la publication agricole la plus utile, faite pendant l'année académique de 1848-1849 , dans le département de la Moselle ;

3° Une médaille d'argent à l'auteur de la meilleure statistique agricole de l'un des cantons du département de la Moselle ;

4° Une médaille d'argent à l'auteur du meilleur mémoire sur cette question :

Quelles sont, dans les races de l'espèce bovine , celles qu'il conviendrait de multiplier dans le département de la Moselle ?

5° Une médaille d'argent à l'auteur du meilleur mémoire sur cette question :

Quelles sont les plantes nouvelles qui pourraient être introduites avec avantage dans la culture du département de la Moselle?

6° UNE MÉDAILLE D'ARGENT à l'auteur du meilleur mémoire sur cette question :

Les irrigations sont elles favorables aux prairies situées dans tous les terrains quelle que soit leur composition ? Déterminer l'influence de la nature des eaux sur l'irrigation.

7° UNE MÉDAILLE D'ARGENT à l'auteur du meilleur mémoire relatant le plus grand nombre d'expériences sur l'emploi du sel dans la nourriture des bestiaux et dans l'amendement des terres.

8° UNE MÉDAILLE D'ARGENT à l'auteur de la meilleure carte agronomique de l'un des arrondissements ou seulement de l'un des cantons du département de la Moselle.

9° UNE MÉDAILLE D'ARGENT à l'auteur du meilleur manuel des constructions rurales pour la grande et la petite culture. L'auteur devra considérer ces constructions sous le triple point de vue de la salubrité, de l'économie et de la facilité de l'exploitation.

Ce manuel devra être peu volumineux et accompagné de plans.

10° UNE MÉDAILLE D'ARGENT au cultivateur qui aura fait des expériences comparatives entre le résultat des semailles faites au semoir et ceux obtenus par la semaille à la volée.

11° UNE MÉDAILLE D'ARGENT au meilleur mémoire sur expériences de *drainage* opéré avec des tuyaux en terre cuite.

Histoire.

1° UNE MÉDAILLE D'ARGENT à l'auteur du meilleur mémoire sur cette question :

Quel était dans nos contrées l'état des populations, des sciences et des arts à l'époque romaine ?

2° UNE MÉDAILLE D'ARGENT à l'auteur du meilleur éloge historique de l'un des hommes, aujourd'hui décédés, qui ont appartenu à la ville de Metz, par leur naissance, ou par des services éminents rendus à la cité et qui se sont illustrés soit dans la carrière civile ou dans la carrière militaire, soit dans les sciences, les lettres ou les arts.

Archéologie, Architecture.

UNE MÉDAILLE D'ARGENT à l'auteur d'un bon recueil de plans et devis d'églises pour les communes rurales, pouvant s'appliquer, quant au style et à la dépense, au plus grand nombre des localités du département de la Moselle.

Acoustique.

UNE MÉDAILLE D'ARGENT à l'auteur du meilleur mémoire sur cette question :

1° Les systèmes de tonalité adoptés par les différents peuples, notamment les tétracordes des Grecs, les tons du plain-chant, et notre gamme moderne peuvent-ils être rapportés à un seul et même type pris dans la nature ou dans une théorie mathématique ?

2° Les nombres rationnels admis par les physiciens pour exprimer les rapports des nombres de vibrations des sons de notre gamme majeure, à l'un d'eux pris pour unité, sont-ils tous exacts ? Dans le cas de la négative est-il possible d'assigner une autre série de nombres rationnels plus conformes à la pratique ?

OBSERVATIONS GÉNÉRALES.

Ces prix seront décernés dans la séance publique qui se tiendra au mois de mai 1851.

Les mémoires seront adressés au secrétariat de l'Académie avant le 31 mars 1851.

Suivant l'usage, les concurrents ne devront pas se faire connaître ; chaque mémoire portera une devise qui sera reproduite dans un billet cacheté, contenant le nom et l'adresse de l'auteur. Ce billet ne sera ouvert que dans le cas où l'auteur aurait mérité un prix, un encouragement ou une mention honorable.

Cependant pour tout ce qui a besoin d'être confirmé par des expériences, les concurrents pourront se nommer, afin que l'Académie soit à même de constater les résultats obtenus.

D'après l'article 25 du réglement de l'Académie, aucun membre résidant n'a droit aux prix proposés.

Il ne s'ensuit pas qu'il leur soit interdit de traiter les questions qui ont été posées; l'Académie peut leur décerner des mentions honorables.

Les membres correspondants ou les associés non-résidants peuvent concourir.

COMPOSITION DU BUREAU

POUR L'ANNÉE 1850-1851.

Président :	MM. EMY.
Président honoraire :	Alfred MALHERBE.
Vice-Président :	LANGLOIS.
Secrétaire :	CAIGNART DE SAULCY.
Secrétaire-Archiviste :	Joseph CLERCX.
Trésorier :	MUNIER.

LEGOUT, agent de l'Académie, rue et bâtiment de la Bibliothèque.

LISTE

DES

OUVRAGES ADRESSÉS A L'ACADÉMIE

PENDANT L'ANNÉE 1849-1850.

OUVRAGES PUBLIÉS PAR DES MEMBRES DE L'ACADÉMIE.

Ancien voyage dans une partie de l'arrondissement de Remiremont, par M. Richard.

Annuaire de médecine et de chirurgie pratiques pour 1849, par le docteur Wahu. Paris.

Caranci et ses Seigneurs, par Achmet d'Héricourt. Saint-Pol, 1849.

Des complices, des corrupteurs de la loi électorale, des injures et du paupérisme, par F. J. B. Noël. Nancy, 15 janvier et 6 avril 1848.

Des secours que la chimie peut prêter à la médecine pratique. Discours de M. le docteur Langlois, à la séance générale du 19 mai 1849, de la Société des sciences médicales de la Moselle. Metz, 1849.

Extrait d'une lettre adressée à l'Académie grand-ducale de Luxembourg, par M. Ch. Robert. Metz, 1848.

Mémoire sur l'état de la population et de la culture dans les Vosges, au commencement du VII° siècle, par Auguste Digot. Epinal, 1848.

Mémoire sur la température des sources dans la vallée du

Rhin, dans la chaîne des Vosges et au Kaisersthul, par M. Daubrée. Paris, 1849.

Manuel de l'histoire de France, tomes 1 et 2, par Achmet d'Héricourt. Paris, 1844.

Monographies archéologiques, Maizières-les-Toul, Brixey-aux-Chanoines, Haltigny, par l'abbé Guillaume. Nancy, 1849.

Mémoire sur le gisement de bitume, du lignite et du sel dans le terrain tertiaire des environs de Bechelbronn et de Lobsann (Bas-Rhin), par M. Daubrée. Paris, 1850.

Notice biographique et littéraire sur Nicolas Volcyr historiographe et secrétaire du duc Antoine, par Auguste Digot. Avocat à Nancy, 1849.

Notice sur les filons de fer de la région méridionale des Vosges, et sur la corrélation des gîtes métallifères des Vosges et de la Forêt-Noire, par M. A. Daubrée. Strasbourg, 1850.

Notice sur la minière de fer de Florange (Moselle), et sur ses relations avec le grès super-liasique, par M. Levallois. Paris, 1850.

Notice historique sur les hôpitaux de Verdun, par M. Clouet. Verdun, 1850.

Observations sur les alluvions anciennes et modernes d'une partie du bassin du Rhin, par M. A. Daubrée. Strasbourg, 1850.

Observations sur l'insalubrité des habitations des classes ouvrières; et proposition de construire des bâtiments spéciaux pour y loger des familles d'ouvriers, par le colonel du génie Répécaut. Rapport sur cette proposition faite à l'académie d'Arras, par M. A. d'Héricourt. Arras; juin 1849.

Observations sur l'enseignement agricole, par M. de la Chauvinière. Paris, 1850.

Optique oculaire, suivi d'un Essai sur l'achromatisme de l'œil, par M. de Haldat. Nancy, 1849.

Rapport sur l'insalubrité des habitations de la classe ouvrière, par Achmet d'Héricourt. Arras, 1849.

Recherches sur la production artificielle de quelques espèces
minérales cristallines, particulièrement de l'oxide d'étain,
de l'oxide de titane et du quartz. Observations sur l'origine des filons titanifères des Alpes, par M. Daubrée.
Paris, 1849.

Remarques sur le choléra épidémique qui a sévi à Paris en
1849, par le docteur Vahu. Paris, 1849.

Rapport de la commission du Budget de la ville de Metz, pour
l'année 1850, par M. Emile Bouchotte. Metz.

Sur la liberté de l'enseignement, par M. Nicot. Nîmes, 1849.

Tiers de sou d'or, inédit, par Charles Robert. Blois, 1850.

ENVOIS DIVERS.

Annales de la Société académique de Nantes et du département de la Loire-Inférieure; Nantes. 19e volume de la
1re série, 9e volume de la 2e série; 1 volume. Année 1848.

Annales de la Société séricicole. Paris, 12e volume. Année
1848.

Annales scientifiques, littéraires et industrielles de l'Auvergne,
Clermond-Ferrand. Tome 21e, novembre et décembre
1848, tome 22e mars, avril, mai, juin, juillet, août,
septembre, octobre, novembre et décembre 1849; tome
23e janvier et février 1850.

Annales de la Société d'agriculture de la Gironde; Bordeaux.
3e année, 4e trimestre, 1848; 4e année, 4e trimestre,
1849; 5e année, 1er trimestre, 1850.

Annales de la Société d'agriculture, sciences, arts et belles
lettres du département d'Indre-et-Loire, Tours. tome 29e,
janvier, février, mars, avril, mai, juin, juillet, août,
septembre 1849.

Annales de la Société d'agriculture de la Rochelle. 1 volume.
Année, 1848.

Annuaire de l'Académie royale des sciences, des lettres et des
beaux-arts de Belgique; Bruxelles. 15e année, 1849.

Adresse aux nations slaves sur les destinées du monde, par Hoëné Wronski; 15 août 1847. Paris.

Adresse aux nations civilisées sur leur sinistre désordre révolutionnaire, comme suite de la Réforme du Savoir-Humain, par Hoëné Wronski; 15 août 1848. Paris.

Annales de la Société d'émulation du département des Vosges; Epinal. Tome 6ᵉ, 3ᵉ cahier, 1848.

Annales de la Société d'agriculture, sciences, arts et commerce du Puy. Tome 13ᵉ, 1847–1848.

Actes de la Société linnéenne de Bordeaux. 5ᵉ et 6ᵉ livraison, juin 1849; 1ʳᵉ livraison, novembre 1849.

Bulletin de la Société d'agriculture, industrie, sciences et arts du département de la Lozère; Mende. Nᵒˢ 1, 2, 3, janvier, février, mars 1850.

Bulletin de la Société archéologique et historique de la Charente; Angoulême. 1ᵉʳ semestre, année 1850.

Bulletin de la société des antiquaires de Picardie; Amiens. Tome 3ᵉ, 1847–1848; Nᵒˢ 2, 3, 1849.

Bulletin trimestriel du Comice agricole de l'arrondissement de Toulon, département du Var; Toulon. 1ʳᵉ année, Nᵒ 1, janvier, février et mars 1850.

Bulletin agricole du Var; Draguignan. 49ᵉ année, 5ᵉ série, tome 1ᵉʳ, janvier 1849.

Bulletin de la Société d'agriculture du département de Loir-et-Cher; Blois. Nᵒ 13, 1849.

Bon (le) Cultivateur de Nancy, publié par la Société centrale d'agriculture de Nancy. Novembre et décembre 1848; janvier, février, mars, avril, mai, juillet, août, septembre, octobre, novembre et décembre 1849; janvier, février et mars 1850.

Bulletin de la Société d'agriculture du département du Cher; Bourges. Nᵒˢ 65, 67, tome 7ᵉ, 1849.

Bulletin de la Société centrale d'agriculture et des Comices agricoles de l'Hérault; Montpellier. 35ᵉ année, mai, juin, juillet, août, septembre, octobre, novembre et décembre 1848.

Bulletin de l'Académie delphinale; Grenoble. Tome 2ᵉ, 5ᵉ livraison, 1848.

Bulletin de l'Académie royale des sciences, des lettres et des beaux-arts de Belgique; Bruxelles. Tome 15ᵉ, 2ᵉ partie, 1848; tome 16ᵉ, 1ʳᵉ partie, 1849.

Bulletin médical du nord de la France, publié par la Société centrale du département du Nord; Lille. Nᵒˢ 1 et 2, 1850.

Bulletin de la Société libre d'émulation de Rouen. Années 1847–1848 et 1848–1849.

Bulletin de la Société industrielle d'Angers et du département de Maine-et-Loire; Angers. 20ᵉ année, 1849.

Bulletin des travaux du Comice agricole du département de la Marne; Châlons. Nᵒ 5, ann. 1849; Nᵒ 7, ann. 1850.

Bulletin de la Société industrielle de Mulhouse. Nᵒ 106, 1849; Nᵒ 107, 1850.

Bulletin de l'Athénée du Beauvaisis; Beauvais. 2ᵉ semestre, 1848; 1ᵉʳ et 2ᵉ semestre, 1849.

Bulletin de la Société centrale d'horticulture du département de la Seine–Inférieure; Rouen. Tome 3ᵉ, année 1849.

Bulletin de la Société archéologique de Lorraine; Nancy. Tome 1ᵉʳ, Nᵒˢ 1, 2, 1849.

Bulletin de la Société d'horticulture de la Moselle; Metz. 6ᵉ année, Nᵒˢ 1 et 2, 1849.

Bulletin agricole d'Eure-et-Loir; Chartres. Tome 2ᵉ, avril, juillet 1849.

Bulletin de la Société d'agriculture, sciences et arts de la Sarthe; Le Mans. 1ᵉʳ, 2ᵉ, 3ᵉ trimestre, 1849.

Bulletin trimestriel de la Société des sciences, belles–lettres et arts du département du Var; Toulon. 17ᵉ année, Nᵒˢ 1, 2, 3 et 4, 1849.

Cours normal des instituteurs primaires, ou Directions re—

latives à l'éducation physique, morale et intellectuelle dans les écoles primaires, par J. M. de Gérando, 4e édition; Paris, 1850.

Concours agricole, dans le canton de Tilly-sur-Seulles, ouvert le 2 septembre 1849, par la Société d'agriculture et de commerce de Caen.

Congrès agricole de la Haute-Saône, session de 1848; Vesoul.

Chants de deuil, l'incendie, la saint Charles, la corbeille, par Chéri Pauffin; Réthel, 1846.

Catéchisme agricole; Notions élémentaires d'agriculture par demandes et par réponses à l'usage des écoles rurales, par Michel Greff; Metz, 1849.

Congrès central d'agriculture; Paris. 5e session du 28 février au 9 mars 1848. — Compte-rendu et procès-verbaux des séances mis en ordre et publiés par la commission des secrétaires du congrès; Paris, 1848; 6e session du 4 au 14 juin 1849; Paris, 1849.

Comptes-rendus et extraits des procès-verbaux des séances de l'académie des sciences, belles-lettres et arts de Lyon; année 1849.

Discours sur l'inauguration du monument de son E. le cardinal de Cheverus, par M. Hamon; Bordeaux, 1849. (Offert à l'Académie par M. Chabert.)

De l'exposition d'agriculture de l'arrondissement de Toulon, mai 1849, par L. Turrel; Toulon, 1849.

Destin (le) de la France, de l'Allemagne et de la Russie, comme holégomènes du Messianisme, par Hoëné Wronski, le 15 août de 1842 à 1843; Paris.

Description d'un clou magique.

Exposé des travaux de la Société des sciences médicales de la Moselle; 1848, Metz.

Essais sur l'influence de diverses substances salines, sur le rendement du sainfoin, par I. Isidore Pierre; Caen, 1849.

Eloge historique de R. P. Lesson, par M. A. Lefèvre; Rochefort, 1850.

Eloge historique de Bordeu, par M. Lefeuve; Paris.

Epître à son altesse le prince Czartoryski sur les destinées de la Pologne, et généralement sur les destinées des nations slaves, comme suite de la réforme du Savoir-Humain, par Hoëné Wronski. Novembre 1848; Paris.

Extrait des travaux de la Société centrale d'agriculture du département de la Seine-Inférieure; Rouen. 62°, 63°, 64° et 65° cahier, 1er, 2°, 3° et 4° trimestre de 1849.

Essai sur la valeur des injections iodées dans la thérapeutique chirurgicale, par J. B. Defer; Metz, 1849.

Essai sur l'état du paupérisme en France et sur les moyens d'y remédier, par M. Robert-Guyard, 2° édition; Paris, 1849.

Essai sur les moyens à employer pour atténuer les inconvénients résultant du morcellement de la propriété, par A. de Montureux; Vic (Meurthe), 1850.

Illustrationnes plantarum orientalium, ou Choix de plantes nouvelles ou peu connues de l'Asie occidentale, par M. le comte Jaubert et M. Ed. Sphach; ouvrage accompagné d'une carte géographique nouvelle en quatre feuilles, par M. le colonel Lapie; Paris. 27° et 28° livraison, 1847.

Journal des travaux de l'Académie nationale, agricole, manufacturière, et de la Société française de statistique universelle; Paris. Nouvelle série, septembre, octobre, novembre et décembre 1849; janvier, février, mars, avril et mai 1850.

Journal d'agriculture pratique et d'économie rurale pour le midi de la France; Toulouse. Mai, novembre et décembre 1849; janvier, février, mars et avril 1850. 3° série, tome 1er.

Journal d'agriculture, sciences, lettres et arts du département de l'Ain; Bourges. 39ᵉ année, Nᵒˢ et 2; janvier, février et mars 1850.

Lettres récentes d'un philosophe croyant à M. Schilmans, son ancien ami dont il ignore la résidence, par M. Ad. Maizière; Rheims, le 15 août 1849.

Les chants du soir, par Chéri Pauffin, précédés d'une lettre de M. Jules Janin; Paris, 1844.

Mémoires de la Société des sciences, lettres et arts de Nancy; année 1848.

Mémoires de l'Académie des sciences, belles-lettres et arts de Lyon; classe des lettres. Tome 2ᵉ, 5ᵉ livraison, 1849.

Mémoires de l'Académie des sciences, belles-lettres et arts de Lyon; classe des sciences. Tome 2ᵉ, 3ᵉ livraison, 1848; 4ᵉ livraison, 1849.

Mémoires de l'Académie des sciences, arts et belles-lettres de Caen. Année 1846.

Mémoires de la Société d'agriculture, sciences et arts d'Angers. 5ᵉ volume, 7ᵉ livraison, 1846; 6ᵉ volume, 1ʳᵉ et 2ᵉ livraison, 1847; 6ᵉ volume, 3ᵉ et 4ᵉ livraison, 1849.

Mémoires de la Société d'émulation d'Abbeville. Années 1844, 1845, 1846, 1847 et 1848.

Moniteur de la propriété et de l'agriculture; Paris. 14ᵉ année, de mai à décembre 1849; 15ᵉ année, de janvier à avril 1850.

Mémoires de l'Académie des sciences, arts et belles-lettres de Dijon. Année 1849.

Mémoire sur le Paracasse, appareil infaillible et économique pour préserver de la casse et du coulage, le vin de Champagne, à l'époque où il forme sa mousse, par M. Ad. Maizière; Rheims, 1850.

Mémoires de la Société d'histoire et d'archéologie de Châlons-sur-Saône. Années 1844, 1845, 1846.

Mémoires de la Société vétérinaire des départements du Calvados et de la Manche; Caen. 17ᵉ année, Nᵒ 13, 1846, 1847 et 1848.

Messianisme, union filiale de la philosophie et de la religion, constituant la philosophie absolue. Tome 1er, prodrome du Messianisme, révélation des destinées de l'humanité; septembre 1831. Tome 2e, métapolitique-messianique, désordre révolutionnaire du monde civilisé. Juin 1840; par Hoëné Wronski; Paris.

Messianisme ou Réforme absolue du Savoir-Humain; nommément: réforme des mathématiques comme prototype de l'accomplissement final des sciences et réforme de la philosophie comme base de l'accomplissement final de la religion, par Hoëné Wronski. Tome 1er et 2e, 15 août 1847; Paris.

Mémoires de l'Académie d'Arras. Tome 24e, année 1849.

Mémoires de la Société d'archéologie et de numismatique de Saint-Pétersbourg. 1er volume, années 1847, 1848; 2e bulletin, année 1849.

Mes loisirs, poésies. Trois volumes, et six brochures, par M. le colonel Brosset; Metz.

Mémoire sur l'emploi du plâtre et du poussier de charbon pour désinfecter instantanément les matières fécales, par J. Ch. Herpin (de Metz); Paris. 1849.

Monuments religieux de la ville de Metz au XIXe siècle, par M. Chabert; Metz. 1849.

Mémoires de la Société des sciences, de l'agriculture et des arts de Lille. 1re et 2e partie, années 1847, 1848.

Mémoires de l'Académie du Gard. Année 1847-48; Nîmes.

Moralisation et amélioration de la classe ouvrière, par M. Dieu, imprimeur à Metz. 1849.

Mémoire sur la fertilisation des Landes, de la Campine et des Dunes, par M. Eenens; mémoire couronné et publié par l'Académie royale des lettres, sciences et arts de Belgique; Bruxelles. 1849.

Mémoires de l'Académie royale des sciences, des lettres et des beaux-arts de Belgique; Bruxelles. T. 23e, 1849.

Mémoires de la Société d'émulation de Cambrai. Tome 21 ; séance publique du 17 août 1847.

Messager de la Moselle (le), journal d'instruction primaire; Metz. N°s 122 à 136, de mai à décembre 1849 ; N°s 139 à 141, de février à avril 1850.

Misère, Émeute, Choléra, opuscule par J. Boucher de Perthes; Abbeville. 4 juin 1849.

Message du Président de la République, présentant, aux termes de l'article 52 de la Constitution, l'exposé de l'état général des affaires de la République française, adressé à l'Assemblée nationale législative, dans la séance du 6 juin 1849; Paris.

Mémoires de la Société d'agriculture, des sciences, arts et belles-lettres du département de l'Aube; Troyes. Tome 1er, 2e série; N°s 5, 6, 7 et 8; 1er, 2e, 3e et 4e trimestre. 1848.

Mémoires de la Société archéologique du midi de la France ; Toulouse. T. 5e de 1841 à 1847 ; t. 6e, 1re liv., 1847.

Mémoires de la Société d'agriculture et des arts du département de Seine-et-Oise; Versailles. 1er vol., année 1848.

Note sur la curabilité de la phtisie, par le docteur Couppey; Paris. 1849.

Notice sur Dufresne du Cange et sa statue, précédée du programme des fêtes qui ont été célébrées à Amiens, les 19 et 20 août 1849, pour l'inauguration de son monument; Amiens. 1849.

Observations adressées à M. le ministre des travaux publics au sujet de la concession du chemin de fer projeté d'Erquelines à Saint-Quentin ; Valenciennes. 1850.

Projet d'un institut agricole et des arts et métiers, par M. Léonard, de Courcelles-Chaussy (Moselle).

Procès-verbaux de la Société d'agriculture, sciences et arts d'Angers. Année 1846.

Publications agricoles et horticoles de la Société nationale et centrale d'agriculture, sciences et arts du département du Nord, séant à Douai. Année 1849.

Procès-verbaux des délibérations des sessions de 1849, du conseil général du département de la Moselle; Metz.

Projet de loi relatif aux caisses de retraites pour la vieillesse; Paris. 1849.

Projet de loi relatif aux caisses de sec' mutuels; Paris. 1849.

Pétition adressée à messieurs les représentants de la Société d'agriculture de Douai, à propos de la loi proposée pour régler le commerce de l'Algérie; Douai, 26 avril 1850.

Publication de la Société pour la recherche et la conservation des monuments historiques dans le grand duché de Luxembourg. 4ᵉ année, 1848.

Recueil des actes de l'Académie des sciences et belles-lettres de Bordeaux. 10ᵉ année, 4ᵉ trimestre 1848; 11ᵉ année, 1ᵉʳ, 2ᵉ, 3ᵉ et 4ᵉ trimestre 1849.

Recueil de l'Académie des jeux floraux; Toulouse. 1 volume 1849.

Réunion extraordinaire à Epinal, du 10 au 23 septembre 1847, de la Société géologique de France; Paris.

Rapport à la Société géologique de France sur les roches des Vosges, travaillées pour la décoration, par E. Pluton; Epinal. 1847.

Réforme absolue et par conséquent finale du Savoir-Humain. Tome 3ᵉ; Résolution générale des équations algébriques de tous les degrés comme garantie scientifique de cette réforme du Savoir-Humain, par Hoëné Wronski. 15 août 1847; Paris.

Rapport fait à la Société d'agriculture et de commerce de Caen sur diverses questions de M. le Ministre de l'agriculture et du commerce, relatives au maintien ou à la suppression des droits de douanes sur les bestiaux étrangers, par M. Durand; Caen. 1850.

Recueil agronomique de Tarn-et-Garonne; Montauban.

Une livraison, septembre 1846 ; trois livraisons, février, mars, avril, mai et juin 1849.

Rapport sur l'exposition d'agriculture et d'horticulture de novembre 1849, de l'arrondissement de Toulon ; Marseille. 1849.

Rapport sur le jardin des plantes de Toulon, par L. Turrel ; Marseille. 1850.

Revue des beaux-arts, tribune des artistes ; Paris. 20ᵉ année, livraisons 4 à 10 ; février à mai 1850.

Rapport sur le concours de bestiaux de l'arrondissement de Caen, du 20 mai 1849.

Réthel et Gerson, par Chéri Pauffin ; Réthel. 1845.

Recueil agronomique industriel et scientifique, publié par la Société d'agriculture de la Haute-Saône ; Vesoul. Tome 5ᵉ, Nº 6 ; septembre 1849.

Rapport, fait à l'Académie des inscriptions et belles-lettres de l'Institut national de France, relatif aux antiquités françaises, par M. Lenormant ; Paris, 1849.

Séance publique de la Société nationale et centrale d'agriculture ; Paris. Une brochure, 24 juin 1849.

Séance publique de la Société d'agriculture, commerce, sciences et arts du département de la Marne ; Châlons. Année 1848-1849.

Séance et travaux de l'Académie de Rheims ; Nᵒˢ 9 à 12, mars et avril 1849 ; Nᵒˢ 1 à 7. Année 1849-1850 ; Nᵒˢ 8 à 12, janvier et mars 1850.

Société d'agriculture, du commerce, des sciences et des arts de Boulogne-sur-Mer. Séance semestrielle du 24 mars 1849.

Séance publique du 17 mai 1849 et programe du concours de 1850, de la Société archéologique de Béziers.

Société d'agriculture, sciences et belles-lettre de Rochefort ; Nᵒˢ 7, 8, année 1848-1849 ; Nº 1, année 1849-1850.

Supplément à l'Epître adressée à son altesse le prince Czartoryski, pour servir d'avis aux deux classes scientifiques

de l'Institut de France, par Hoëné Wronski. Paris,
1849.

Travaux du Comice horticole de Maine−et−Loire (Angers).
3ᵉ volume, N° 28, année 1848 ; 4ᵉ volume, N° 1,
1849.

Voyage au Paradis Terrestre, par M. Lechanteur de Pon−
taumont ; Cherbourg, décembre 1849.

TABLEAU

DES

MEMBRES DE L'ACADÉMIE

POUR L'ANNÉE 1849 – 1850.

DATES de l'admission.	Membres Honoraires. MM.

1822. ARAGO (François), ✳, membre de l'Institut; à Paris, à l'Observatoire.

1823. BALZAC (de), O. ✳, ancien préfet de la Moselle; à Rodez.

1823. DUPIN (Charles), O. ✳, officier supérieur du génie maritime, membre de l'Institut, etc.; à Paris, rue des Saints-Pères, 6,

1820. MOLARD, ✳, membre de l'Académie des sciences; à Paris, rue de Charonne, 47.

1827. RIVADAVIA (Bernardino), ancien président des provinces unies du Rio-de-la-Plata; à Paris.

1828. SULEAU (de), O. ✳, ancien préfet de la Moselle; à Paris.

1819. TOCQUEVILLE (de), O. ✳, ancien préfet de la Moselle; à Paris.

Titulaires.
MM.

1844. ANDRÉ, président du Comice agricole de Metz; rue Nationale.

1830. BLANC, rédacteur du *Courrier de la Moselle;* rue du Faisan, 9.

1843. BODIN, artiste-mécanicien à l'école d'Application; rue du Faisan, 10.

1850. BOILEAU, ancien élève de l'école polytechnique, capitaine d'artillerie, professeur de mécanique à l'école d'Application de l'artillerie et du génie, rue aux Ours, 4.

1825. BOUCHOTTE (CHARLES), ✳, ancien colonel d'artillerie, ancien député, place de la République.

1837. BOUCHOTTE (EMILE), correspondant du conseil supérieur d'Agriculture ; place de la Comédie.

1847. BOULANGÉ (GEORGES), ingénieur des ponts et chaussées ; rue Saint-Marcel.

1822. CAILLY, O. ✳, ancien élève de l'école polytechnique, ancien lieutenant-colonel d'artillerie ; rue du Haut-de-Sainte-Croix, 9.

1819. CHAMPOUILLON, professeur de langues anciennes ; place de la Comédie.

1843. CLERCX (JOSEPH), bibliothécaire de la ville de Metz ; rue Châtillon.

1840. DESVIGNES (FRANÇOIS), directeur de l'école municipale de musique ; rue des Clercs.

1847. EMY (CHARLES), ✳, chef d'escadron d'artillerie, professeur de sciences naturelles à l'école d'Application ; rue des Prêcheresses, 14.

1834. FAIVRE, professeur de belles-lettres ; rue Jurue.

1848. GAUTIEZ (CHARLES), architecte ; rue des Trinitaires.

1819. GERSON-LÉVY, ancien libraire, ancien professeur, gérant de l'*Indépendant de la Moselle* ; rue de la Cathédrale, 1.

1846. HÉNOT, O. ✳, chirurgien principal de première classe, professeur de clinique chirurgicale à l'hôpital militaire d'instruction de Metz.

1846. IBRELISLE, docteur en médecine ; rue Serpenoise, 8.

1847. LANGLOIS, ✳, docteur en médecine, pharmacien en chef, premier professeur à l'hôpital militaire d'instruction de Metz ; à l'hôpital militaire.

1843. LASAULCE (ADOLPHE), directeur de l'école normale, rue Marchant.

1848. LAVERAN, ✳, médecin en chef, à l'hôpital militaire d'instruction de Metz ; rue Chaplerue.

1819. MACHEREZ (Dominique), professeur de langues ; rue des Jardins, 32.

1840. MALHERBE (Alfred), juge d'instruction ; rue du Pont-des-Morts.

1836. MARÉCHAL (Félix), docteur en médecine, membre du conseil-général de la Moselle ; quai Saint-Pierre, 23.

1843. MICHEL (Emmanuel). ✱, conseiller à la cour d'appel ; rue de la Fonderie, 3.

1819. MUNIER (François), professeur de langue française ; rue des Récollets, 4.

1847. PROST (Auguste), homme de lettres ; rue des Clercs.

1837. RODOLPHE, ✱, chef d'escadron d'artillerie ; rue des Récollets, 8.

1849. SALIS (de), propriétaire à Metz.

1849. CAIGNART DE SAULCY (Ernest-Marie-Joseph), ✱, ancien élève de l'école polytechnique, ancien lieutenant de vaisseau, membre de la Société d'histoire naturelle de la Moselle ; rue de la Crête, 10.

1836. O. TERQUEM, ancien pharmacien ; rue des Jardins, 6.

1847. VINCENOT, professeur de mathématiques aux écoles municipales ; place d'Austerlitz, 6.

1847. VIRLET, capitaine en premier d'artillerie, professeur d'artillerie à l'école d'Application ; rue du Grand-Cerf, 15.

1846. WOIRHAYE, ancien représentant de la Moselle, président de chambre à la cour d'appel ; rue du Palais.

1849. WORMS (Justin), directeur du comptoir d'escompte ; place de Chambre.

Associés-Libres résidants.

MM.

1839. BOURNIER (Xavier), ✱, ancien inspecteur-vétérinaire des armées ; rue Chèvremont, 4.

1829. COETLOSQUET (du) (Charles), ✱, ancien sous-préfet, représentant du peuple ; rue du Grand-Cerf, 9.

1828. COLLE, O. ✱, ancien capitaine d'artillerie, correspondant du conseil supérieur d'agriculture ; rue des Récollets, 8.

1843. DUFRESNE (Antoine-François), homme de lettres, conseiller de préfecture ; place Sainte-Croix.

1836. DURUTTE (Camille), ancien élève de l'école polytechnique ; au Palais-Français.

1821. GARGAN (de), ancien élève de l'école polytechnique, ancien ingénieur des mines ; rue Nexirue, 9.

1836. HARO, docteur en médecine ; place de Chambre, 15.

1833. HUGUENIN jeune, ancien élève de l'école normale, professeur d'histoire au lycée de Metz ; rue de la Crête.

1831. LEJOINDRE, O. ✳, ingénieur en chef des ponts et chaussées ; rue de la Haye, 14.

1836. MARÉCHAL, ✳, peintre d'histoire ; rue des Clercs, 5.

1838. MARÉCHAL (l'abbé), professeur d'écritures saintes, de langues orientales et d'astronomie ; au grand séminaire.

1848. MENGIN, O. ✳, colonel du génie et directeur des fortifications ; à la Citadelle.

1838. MÉZIÈRES, ✳, ancien recteur de l'Académie universitaire.

1824. SIMON (Victor), ✳, vice-président du tribunal civil, inspecteur des monuments historiques pour le département de la Moselle ; rue du Haut-Poirier, 10.

1830. SOLEIROL, O. ✳, ancien élève de l'école polytechnique, chef de bataillon du génie en retraite, ancien professeur de construction à l'école d'Application ; impasse de l'Évêché.

1828. SCOUTETTEN, ✳, chirurgien principal, attaché à l'école d'Application ; rue des Clercs, 11.

1846. ROBERT (Charles), sous-intendant militaire ; rue Nexirue.

Associés-Libres non résidants.

MM.

1822. BARDIN, ✳, ancien élève de l'école polytechnique, ancien directeur des études à l'école centrale des arts et manufactures ; à Paris.

1837. BÉGIN (Émile), docteur en médecine ; à Paris.

1831. BERGERE, C. ✳, général de brigade, membre du Comité des fortifications ; à Paris.

1832. CAIGNART DE SAULCY, O. ✳, (Louis-Félicien-Joseph), ancien élève de l'école polytechnique, membre de l'Institut (Académie des inscriptions et belles-lettres) ; place Saint-Thomas d'Aquin, 3.

1846. CAZALAS, docteur en médecine ; à Paris.

1836. DESAINS, ancien élève de l'école normale, professeur de physique ; à Paris.

1827. DIDION (Isidore), ✳, chef d'escadron d'artillerie, professeur d'artillerie ; à Paris.

1847. DIEU, pharmacien aide-major ; à Constantine.

1843. GERMEAU, O. ✳, ancien préfet de la Moselle ; à Paris.

1828. GOSSELIN, ✳, ancien élève de l'école polytechnique, lieutenant-colonel du génie, chef du génie ; à Châlons-sur-Marne.

1841. HUART (Emmanuel), propriétaire à Bettange, arrondissement de Thionville (Moselle).

1840. LAPÈNE, O. ✳, général de brigade d'artillerie; à Toulouse.

1837. LAPOINTE (Eugène), agronome à Inspach, près Tholey (Prusse).

1831. LE MASSON, O. ✳, inspecteur divisionnaire des ponts-et-chaussées ; à Paris.

1840. LIVET, ✳, commandant du génie ; à l'île de Mayotte.

1837. LUCY (Adrien), O. ✳, receveur-général du département de la Côte-d'Or ; à Dijon.

1836. MORIN, O. ✳, ancien élève de l'école polytechnique, lieutenant-colonel d'art. ; membre de l'Institut (Académie des sciences), professeur de mécanique au Conservatoire des arts et métiers ; à Paris, rue de l'Arcade, 9.

1844. MAILLOT ✳, médecin principal, professeur à l'école d'application de la médecine militaire ; à Paris.

1836. PIOBERT, O. ✳, ancien élève de l'école polytechnique, général d'artillerie, membre de l'Institut ; à Paris.

1845. PIOT, ingénieur des mines ; à Hayange (Moselle).

1843. PLASSIARD ✳, ingénieur en chef des ponts-et-chaussées; à Ajaccio (Corse).

1820. PONCELET, O. ✳, général de brigade, membre de l'Institut (Académie des sciences), professeur de mécanique et de physique expérimentale à la Faculté des Sciences ; à Paris, rue Saint-Guillaume, 36.

1843. PUYMAIGRE (Théodore) (de), à Inglange, près de Thionville (Moselle).

1836. REVERCHON, ingénieur des mines ; à Troyes.

1844. SAINT-VINCENT (de), président du tribunal civil de Charleville.

1837. VANDERNOOT, ingénieur de la ville, place Saint-Vincent ; à Metz.

1847. VINCENOT, O. ✳, ancien lieutenant-colonel du génie,

Agrégés - Artistes.

MM.

1849. BELLIÉNI, opticien ; rue Fournirue.

1834. DEMBOUR (Adrien), imprimeur, graveur ; place Saint-Louis, 8.

1845. GAY, ✳, ancien garde du génie ; à Metz.

1820. GLAVET (aîné), constructeur de machines ; rue Paille-Maille, 12.

1834. HUMBERT, horloger-mécanicien ; place Napoléon, 10.

1838. NOUVIAN, imprimeur-lithographe ; rue de la Chèvre.

1849. SCHIAVETTI, opticien ; rue Fournirue.

1830. SCHUSTER, ✳, chef d'administration chargé des observations météorologiques, à l'école d'Application de l'artillerie et du génie.

1839. VINCENT (Napoléon), agent-général des écoles municipales de Metz ; rue Jurue.

Agrégés - Cultivateurs.

MM.

1830. DEXIVRY, propriétaire ; à Ludelange.

1830. HENNEQUIN, cultivateur ; à Tichémont.

1829. LEROY, ✳, de Château-Bas ; près d'Augny.

1843. PELTE, cultivateur ; à la grange d'Envie.

1849. SAMSON, médecin-vétérinaire; place de Chambre, 39.

1830. SÉRARD, propriétaire; à Ditschwiller.

1830. SIMON (François), pépiniériste; rue d'Asfeld, 8.

1830. SIMON (Louis), pépiniériste; rue d'Asfeld, 8.

1830. STEFF, propriétaire; à Hauconcourt.

Correspondants.

MM,

1842. ADAM, négociant; à Paris.

1823., ADRIAN, docteur ès-lettres; à Francfort-sur-Mein.

1821. ALTMAYER (Nicolas), agriculteur; à Saint-Avold.

1833. AUDOY, C. ✳, maréchal-de-camp du génie; à Paris.

1845. BACH, propriétaire-cultivateur; à Boulay.

1829. BALBY (Adrien) (de); à Paris, rue du Colombier, 19.

1836. BARD (Joseph), inspecteur des monuments historiques du département de la Côte-d'Or; à Beaune.

1845. BARRAL, professeur au collége de Sainte-Barbe; à Paris.

1843. BARUEL-BAUVERT (de), agronome; en Amérique.

1841. BEAULIEU, vice-président de la Société des antiquaires de France; à Paris.

1845. BEAUPRÉ, vice-président du tribunal civil; à Nancy.

1838. BEDFORT, directeur de l'atelier des fusées de guerre; à Vincennes.

1824. BENOIST, ancien professeur de l'école centrale des arts et manufactures; à Paris, rue d'Enfer, 31.

1832. BONAFOUS, ✳, docteur en médecine, directeur du jardin royal d'agriculture; à Turin.

1835. BOUILLET (J.-B.), membre de plusieurs sociétés savantes; à Clermont-Ferrand.

1837. BOUILLÉ (A.), ancien magistrat; à Lyon.

1820. BRACONNOT, ✳, professeur d'histoire naturelle, correspondant de l'Institut; à Nancy.

1846. BRANDEIS, docteur en médecine; à Tours.

1831. CAHEN (Samuel), membre de plusieurs sociétés savantes; à Paris, rue Pavée, 1.

1840. CARMOLY, ancien grand-rabbin.

1845. CARPENTIER, capitaine commandant au 6ᵉ hussards.

1846. CARRIÈRE (Désiré), homme de lettres; à Saint-Mihiel.

1821. CAUMONT (de), correspondant de l'Institut, directeur de la Société française pour la conservation des monuments.

1837. CÉSAR (Lambert), ancien élève de l'école polytechnique, lieutenant-colonel du génie; à Saint-Cyr

1843. CHAMPIGNEULLE, propriétaire; à Thury (Moselle).

1822. CHANLAIRE (de), régent de rhétorique au lycée de Thionville.

1841. CHAUVINIÈRE (de la); à Paris, rue Taranne, 10.

1826. CHENOU, ✳, ancien élève de l'école normale, professeur d'astronomie à la Faculté des sciences de Bordeaux.

1849. CIVRY (Victor) (de), hommes de lettres; à Nancy.

1841. CLOUET, bibliothécaire; à Verdun.

1847. COLLIGNON, propriétaire; à Ancy (Moselle).

1833. CRESSANT, agronome, directeur de la ferme expérimentale d'Arfeuille (Creuse).

1843. CUSSY (de); à Saint-Mandé, banlieue de Paris.

1841. DAUBRÉE, ingénieur des mines, professeur à la Faculté des sciences; à Strasbourg.

1845. DÉGOUTIN, juge au tribunal; à Briey.

1820. DELARUE, pharmacien; à Careux.

1821. DELCASSO, professeur d'éloquence; à Strasbourg.

1835. DELMAS, censeur du lycée de Rheims.

1835. DENIS, ancien maire de la ville de Commercy.

1842. DENIS, médecin; à Toul.

1823. DEVÈBE, capitaine d'état-major; à Nancy.

1845. DIGOT, avocat; à Nancy.

1828. DOUMERC, naturaliste; à Paris, rue du Bac, 89.

1845. DUMONT, homme de lettres; à Saint-Mihiel.

1821. DUPRÉ, docteur en médecine; à Bar-sur-Aube.

1829. ENGELPACH - LARIVIÈRE, ingénieur des mines; à Bruxelles.

1820. FABRÉ-PALAPRAT, ✳, docteur en médecine, directeur-général de la Société médico-philantropique; à Paris, quai de l'École, 20.

1837. FALLOT DE BROIGNARD, cap. d'état-major, membre de l'Académie et de la Société de statistique de Marseille.

1832. FÉE, pharmacien-major et deuxième professeur à l'hôpital militaire d'instruction de Strasbourg.

1845. FISTIÉ (Joseph), cultivateur ; à Grosbliederstroff (Moselle).

1844. FLOQUET, membre correspondant de l'Institut, homme de lettres ; à Paris.

1846. FLORENCOURT (de), président de la Société des Recherches utiles ; à Trèves.

1837. FONTENELLE (de la), membre correspondant de l'Institut ; à Poitiers.

1837. FRANCK, docteur en médecine, agrégé à la Faculté de Montpellier.

1843. GAÉTAN REGAZZONI (l'abbé), professeur ; à Strasbourg.

1845. GÉNOT, propriétaire ; à Saint-Ladre, près Montigny.

1846. GALOUZEAU DE VILLEPIN, avocat à la cour d'appel ; à Paris.

1836. GÉRARD, employé à la préfecture ; à Metz.

1829. GLOESSENER, professeur de physique ; à Louvain.

1829. GOLBÉRY (de), procureur-général, correspondant de l'Institut.

1845. GIRAUDET, docteur en médecine ; à Tours.

1837. GIGAULT D'OLINCOURT, ingénieur civil, membre de plusieurs Sociétés savantes ; à Bar-le-Duc.

1847. GILLET, juge au tribunal de Nancy.

1845. GODRON, docteur en médecine ; à Nancy.

1837. GRATTELOUP, président de l'Académie de Bordeaux.

1838. GRELET-WAMMY, membre de la Société pour l'amélioration des prisons de Genève ; à Carouge, près Genève.

1837. GRELLOIS, docteur en médecine ; à Alger.

1839. GUERRIER DE DUMAST, ancien sous-intendant militaire et homme de lettres ; à Nancy.

1838. GUIBAL, juge de paix ; à Nancy.

1843. GUILLAUME (l'abbé), curé ; à Blénod-lès-Toul.

1820. HALDAT (de), docteur en médecine, secrétaire de l'Académie de Nancy, correspondant de l'Institut.

1834. HALPHEN, docteur en médecine ; à la Nouvelle-Orléans.

1827. HENRION, avocat à la cour d'appel de Paris ; rue de Vaugirard, 64.

1850. HÉRICOURT (d'), homme de lettres, secrétaire de l'Académie d'Arras ; à Arras.

1829. HEYFELDER, docteur en médecine ; à Hohenzollern-Sigmaringen.

1845. HUOT (PAUL), avocat, sous-bibliothécaire ; à Versailles.

1831. JULIA, docteur en médecine et professeur de chimie ; à Narbonne.

1822. JULIEN, directeur de la Revue encyclopédique ; à Paris, rue d'Enfer-Saint-Michel, 18.

1819. KIRKOFF, médecin en chef de l'hôpital militaire d'Anvers.

1844. KONTSKY (de), numismate polonais ; à Paris.

1846. LACOUR (de), maître des requêtes, sous-directeur au ministère de la justice ; à Paris.

1845. LADOUCETTE (CHARLES), auditeur au conseil-d'état ; à Paris.

1821. LAIR ✳, conseiller de préfecture ; à Caen.

1820. LALLEMAND, O. ✳, de Metz, membre de l'Institut, ancien professeur de clinique chirurgicale, et ancien chirurgien en chef de l'hôpital de Montpellier ; à Paris.

1825. LAMBEL (de), O. ✳, général de brigade en retraite ; à Paris, rue Saint-Dominique-Saint-Germain, 37.

1828. LARCHE, docteur en médecine ; à Paris.

1836. LASAUSSAYE (de), membre de l'Institut ; à Paris.

1847. LATAPIE, homme de lettres ; aux Batignolles, banlieue de Paris, rue Salneuve.

1840. LAURENT, conservateur du musée d'Épinal.

1822. LEGUÉVELLE DE LA COMBE, chirurgien-major.

1828. LELOUP, docteur en philosophie, professeur au gymnase de Trèves.

1844. LEPAGE (HENRI), homme de lettres ; à Nancy.

1844. LEREBOULLET, docteur en médecine ; à Strasbourg.

1831. LESAUVAGE, professeur à l'école de médecine ; de Caen.

1837. LE VALLOIS, ✳, ingénieur en chef des mines ; à Nancy.

1822. LÉVY jeune, professeur de mathématiques ; à Rouen.

1843. MALLE, docteur en médecine ; à Alger.

1826. MALO (CHARLES), littérateur, membre de plusieurs académies ; à Paris, rue des Grands-Augustins, 20.

1843. MANSUY, médecin vétérinaire; à Frouard (Meurthe).

1847. MARY, ingénieur en chef des eaux de la ville de Paris; à Paris.

1841. MERCY (de), docteur en médecine; à Paris.

1821. MERGAUT, docteur en médecine; à Mirecourt.

1838. MERSON (M. L.) capitaine de cavalerie, commandant le dépôt de recrutement de réserve de Loir-et-Cher.

1833. MICHAUT, officier au 10e de ligne.

1824. MICHELOT, ancien élève de l'école polytechnique, chef d'institution; à Paris, rue de Vaugirard.

1841. MINARET, médecin; à Lyon.

1820. MONFERRIER (de); à Paris, faubourg Poissonnière, 38.

1830. MOREAU (CÉSAR), ancien vice-consul de France à Londres, directeur de l'Académie de l'industrie; à Paris.

1847. MOTTE, archéologue; à Sarrelouis (Prusse).

1839. MOURE, secrétaire de la société linéenne de Bordeaux.

1822. NANCY, *, colonel d'artillerie; à Paris.

1843. NEYEN (AUGUSTE), docteur en médecine; à Luxembourg.

1837. NICOLAS, professr de théologie protestante; à Montauban.

1824. NICOT, recteur de l'Académie de Nîmes.

1819. NOEL, professeur de sciences physiques et mathématiques, · principal de l'athénée royal de Luxembourg.

1838. NOEL, avocat et notaire honoraire; à Nancy.

1846. NOTHOMB (de), propriétaire; à Longlaville (Moselle).

1838. ODART (d'), propriétaire; à la Dorée.

1820. OLIVIER, ancien élève et répétiteur de l'école polytechnique; à Paris, rue d'Enfer, 31.

1822. PAIXHANS, C. *, général de division, ancien député de la Moselle; à Paris, rue du Cherche-Midi, 21.

1838. PASCAL, médecin en chef de l'hôpital militaire d'instruction de Strasbourg.

1840. PÉROT, principal du collége de Phalsbourg.

1844. PERREY (ALEXIS), professeur; à Dijon.

1820. PERRIER, professeur de littérature; à Paris, rue de Verneuil, 7.

1825. PIÉRARD, *, chef de bataillon du génie en retraite; à Verdun.

1841. PIROUX, directeur de l'Institut des sourds-muets; à Nancy.

1820. PONCE, ❋, ancien graveur du roi; à Paris, impasse des Feuillantines, 10.

1837. PONÇOT, ❋, ancien sous-intendant militaire; à Besançon.

1845. POULMAIRE, propriétaire-cultivateur; à Beauregard, près Thionville.

1850. QUIQUANDON, capitaine du génie; à Alger (Afrique).

1826. RAUCH, ancien officier du génie, directeur de la Société de fructificat. générale; à Paris, rue Basse-du-Rempart, 52.

1846. REICHENBERGER, conseiller de justice; à Trèves.

1824. REISTELHUBER, docteur en médecine; à Strasbourg.

1844. RENAUDIN (L.-F.-E.), docteur en médecine, directeur et médecin en chef de l'asile départemental de Maréville (Meurthe).

1843. REYNAL, vétérinaire en chef, au 6e lanciers.

1840. RICHARD, bibliothécaire de la ville de Remiremont.

1846. SCHMITT, membre de la Société des Recherches utiles; à Trèves.

1839. SCHONBERG (de), archiâtre de S. M. le roi de Danemarck.

1837. SELIS LONGCHAMP (de), membre de plusieurs sociétés savantes; à Liége.

1837. SERS (de), conseiller d'état, ancien préfet du département de la Moselle.

1850. SIMONIN (Ed.), docteur en médecine; à Nancy.

1826. SOMERHAUSEN, docteur en philosophie, traducteur juré et libraire; à Bruxelles.

1826. SOYER-VILLEMET, bibliothécaire en chef de la ville de Nancy, rue des Dominicains, 29.

1841. STIÉVENART, doyen de la Faculté des lettres de Dijon.

1825. TASTU (Mme AMABLE), de Metz, membre de la Société linéenne de Paris; à Paris, rue de Vaugirard, 38.

1822. TERQUEM, bibliothécaire du dépôt central d'artillerie; à Paris, place Saint-Thomas-d'Aquin.

1841. THIERRY, banquier à Toul.

1825. THOMAS (de), O. ❋, général de brigade en retraité; à Ars-Laquenexy.

1830. TRÉLAT, docteur en médecine ; à Paris.

1850. ULRICH, O. ✱ colonel d'infanterie en retraite ; à Phalsbourg (Meurthe).

1826. VARAIGNE, agent de la république de Buénos-Ayres,
rédacteur de la Revue européenne ; à Paris, rue Saint-
Nicolas-d'Antin, 2.

1824. VARLET, docteur en médecine ; à Saint-Dié.

1838. VILLENEUVE-TRANS (de), membre correspondant de
l'Institut ; à Nancy.

1829. VILLEROY (Félix), au Rittershoff, commune de Hassel
(Bavière).

1826. VINCENT, professeur de mathématiques au lycée Saint-
Louis, membre de la Société philomatique ; à Paris.

1842. VIOLLET, ingénieur civil ; à Paris, rue Saint-Louis, au
Marais, 79.

1828. VITRY (Urbain), architecte en chef, ingénieur de la
ville de Toulouse ; rue des Paradoux, 36.

1848. WAHU, docteur en médecine ; à Paris.

1838. WITHWEEL, ingénieur civil ; à Londres.

1850. WITTENBACH, professeur et directeur du gymnase de
Trèves, bibliothécaire de la ville, chevalier de l'Aigle-
Rouge et membre de plusieurs sociétés savantes.

1819. WORMS (Eugène), de Metz, professeur ; à Strasbourg.

TABLE DES MATIÈRES.

—

FIN.

Lightning Source UK Ltd.
Milton Keynes UK
UKHW021849140219
337217UK00005B/281/P